权威·前沿·原创

皮书系列为
"十二五""十三五"国家重点图书出版规划项目

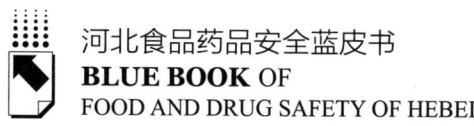

河北食品药品安全蓝皮书
BLUE BOOK OF
FOOD AND DRUG SAFETY OF HEBEI

河北食品药品安全研究报告（2017）

ANNUAL REPORT ON FOOD AND DRUG SAFETY OF HEBEI (2017)

主　编／丁锦霞
副主编／王金龙　彭建强

社会科学文献出版社
SOCIAL SCIENCES ACADEMIC PRESS (CHINA)

图书在版编目（CIP）数据

河北食品药品安全研究报告. 2017 / 丁锦霞主编. --北京：社会科学文献出版社，2017.10
（河北食品药品安全蓝皮书）
ISBN 978 - 7 - 5201 - 1560 - 5

Ⅰ.①河… Ⅱ.①丁… Ⅲ.①食品安全 - 安全管理 - 研究报告 - 河北 - 2017②药品管理 - 安全管理 - 研究报告 - 河北 - 2017 Ⅳ.①TS201.6②R954

中国版本图书馆 CIP 数据核字（2017）第 244245 号

河北食品药品安全蓝皮书
河北食品药品安全研究报告（2017）

主　　编 / 丁锦霞
副 主 编 / 王金龙　彭建强

出 版 人 / 谢寿光
项目统筹 / 高振华
责任编辑 / 高振华

出　　版 / 社会科学文献出版社·区域与发展出版中心（010）59367143
　　　　　　地址：北京市北三环中路甲29号院华龙大厦　邮编：100029
　　　　　　网址：www.ssap.com.cn
发　　行 / 市场营销中心（010）59367081　59367018
印　　装 / 北京季蜂印刷有限公司

规　　格 / 开本：787mm×1092mm　1/16
　　　　　　印 张：19.5　字 数：224千字
版　　次 / 2017年10月第1版　2017年10月第1次印刷
书　　号 / ISBN 978 - 7 - 5201 - 1560 - 5
定　　价 / 79.00元

皮书序列号 / PSN B - 2015 - 473 - 1/1

本书如有印装质量问题，请与读者服务中心（010 - 59367028）联系

▲ 版权所有 翻印必究

摘 要

食品药品安全是关系人民群众身体健康和生命安全的大事，是重大民生和公共安全问题。全力保障食品药品安全是建设健康中国、增进人民福祉的重要内容，是以人民为中心发展思想的具体体现。多年来，河北省委、省政府，全省各级食品药品监管部门认真贯彻落实党中央、国务院关于食品药品安全工作的一系列重要决策部署，把食品药品安全工作放在更加突出的位置，全省食品安全治理能力、食品安全保障水平、食品产业发展水平和人民群众满意度等持续提升，食品药品安全状况整体呈现稳中向好的趋势。

为全面展示河北省食品药品质量安全状况，客观评价河北省食品药品安全保障工作绩效，深入探究河北省食品药品安全发展的路径模式和演变轨迹，河北省政府食品安全委员会办公室、省食品药品监督管理局会同省农业厅、省林业厅、省卫生计生委、省公安厅、省质监局、河北出入境检验检疫局、省社科院等部门联合撰写了《河北食品药品安全研究报告（2017）》（以下简称《报告》）。

《报告》主要分总报告、分报告和专题报告3个部分，以食品安全内容为主。总报告分为食品、药品、医疗器械3篇文章，全面客观地展现了河北省食品药品安全状况。分报告由《2016年河北省蔬菜质量安全状况分析与对策研究》《2016年河北省畜产品质量安全状况分析及对策措施》《2016年河北省水产品质量安全状况分析及对策》《2016年河北省果品质量安全状况分析报告》《2016年河北省食品相关产品质量安全状况及对策》《河北省进出口食品农产品质量安全状况分析及问题对策研究》6篇文章组成，深入剖析了食品安全主要领域质量安全现状和存在的主要问题。专题报告由《葡萄酒质量安全现状、存在问题及建议》《薯类和膨化食品质量安全分析报告》《2016年河北省食品药品监督管理统计报告》3篇文章组成，重点呈现了行业研究成果。最后，附1篇《乳品质量安全与风险防范研究》。13篇文章相辅相成，点面结合，为公众全面、深入了解河北省当前的食品药品安全状况提供了科学参考。

《报告》主要有以下特点：

一是内容翔实。《河北食品药品安全研究报告（2017）》系统分析研究了河北省食品药品相关行业，以及食品从"地头"到"餐桌"主要环节的质量安全状况，全面展示了河北省食品药品安全的总体发展状况，为科学评估当前食品药品安全形势、研究探寻今后发展路径提供了翔实的理论依据。

二是数据精准。总报告、分报告及专题报告所采用数据均来自相关职能部门的第一手资料，或是对相关职能部门第一手资料的汇总与提炼，准确客观地反映了河北省食品药品安全整体状况，是政府、相关部门研究决策以及民众了解信息的精准数据支撑和重要渠道。

三是针对性强。本年度的蓝皮书坚持问题导向，对河北省食品、药品、医疗器械等方面进行了深入分析研究，探讨了新时期河北省食品药品安全监管面临的一些重要理论和实践问题，提出了一些针对性较强的对策建议和发展思路，为河北省保障食品药品安全提供了智力支持。

影响食品药品安全的因素复杂多变,保障食品药品安全的研究与实践也处于不断探索与完善当中。受各种客观条件限制,本书还存在诸多不足,如药品安全方面的专项研究尚未跟进,专业研究的深度、广度有待进一步拓展,问题剖析得还不够透彻等。希望各位专家、学者、同行多提宝贵意见,以便进一步修改完善。

ABSTRACT

The food and drug safety has a great bearing on people's health and life safety, and is an important part of people's livelihood and public safety. Striving to guarantee the food and drug safety is an important content of building a healthy China and promoting people's happiness and benefit, and an embodiment of the people – centered philosophy of development. Over years, the CPC Hebei Provincial Committee, Hebei Provincial Government, and food and drug administrations at all levels across the province seriously implemented a series of important decisions and arrangements of the Party Central Committee and the Sate Council on the food and drug safety, and made the food and drug safety a higher priority; therefore, the food safety governance capacity, the food safety level, the food industry development level, the degree of people's satisfaction and the like across the province have been promoting, and the food and drug safety situations tend to be steady for the better on the whole.

With a view to making an overall exhibition of the food and drug quality safety situations of Hebei Province, conducting an objective assessment of the food and drug safety guarantee performance of Hebei Province, and making a deep exploration and study of modes of development paths and evolution tracks of the food and drug safety of Hebei Province, the Food Safety Committee Office of Hebei Provincial Government, and Food and Drug Administration of Hebei Province, together with Department of Agriculture of Hebei Province, Department of Forestry of Hebei Province, Health and Family Planning Commission of Hebei Province, Department of Public Security of Hebei Province, Administration of Quality and Technology Supervision of Hebei Province, Entry – Exit Inspection and Quarantine Bureau of Hebei Province, Hebei Academy for Social Sciences, etc., jointly wrote *Annual Report on Food and Drug Safety of Hebei* (*2017*) (hereinafter called the Reports in short).

The Reports mainly fall into the three parts of General Reports, Sub – Reports, and Special Reports, and focus on the food safety. General Reports fall into the three papers of Food Report, Drug Report, and Medical Apparatus Report, and exhibit the food and drug safety situations of our province fully and objectively. Sub – Reports are comprised of the six papers of "An Analysis of Vegetables Quality Safety Situation in Hebei Province and a Solution Study in 2016", "An Analysis of Livestock Product Quality Safety Situations in Hebei Province and Solutions in 2016", "An Analysis of Aquatic Product Quality Safety Situations in Hebei Province and Solutions in 2016", "An Analysis Report of Fruit Quality Safety Situations in Hebei Province in 2016", "Food – related Product Quality Safety Situations in Hebei Province and Solutions in 2016", and "An Analysis of Import & Export Food and Agricultural Product Quality Safety Situations in Hebei Province and a Problem Solution Study", and make a deep analysis of quality safety situations and existing main problems in main fields of the food safety. Special Reports are comprised of the three papers of "Wine Quality Safety Situations, Existing Problems and Proposals", "An Analysis Report of Quality Safety of Potatoes and Puffed Foods", and "A Statistical Report of Supervision and Administration of Foods and Drugs in Hebei Province in 2016", and focus on the analysis of quality safety situations of the foods of three categories. At the end, the paper of "Quality safety of Dairy Products and Risk precautious" is appended.

The 13 papers are supplementary to each other, and link selected points with entire areas, so as to provide scientific references for the public having an overall and deep understanding of the present situations of the food and drug safety of our province.

The Reports mainly has below characteristics:

1. Full and accurate contents. *Annual Report on Food and Drug Safety of Hebei* (*2017*) makes a systematic analysis and study of quality safety situations of food/drug – related industries of Hebei Province, and main links of food production from "crop field" up to "dining – table", as well as an overall exhibition of entire development situations of the food and drug safety of our province, so as to provide full and accurate theoretical basis for scientific assessment of the present situations of the food and drug safety, and an exploration and study of future development paths.

2. Precise data. Data adopted in General Reports, Sub – Reports, and Special Reports all comes from first – hand information of related functional departments, or summary statements and abstracts of first – hand information of related functional departments, and reflect entire situations of the food and drug safety in Hebei Province accurately and objectively, which is the precise data basis and important channel for governments and related departments making studies and decisions and the public getting information.

3. Highly well – directed orientation. The blue book in this year, problem – oriented, conducts a deep analysis and study of the food, drug, medical apparatus and the like of our province, makes exploration of some important theoretical and practical problems facing supervision and administration of the food and drug safety in Hebei Province in the new period, and puts forward some highly well – directed solution proposals and thoughts of development, so as to provide intellectual supports for Hebei Province guaranteeing the food and drug safety.

ABSTRACT

Factors influencingthe food and drug safety are complicated and varied, and studies and practices to guarantee the food and drug safety are also in constant exploration and improvement. Restricted by various objective conditions, the book still has lots of defects, for example, no follow – up special studies in drug safety, depth and width of professional studies needing further extension, problem analysis still being inadequately thorough, etc.. We appreciate valuable comments from other experts, scholars and professionals for its further revision and improvement.

目 录

Ⅰ 总报告

B.1 2016年河北省食品安全报告
.... 河北食品药品安全研究报告课题组 / 001
  一 食品产业概况 .... / 002
  二 食品安全概况 .... / 009
  三 2016年食品安全工作措施 .... / 033
  四 存在的主要问题 .... / 044
  五 2016年食品安全工作 .... / 047

B.2 2016年河北省药品质量安全报告
.... 河北食品药品安全研究报告课题组 / 054
  一 2016年医药工业发展情况 .... / 054
  二 药品质量安全状况 .... / 058
  三 药品不良反应/事件监测工作 .... / 067

  四　2016年主要政策措施……………………………………/ 073

  五　2017年重点工作………………………………………/ 079

B.3　2016年河北省医疗器械质量安全报告

　　　　………………………河北食品药品安全研究报告课题组 / 081

  一　审评审批和监督检查情况……………………………/ 081

  二　质量安全状况…………………………………………/ 083

  三　医疗器械不良事件监测工作…………………………/ 088

  四　2016年主要政策措施…………………………………/ 093

  五　2017年重点工作………………………………………/ 095

Ⅱ　分报告

B.4　2016年河北省蔬菜质量安全状况分析与对策研究

　　　　……………………于凤玲　张保起　高云凤　黄玉宾 / 097

B.5　2016年河北省畜产品质量安全状况分析及对策措施

　　　　………………姚　剑　马金翠　魏占永　孙　红　张梦凡 / 115

B.6　2016年河北省水产品质量安全状况分析及对策

　　　　…………赵志强　张春旺　滑建坤　王　睿　解保桥 / 127

B.7　2016年河北省果品质量安全状况分析报告

　　　　…………………………耿立锋　赵少波　刘辉　孙福江

　　　　　　　　　　　　　　　　　　曹彦卫　任瑞　宋振洲 / 139

B.8　2016年河北省食品相关产品质量安全状况及对策

　　　　………………………………………………………郁　岩 / 162

B.9 河北省进出口食品农产品质量安全状况分析及
问题对策研究
………………………… 赵占民　师文杰　万顺崇
朱金奕　陈　茜　李晓龙等 / 179

Ⅲ 专题报告

B.10 葡萄酒质量安全现状、存在问题及建议
…………………………………………… 张　昂 / 224

B.11 薯类和膨化食品质量安全分析报告
………………… 王丽霞　李　挥　王利军　白　鑫 / 244

B.12 2016年河北省食品药品监督管理统计报告
……………… 河北食品药品安全统计年度报告课题组 / 255

B.13 附：乳品质量安全与风险防范研究
………………… 柴艳兵　张耀广　李兴佳
张彦辉　苑　卫　米志英 / 269

B.14 后记 ……………………………………………… / 291

CONTENTS

I General Reports

B.1 A Report of the Food Safety in Hebei Province in 2016

The Program Team of a Study Report of the Food and

Drug Safety in Hebei Province / 001

1. *An Overview of Food Industry* / 002

2. *An Overview of Food Safety* / 009

3. *Work Measures of Food Safety in 2016* / 033

4. *Main Problems Existing* / 044

5. *The Food Safety Work in 2016* / 047

B.2 A Report of the Drug Quality Safety in Hebei Province in 2016

The Program Team of a Study Report of the Food and Drug Safety

in Hebei Province / 054

1. *Developments of the Pharmaceutical Industry in 2016* / 054

2. *The Drug Quality Safety Situations* / 058

3. *Monitoring of Adverse Reactions/Events of Drugs* / 067

4. *Main Policy Measures in 2016* / 073

5. *Work Priorities in 2017* / 079

CONTENTS

B.3 A Report of the Quality Safety of Medical Apparatus in Hebei Province in 2016

    The Program Team of a Study Report of the Food and Drug Safety in Hebei Province / 081

    1. Examination/Appraisal/Approval and Supervision/Inspection   / 081

    2. Quality Safety Situations   / 083

    3. Monitoring of Adverse Events of Medical Apparatus   / 088

    4. Main Policy Measures in 2016   / 093

    5. Work Priorities in 2017   / 095

II Sub-Reports

B.4 An Analysis of Vegetables Quality Safety Situations in Hebei Province and a Solution Study

    Yu Fengling, Zhang Baoqi, Gao Yunfeng and Huang Yubin / 097

B.5 An Analysis of Livestock Product Quality Safety Situations in Hebei Province and Solutions in 2016

    Yao Jian, Ma Jincui, Wei Zhanyong, Sun Hong and Zhang Mengfan / 115

B.6 An Analysis of Aquatic Product Quality Safety Situations in Hebei Province and Solutions in 2016

    Zhao Zhiqiang, Zhang Chunwang, Hua Jiankun, Wang Rui and Xie Baoqiao / 127

B.7 An Analysis Report of Fruit Quality Safety Situations in Hebei Province in 2016

    Geng Lifeng, Zhao Shaobo, Liu Hui, Sun Fujiang, Cao Yanwei,

    Ren Rui and Song Zhenzhou / 139

B.8 Food-related Product Quality Safety Situations in Hebei Province and Solutions in 2016   *Yu Yan* / 162

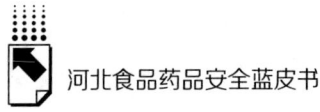

B.9 An Analysis of Import & Export Food and Agricultural Product Quality Safety Situations in Hebei Province and a Problem Solution Study

Zhao Zhanmin, Shi Wenjie, Wan Shunchong, Zhu Jinluan,

Chen Qian and Li Xiaolong Others / 179

Ⅲ Special Reports

B.10 Wine Quality Safety Situations, Existing Problems and Proposals

Zhang Ang / 224

B.11 An Analysis Report of Quality Safety of Potatoes and Puffed Foods

Wang Lixia, Li Hui, Wang Lijun and Bai Xin / 244

B.12 A Statistical Report of Supervision and Administration of Foods and Drugs in Hebei Province in 2016

The Program Team of Yearly Statistical Report of the Food and

Drug Safety in Hebei Province / 255

B.13 Appendix: Quality Safety of Dairy Products and Risk Precautions

Chai Yanbing, Zhang Yaoguang, Li Xingjia, Zhang Yanhui,

Yuan Wei and Mi Zhiying / 269

B.14 Postscript / 291

总报告

General Reports

B.1
2016年河北省食品安全报告

河北食品药品安全研究报告课题组

摘　要： 食品安全事关人民群众最根本利益，习近平总书记指出："能不能在食品安全上给老百姓一个满意的交代，是对我们执政能力的重大考验。"这表明，老百姓对食品安全满意不满意，本质上是对党和政府的信任问题，是关系人心向背的问题。2016年，河北省食品安全监管部门认真贯彻落实省委、省政府决策部署，增加绿色优质农产品和安全放心食品供给，落实"四个最严"要求，进一步提高全省食品安全治理能力和保障水平。全省食品产业继续健康发展，食用农产品、加工食品、

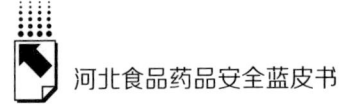

食品相关产品监督抽检合格率总体维持在较高水平，未发现大范围、行业性、区域性质量安全问题，未发生重大食品安全事故，全省食品安全形势持续平稳，群众满意度明显提升。

关键词： 食品产业 食品安全 风险监测 安全监管

2016年，全省食品安全监管部门认真贯彻落实党的十八届五中全会、省委八届十二次全会和省"两会"关于食品安全工作的重大决策部署，增加绿色优质农产品和安全放心食品供给，落实"四个最严"要求，进一步提高全省食品安全治理能力和保障水平。全省食品产业持续健康发展，大宗食品质量合格率继续保持在较高水平，全年未发生重大食品安全事故，群众满意度明显提升。

一 食品产业概况

（一）食用农产品

河北是农业大省，粮食、蔬菜、果品、水产品、畜禽产品生产在全国均占有重要地位。河北是国家粮食主产省之一，2016年全省粮食播种面积632.7万公顷，粮食总产量3460.2万吨，其中夏粮产量1448.7万吨、秋粮产量2011.5万吨。河北是京津地区重要的农副产品供应基地,年产蔬菜、果品、禽蛋、肉类、奶类等各类鲜活农产品超亿吨。2016年,畜牧、蔬菜、果品三大优势产业占全省农林牧渔业总产值比重达71.0%。拥有一批"菜篮子"农产品主产县,围场县、滦平县、玉田县、曹妃甸区被命名为"国家农产品质量安全县"。第一批省级农产品示范县通过中期评估,第二批30个县开展了省级农产品示范县创建工作。2016年,新认证无公害农产品411种、绿色食品170种、有机农产品112种。截至目前,河北省有效期内"三品一标"产品2022种,其中无公害产品1116种、绿色食品794种、有机农产品112种。

1. 蔬菜

2016年,全省蔬菜播种面积123.6万公顷,比上年下降0.5%;蔬菜总产量8193.4万吨,比上年下降0.6%。其中,设施蔬菜播种面积40.6万公顷,比上年增长0.5%;产量2895.1万吨,比上年增长0.3%(见图1)。

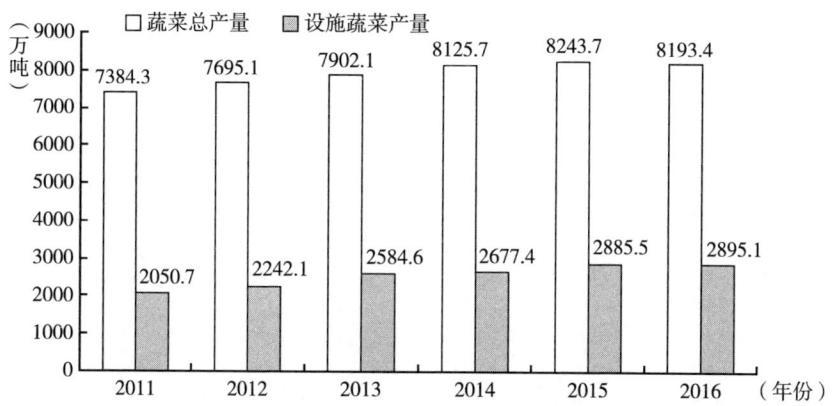

图1 2011~2016年河北省蔬菜产量

2. 肉类

2016年，全省肉类总产量456.3万吨，比上年下降1.2%。其中，猪肉产量265.4万吨，比上年下降3.5%；牛肉产量54.3万吨，比上年增长2.0%；羊肉产量32.4万吨，比上年增长2.2%。年末生猪存栏1819.0万头，比上年下降2.5%；生猪出栏3433.9万头，比上年下降3.3%。禽蛋产量388.5万吨，比上年增长4.0%；牛奶产量440.5万吨，比上年下降6.9%（见图2和图3）。

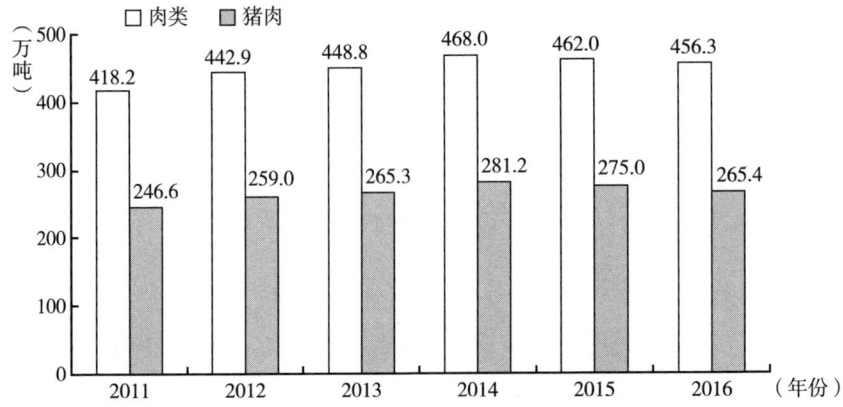

图2 2011～2016年河北省肉类产量

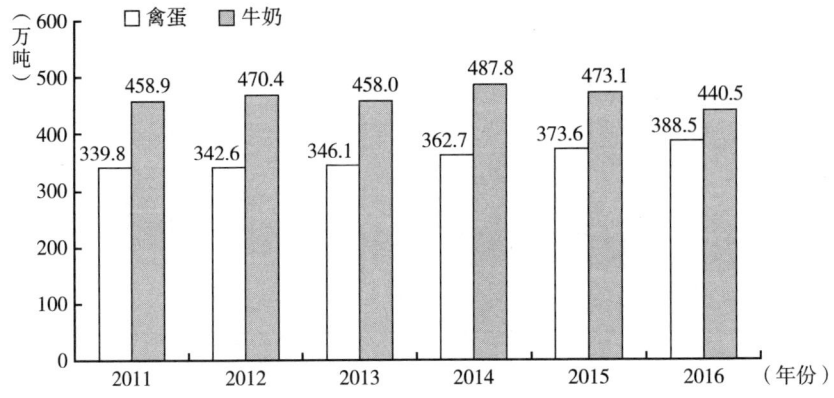

图3 2011～2016年河北省禽蛋牛奶产量

3. 水产品

2016年,全省水产品产量132.2万吨,比上年增长2.2%。其中,养殖水产品产量97.1万吨,比上年增长3.3%;捕捞水产品产量35.1万吨,比上年下降0.6%(见图4)。

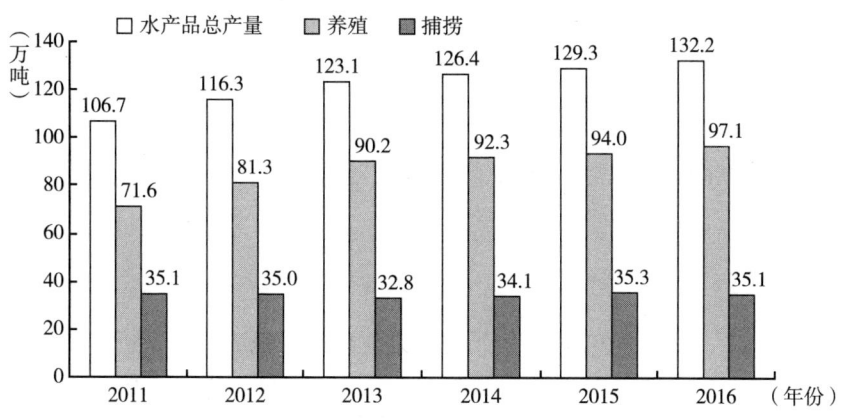

图4　2011~2016年河北省水产品产量

4. 果品

2016年,全省果树面积达到2830万亩,产量达到1583万吨,均创历史新高。同时,在国家级龙头企业、产业示范基地、示范园区和中国经济林名县认定方面,在省级龙头企业、产业联合体认定方面也取得了显著成绩。4个县被国家命名为"中国经济林名县",10个基地获评国家级核桃示范基地和国家级林下经济示范基地。河北威县(梨)、遵化(板栗)、阜平(大枣)等5个县获得省级出口食品农产品质量安全示范区。河北鲜梨出口14.6万吨、创汇1.2亿美元,同比分别增长68%和47%,畅销欧盟、东南亚、中东等69个国家和地区。

（二）食品工业

1. 产业规模

截至2016年底，全省共有获得食品生产许可证的食品生产加工企业5830家。2016年，全省规模以上食品生产加工企业共完成主营业务收入3847.33亿元，实现利润237.18亿元。全省已经形成包括农副食品加工业，食品制造业，酒、饮料和精制茶制造业三大门类（不含烟草制品业），形成比较完整的食品工业体系（见表1）。

表1　2016年河北食品工业分行业经济指标

单位：家，千元

行业名称	企业数	主营业务收入	利润总额
农副食品加工业	856	222762585	10122069
粮食加工	154	40023829	2128814
饲料加工	187	41572971	2374936
植物油加工	79	56087204	1355367
食用植物油加工	74	55624838	1337981
非食用植物油加工	5	462366	17386
制糖业	9	1250488	77490
屠宰及肉类加工	168	40390565	1616358
水产品加工	36	2877514	82716
蔬菜、水果和坚果加工	123	14742194	1162207
其他农副食品加工	100	25817820	1324181
淀粉及淀粉制品制造	72	23507609	1144776
豆制品制造	8	320826	5095

续表

行业名称	企业数	主营业务收入	利润总额
蛋品加工	1	71912	2671
其他未列明农副食品加工	19	1917473	171639
食品制造业	342	111823902	7025352
焙烤食品制造	47	14112378	937149
糖果、巧克力及蜜饯制造	66	13767739	1333273
方便食品制造	45	27915213	1217224
乳制品制造	39	29547891	1847905
罐头制造	30	4918590	386990
调味品、发酵制品制造	40	7533642	472246
其他食品制造	75	14028449	830565
酒、饮料和精制茶制造业	174	50146144	6570208
酒的制造	100	22175242	1874324
饮料制造	73	27587790	4682280
精制茶加工	1	383112	13604

2. 主要产品产量

2016年，河北省乳制品产量371.27万吨，居全国第一位。乳制品中，液体乳361.18万吨，居全国第一位；乳粉5.06万吨，居全国第五位。方便面产量157.05万吨，居全国第二位。小麦粉产量1121.45万吨，居全国第五位。其他大宗产品的产量分别为：精制食用植物油207.46万吨、鲜冷藏肉115.18万吨、饮料酒194.36万千升、软饮料578.26万吨、罐头60.39万吨、食品添加剂37.85万吨、糖果7.89万吨、酱油5.52万吨（见表2）。

表2　2016年河北省重点产品产量情况

单位：万吨，万千升

序号	产品名称	产量	全国位次
1	小麦粉	1121.45	5
2	精制食用植物油	207.46	12
3	鲜冷藏肉	115.18	—
4	方便面	157.05	2
5	乳制品	371.27	1
	其中:液体乳	361.18	1
	乳粉	5.06	5
6	罐头	60.39	6
7	酱油	5.52	—
8	饮料酒	194.36	12
	其中:白酒	22.40	13
	啤酒	165.00	11
	葡萄酒	6.68	—
9	软饮料	578.26	12
	其中:碳酸饮料	43.11	16
	包装饮用水类	166.07	16
	果蔬菜汁饮料	78.50	12
10	食品添加剂	37.85	—
11	糖果	7.89	12

3.重点企业

据不完全统计，2016年，全省食品工业主营业务收入超10亿元的企业有34家（见表3）。

表3　2016年河北省食品工业主营业务收入超10亿元企业

1	三河汇福粮油集团饲料蛋白有限公司	18	承德澳天山楂制品集团有限公司
2	今麦郎面品有限公司	19	秦皇岛骊骅淀粉股份有限公司
3	河北养元智汇饮品股份有限公司	20	玉锋实业集团有限公司
4	好丽友食品有限公司	21	唐山双汇食品有限责任公司
5	三河汇福粮油集团精炼植物油有限公司	22	中粮可口可乐饮料(河北)有限公司
6	石家庄君乐宝乳业有限公司	23	秦皇岛正大有限公司
7	秦皇岛金海粮油工业有限公司	24	河北喜之郎食品有限公司
8	秦皇岛金海食品工业有限公司	25	蒙牛乳业(唐山)有限责任公司
9	五得利面粉集团有限公司	26	河北千喜鹤肉类产业有限公司
10	承德避暑山庄企业集团有限责任公司	27	河北滦平华都食品有限公司
11	河北宏都实业集团有限公司	28	中粮面业(秦皇岛)鹏泰有限公司
12	河北衡水老白干酿酒(集团)有限公司	29	河北三元食品有限公司
13	河北承德露露股份有限公司	30	蒙牛乳业(察北)有限公司
14	益海(石家庄)粮油工业有限公司	31	张北伊利乳业有限责任公司
15	滦县伊利乳业有限责任公司	32	蒙牛乳业(滦南)有限公司
16	定州伊利乳业有限责任公司	33	河北健民淀粉糖业有限公司
17	晨光生物科技集团股份有限公司	34	张家口察哈尔乳业有限公司

二　食品安全概况

（一）全省市场食品质量安全总体状况良好

从对食品生产、流通、餐饮服务三个环节监督抽检、风险监测以及日常监管、案件查办、群众举报、事故查处、食源性疾病监测等各方面情况看，2016年，全省食品质量安全状况保持良好，食用农产品、加工食品、食品相关产品监督抽检合格率总体维持在较高水平，未发现大范围、行业性、区域性质量安全问题，未发生重大食品安全事故，全省食品安全形势持续平稳，群众满意度明显提升。

（二）食用农产品

2016年，河北省农业部门认真贯彻落实农业部、省政府决策部署，持续推进标准化生产和"三品一标"认证，全省农产品质量安全继续保持较高水平。2016年河北省农业厅对全省农产品例行监测合格率分别是：蔬菜96.9%、畜产品99.7%、产地水产品98.9%。

2016年，省林业厅组织对全省11个设区市和定州市、辛集市的果品生产基地、批发市场、农贸市场和超市进行了抽样监测。共抽取样品2176个，合格样品2168个，不合格样品8个，总体合格率99.63%（见图5）。

2016年，河北省没有发生重大农产品质量安全事件。

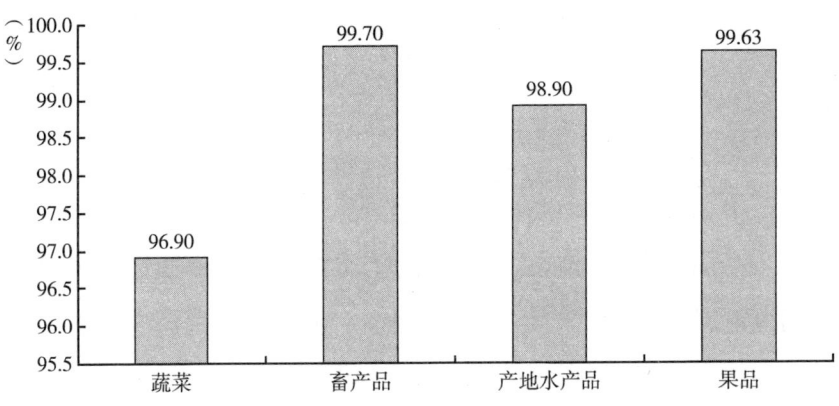

图5 2016年河北省食用农产品合格率

（三）加工食品

2016年，河北省食品药品监督管理局以加工食品为主，共组织抽检24087批次，覆盖全部30个大类食品。其中，河北省承担国家食品安全抽检任务7200批次、省级抽检任务16887批次。共发现不合格样品1115批次，总体合格率95.37%；其中实物质量不合格694批次，实物质量总体合格率97.12%，标签合格率95.48%。国抽、省抽的实物质量合格率分别为98.00%、96.74%（见图6）。

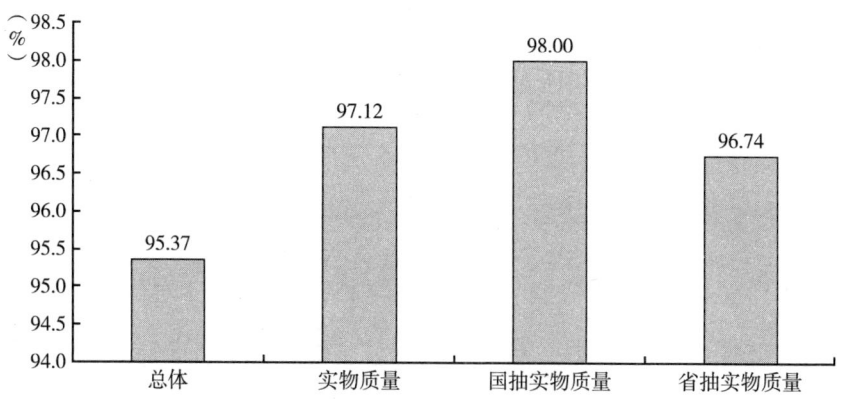

图6　2016年河北省加工食品合格率

（四）食品相关产品

2016年，河北省质量技术监督局组织开展了食品用复合膜袋、非复合膜袋、塑料容器、塑料工具、编织袋、餐具洗涤剂、金属罐、食品用纸包装、日用陶瓷9类食品相关产品的省级监督抽检工作，共抽查了642批次产品。经检验，22批次产品不合格，抽查合格率为96.57%（见图7）。

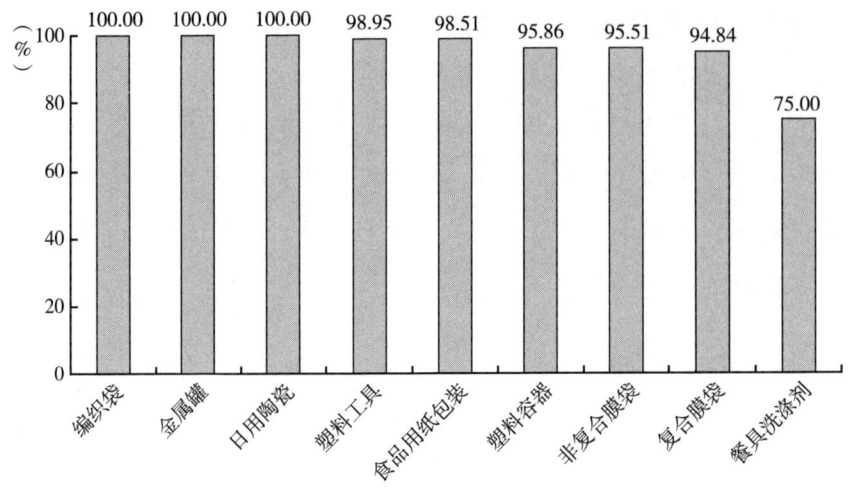

图 7　2016 年河北省食品相关产品合格率

（五）进出口食品

2016 年河北辖区检验检疫进出口食品（含进口粮食、进出口食品添加剂）51815 批，货值 34.15 亿美元。其中进口食品农产品 1305 批，货值 12.15 亿美元，主要包括粮食、原糖、食用油、乳与乳制品、肉类产品（包括肠衣）、粮食制品、干果、食品添加剂、酒类等。按货值进口量排序，前五位为粮食、原糖、食用油、乳及乳制品、肉类产品。出口食品农产品 50510 批，货值 22 亿美元，主要包括食品添加剂、水产品及制品（不含罐头类）、肉类产品及制品（含肠衣但不含罐头类）、水果、罐头、糖果巧克力制品、中药材、果蔬制品、干果、保鲜蔬菜、饮料等，按货值出口量排序，前五位为食品添加剂、水产品及制品（不含罐头类）、水果、肉类产品及制品（含肠衣但不含罐头类）、罐头。按照国家质检总局统一部署，河北出入境检验检疫局制订了河北局2016年度的监督抽检计划并有效实施。进口食品监督抽检未检出不合格产品。出口食品监督抽检共检出不合格样品5个，均为国抽计划样品，不合格率为0.45%；其中猪肠衣样品1个、羊肠衣样品3个、羊肝样品1个，不合格项目均为呋喃西林代谢物。进出口食品总体质量安全状况良好（见图8）。

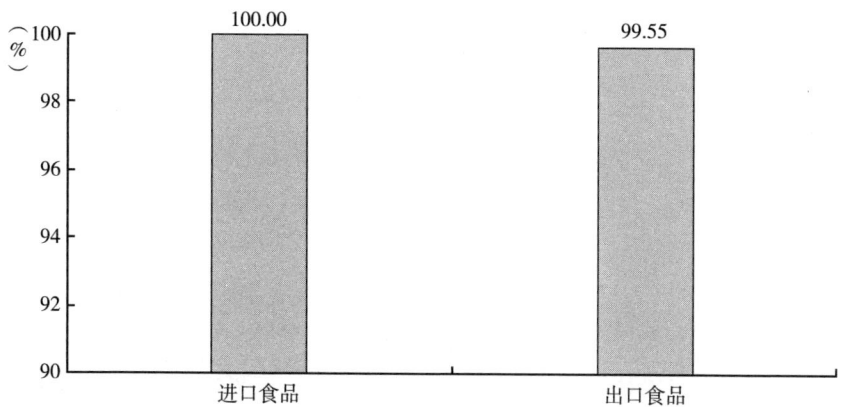

图8　2016年河北省进出口食品合格率

（六）食品安全风险监测

2016年，河北省卫生和计划生育委员会完成食品污染及食品中有害因素监测样品6980份。监测到的食品安全风险主要包括畜肉中检出瘦肉精、油条及凉粉中铝含量较高、鳗鱼中检出孔雀石绿、熟肉制品中亚硝酸盐超标、鲜活螃蟹贝类中重金属超标、白酒中塑化剂超标、鸡肉和蜂蜜中检出违禁药品、豆芽菜中检出植物生长调节剂等。

（七）食源性疾病监测

2016年，全省281家哨点医院全年共报告食源性疾病病例20151例，全省食源性疾病暴发事件报告105起，发病916人，死亡10人。第三季度报告起数和发病人数最多，报告61起，发病593人。10例死亡病例中有6例发生在第三季度（见图9）。

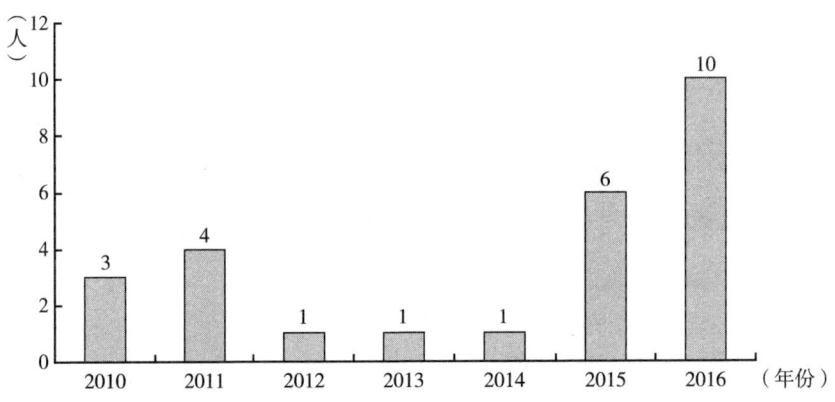

图9　2010～2016年河北省食源性疾病报告死亡人数

（八）大宗食品抽检情况

1. 蔬菜——合格率96.9%

2016年，河北省农业厅抽样检测蔬菜各类样品3051个，共检测有机磷、有机氯、菊酯类和氨基甲酸酯类四大类81种农药残留指标，总体合格率96.9%。根据检测结果分析，不合格的蔬菜样品中叶菜类比例较高，占超标样品的46.9%，超标种类最多的是韭菜、芹菜；主要超标农药为克百威、毒死蜱、多菌灵、二甲戊灵、三唑磷、腐霉利、啶虫脒、嘧霉胺、氟虫腈、辛硫磷、百菌清、氯氟氰菊酯、哒螨灵、苯醚甲环唑、倍硫磷、虫螨腈、烯酰吗啉、吡虫啉、噻虫嗪、甲拌磷、甲萘威、氯氰菊酯22种农药，超标次数最多的是克百威，超标26次，单项超标占超标样品的27.1%。

2. 果品——合格率99.63%

2016年，河北省林业厅组织对全省11个设区市和定州市、辛集市的果品生产基地、批发市场、农贸市场和超市进行了抽样监测。共抽样2176个，合格样品2168个，不合格样品8个，总体合格率99.63%。监测项目包括对硫磷、甲胺磷、氰戊菊酯、氟氯氰菊酯等27种农药残留。监测时间为全年，以河北省大宗果品集中成熟期为主，兼顾国庆、中秋、元旦、春节等重点时段。监测果品涉及河北省主产和市场主销的苹果、梨、葡萄、桃、枣等31类果品，其中杏、桃、葡萄、木瓜、柑橘类存在农药残留超标问题，主要为氧乐果、甲胺磷、氰戊菊酯超标。其中，共有7批次样品检出氧乐果超标（杏3批次、桃2批次、木瓜1批次、柑橘类1批次），1批次桃样品既检出氧乐果超标，又检出氰戊菊酯超标，1批次葡萄样品检出甲胺磷超标，其他26类果品全部合格（见图10和图11）。

3. 水产品——合格率98.9%

2016年，河北省农业厅对产地水产品进行质量安全监督抽查，检测项目为氯霉素、孔雀石绿、硝基呋喃类代谢物、喹乙醇、甲基睾丸酮和己烯雌酚。全年分两批次共抽检样品183个，有2个样品不合格，检测合格率为98.9%。主要检出项目为硝基呋喃类代谢物、孔雀石绿。另外，对渤海水产品质量安全风险隐患进行专项排

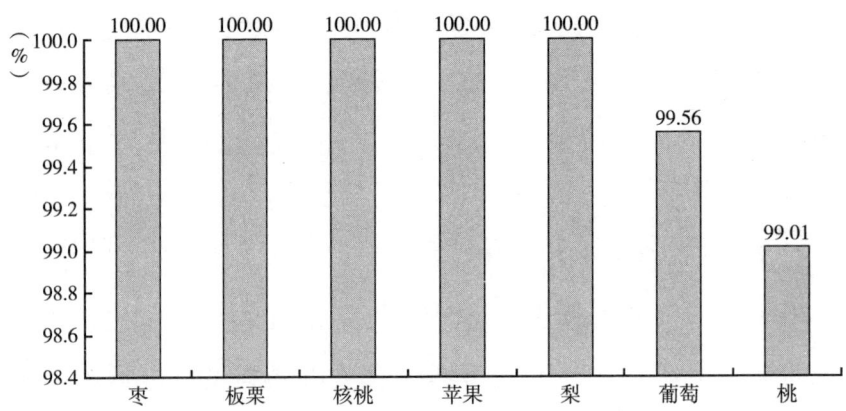

图10　2016年河北省果品合格率

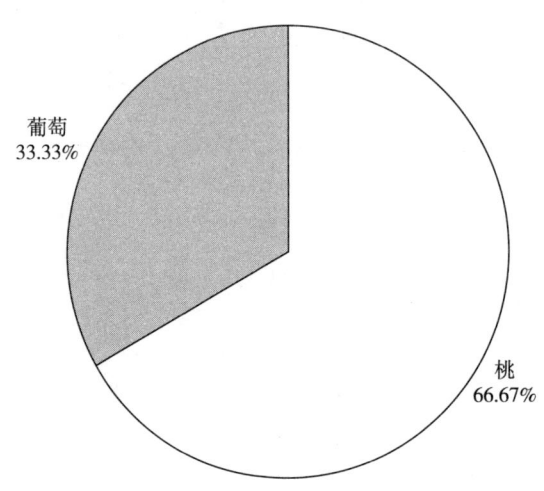

图11　2016年河北省果品不合格品种

查，发现镉超标率较高，个别甲壳类海产品的镉污染现象相对突出。

4. 肉制品——综合合格率95.75%

2016年，河北省食品药品监督管理局对全省市场的肉制品进行监督抽检和风险监测，共抽取样品1153批次，其中国抽（转地方) 393 批次、省本级 760 批次,共发现实物质量不合格(问题)样品 49 批次,综合合格率为 95.75%(见图 12)。

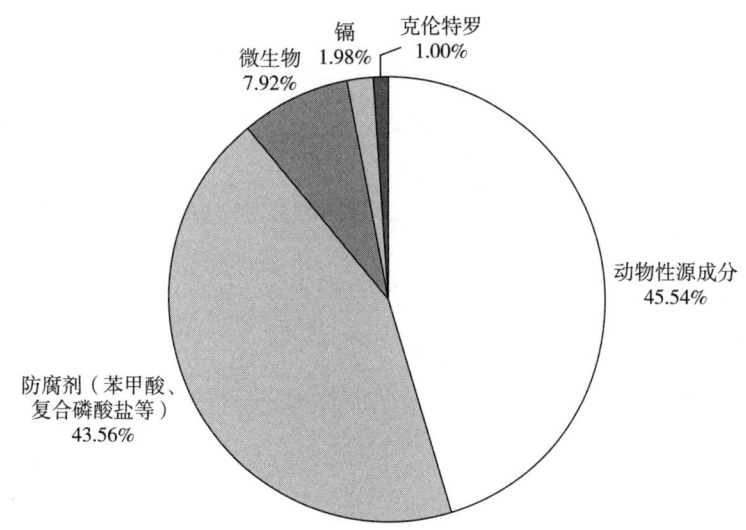

图 12 2016 年肉制品不合格(问题)项目

5. 乳制品——综合合格率100%

2016 年,河北省食品药品监督管理局对全省市场乳制品进行监督抽检和风险监测,涵盖乳粉、液体乳等主要品种,共抽取样品 2516 批次。其中国抽(转地方)51 批次、省抽 19 次、省抽乳品专项 2446 批次。未发现不合格及问题样品,乳制品综合合格率 100%。

6. 食用植物油——综合合格率96.19%

2016 年,河北省食品药品监督管理局对全省市场的食用植物油进行监督抽检和风险监测,共抽取样品 944 批次,其中国抽(转地方)294 批次、省本级 650 批次,共发现实物质量不合格(问题）样品36批次，综合合格率96.19%。不合格及问题项目包括塑化剂、脂肪酸组成、苯并芘、酸价（见图13）。

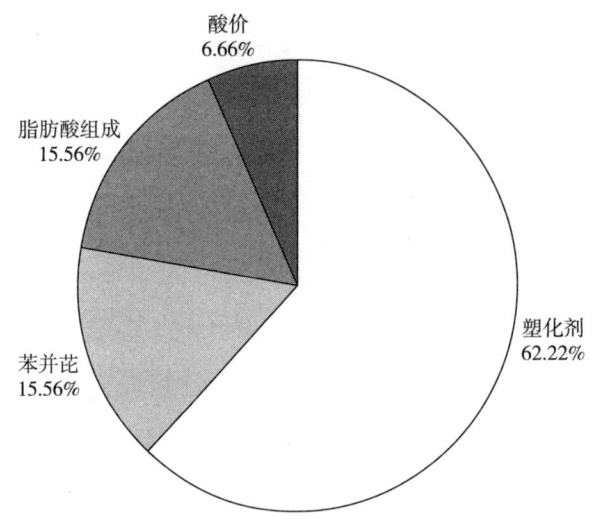

图13　2016年食用油、油脂及其制品不合格（问题）项目

7. 酒类——综合合格率98.87%

2016年，河北省食品药品监督管理局对全省市场的酒类产品进行监督抽检和风险监测，共抽取样品1768批次，其中国抽（转地方）553批次、省本级抽检1215批次，共发现实物质量不合格（问题）样品20批次，综合不合格率1.13%，综合合格率98.87%。不合格（问题）项目主要是塑化剂、甜蜜素等。甲醇不合格主要品种是白酒中的枣酒（见图14）。

8. 饮料——综合合格率96.85%

2016年，河北省食品药品监督管理局对全省市场的饮料产品进行了监督抽检和风险监测，共抽取样品2318批次，其中国抽

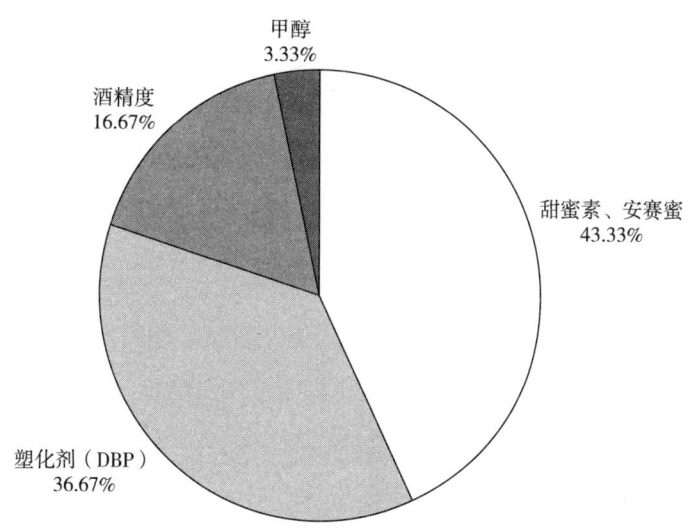

图 14　2016 年河北省酒类产品不合格（问题）项目

（转地方）773 批次、省本级 1545 批次，共发现实物质量不合格（问题）样品 73 批次，综合不合格率 3.15%，综合合格率 96.85%。不合格（问题）项目主要为铜绿假单胞菌、菌落总数、植物源性成分、蛋白质、耗氧量等（见图 15）。

9. 调味品——综合合格率97.99%

2016 年，河北省食品药品监督管理局在全省市场对调味品进行了监督抽检和风险监测，共抽取样品 1096 批次，其中国抽（转地方）546 批次、省本级 550 批次，共发现不合格（问题）样品 22 批次，综合不合格率 2.01%，综合合格率 97.99%。不合格（问题）项目主要是二氧化硫残留量、苯甲酸、甜蜜素、菌落总数、总酸、铅等（见图 16）。

10. 水果制品——综合合格率97.54%

水果制品主要包括蜜饯、水果干制品、果酱。蜜饯产品分为蜜

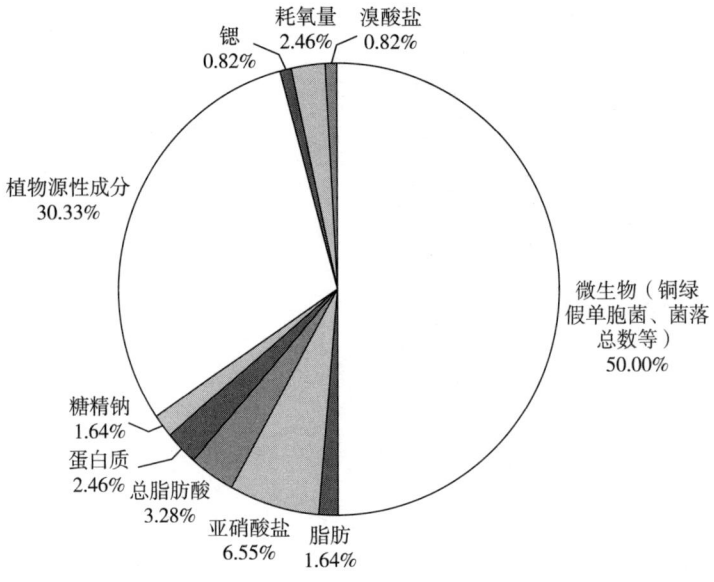

图 15 2016 年河北省饮料产品不合格（问题）项目

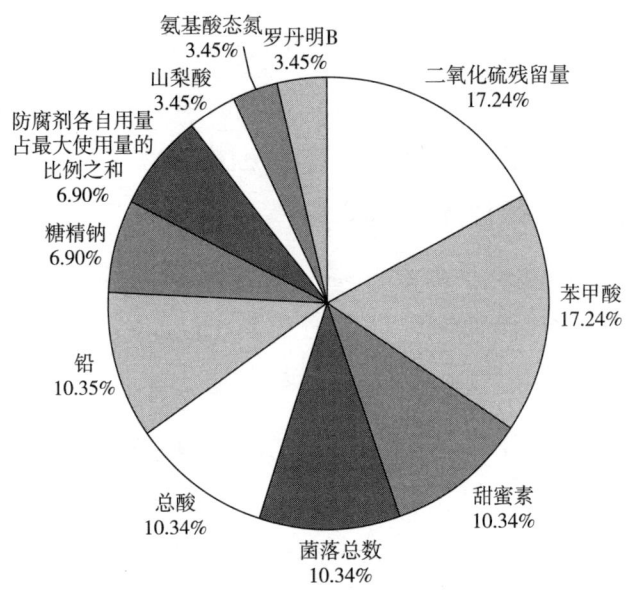

图 16 2016 年河北省调味品不合格（问题）项目

饯类、凉果类、果脯类、话化类、果丹类、果糕类等。水果干制品是指以水果为原料经晾晒、干燥等脱水工艺加工制成的干果食品。

2016年,河北省食品药品监督管理局对全省市场的水果制品进行了监督抽检和风险监测,共抽取样品1097批次,其中国抽(转地方)580批次、省本级517批次,共发现监督抽检不合格和风险监测问题样品27批次,综合合格率为97.54%。不合格(问题)项目主要为二氧化硫、微生物指标菌落总数、霉菌等(见图17)。

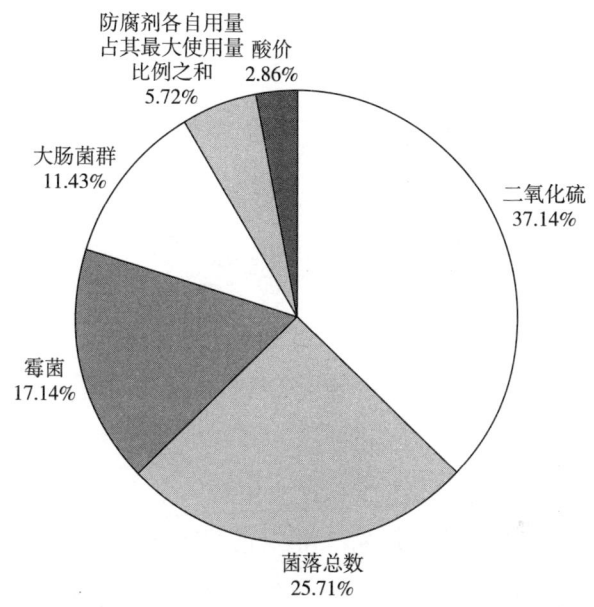

图17 2016年河北省水果制品不合格(问题)项目

11. 餐饮食品——综合合格率98.95%

2016年,河北省食品药品监督管理局在全省市场对餐饮食品进行了监督抽检和风险监测。共抽取样品380批次,其中国抽（转地方）252批次、省本级128批次，共发现不合格（问题）样品4批次，综合不合格率1.05%，综合合格率98.95%。不合格（问题）项目主要为苯甲酸、亚硝酸盐、重金属铬等（见图18）。

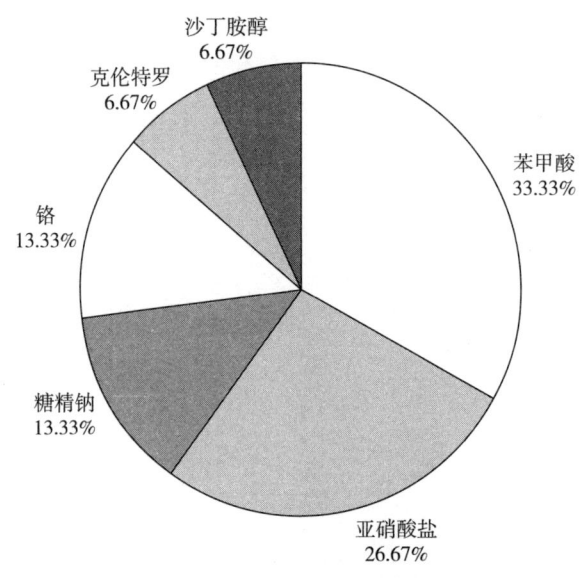

图18　2016年河北省餐饮食品不合格（问题）项目

12. 豆制品——综合合格率99.39%

豆制品包括发酵性豆制品、非发酵性豆制品和其他豆制品。发酵性豆制品包括腐乳、豆豉、纳豆等。非发酵豆制品是指以大豆或杂豆为主要原料，经制浆工艺生产的非发酵豆制品，包括豆腐类、豆腐干类、豆浆类、腐竹类。其他豆制品包括大豆组织蛋白（挤压膨化豆制品）。

2016年，河北省食品药品监督管理局在全省市场对豆制品进行了监督抽检和风险监测。共抽取样品165批次，其中国抽（转地方）71批次、省本级94批次，共发现不合格（问题）样品1批次，综合不合格率0.61%，综合合格率99.39%。不合格（问题）项目是食品添加剂指标山梨酸钾、防腐剂各自用量占其最大使用量比例之和（见图19）。

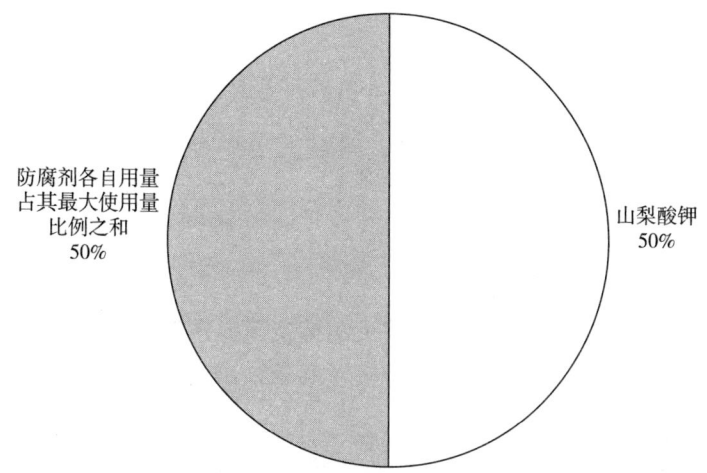

图19　2016年河北省豆制品不合格（问题）项目

13. 炒货及坚果制品——综合合格率97.18%

2016年，河北省食品药品监督管理局对全省市场炒货及坚果制品进行了监督抽检和风险监测。共抽取样品496批次，其中国抽（转地方）232批次、省本级264批次，共发现不合格（问题）样品14批次，综合不合格率2.82%，综合合格率97.18%。不合格（问题）项目主要是霉菌、过氧化值、二氧化硫等（见图20）。

14. 淀粉及淀粉制品——综合合格率98.43%

淀粉包括谷类淀粉、薯类淀粉和豆类淀粉；淀粉制品包括粉丝、粉条、粉皮等。

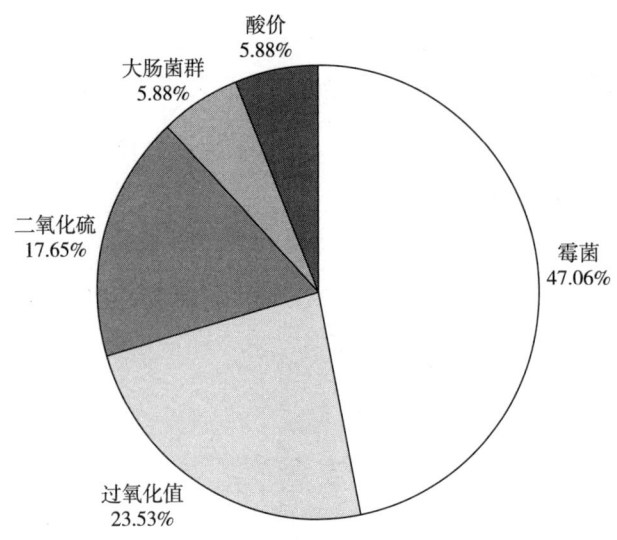

**图 20　2016 年河北省炒货及坚果制品
不合格（问题）项目**

2016 年，河北省食品药品监督管理局在全省市场对淀粉及淀粉制品进行了监督抽检和风险监测。共抽取样品 254 批次，其中国抽（转地方）145 批次、省本级 109 批次，共发现不合格（问题）样品 4 批次，综合不合格率 1.57%，综合合格率 98.43%。不合格（问题）项目为铝的残留量、大肠菌群（见图 21）。

15. 蔬菜制品——综合合格率96.73%

蔬菜制品指酱腌菜、蔬菜干制品、食用菌制品和其他蔬菜制品。蔬菜干制品包括自然干制品、热风干燥蔬菜、冷冻干燥蔬菜、蔬菜脆片、蔬菜粉及其制品；食用菌制品包括干制食用菌和腌渍食用菌。

2016 年，河北省食品药品监督管理局在全省市场对蔬菜制品进行了监督抽检和风险监测。共抽取样品 397 批次，其中国抽（转

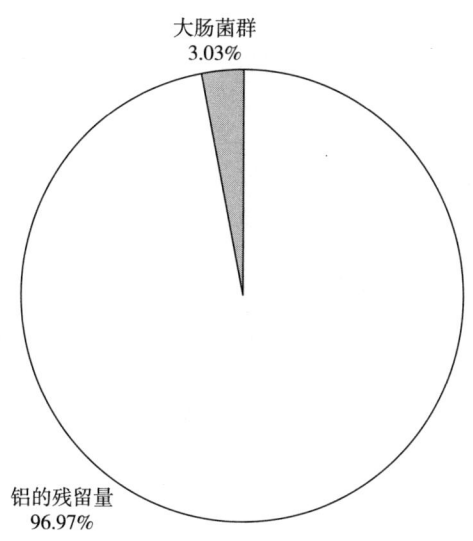

图21　2016年河北省淀粉及淀粉制品不合格（问题）项目

地方）221批次、省本级176批次，共发现不合格（问题）样品13批次，综合不合格率3.27%，综合合格率96.73%。主要不合格项目为二氧化硫、苯甲酸等防腐剂类物质（见图22）。

16. 方便食品——综合合格率98.24%

方便食品包括方便面和其他方便食品。其他方便食品如方便米饭、方便粥、方便豆花、方便湿面、麦片、黑芝麻糊、油茶等。

2016年，河北省食品药品监督管理局在全省市场对方便食品进行了监督抽检和风险监测。共抽取样品227批次，其中国抽（转河北）109批次、省本级118批次，共发现不合格（问题）样品4批次，综合不合格率1.76%，综合合格率98.24%。不合格（问题）项目主要为大肠菌群、菌落总数等微生物指标（见图23）。

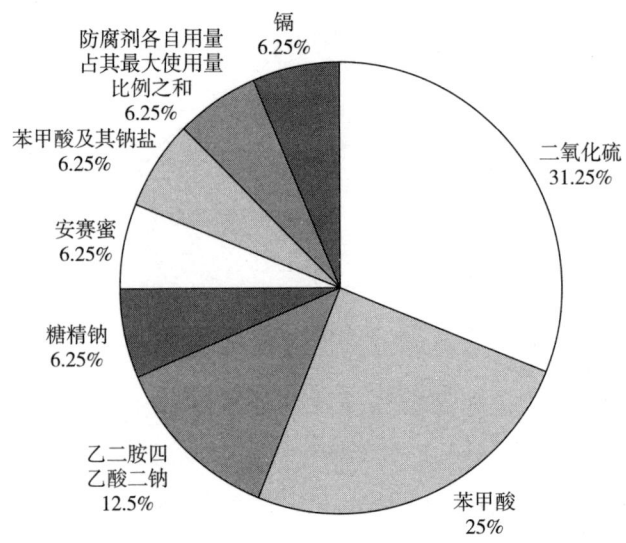

图 22 2016 年河北省蔬菜制品不合格（问题）项目

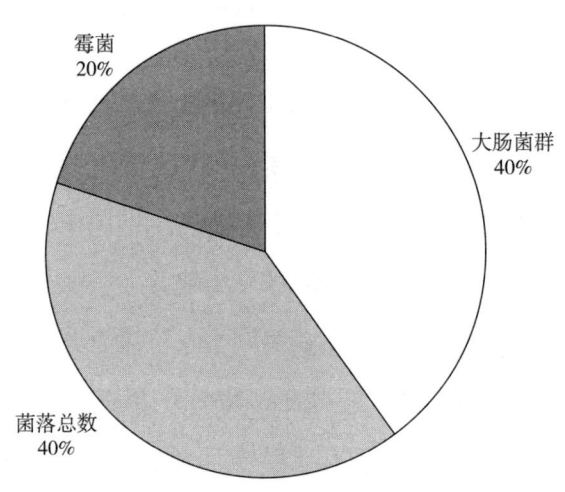

图 23 2016 年河北省方便食品不合格（问题）项目

17. 糕点——综合合格率97.14%

2016 年，河北省食品药品监督管理局在全省市场对糕点进行了监督抽检和风险监测。共抽取样品 1225 批次，其中国抽（转河北）504批次、省本级721批次，共发现不合格（问题）样品35批次，综合合格率97.14%。不合格（问题）项目主要为菌落总数、大肠菌群、铝的残留量、脱氢乙酸及其钠盐等（见图24）。

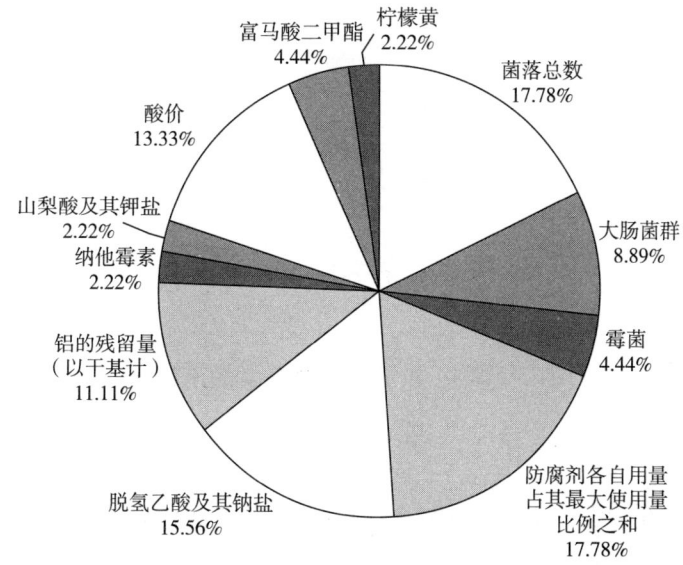

图24　2016年河北省糕点不合格（问题）项目

18. **速冻食品——综合合格率98.60%**

2016年，河北省食品药品监督管理局在全省市场对速冻食品进行了监督抽检和风险监测。共抽取样品357批次，其中国抽（转河北）170批次、省本级187批次，共发现不合格（问题）样品5批次，综合合格率98.60%。不合格（问题）项目为复合磷酸盐（见图25）。

19. **糖果制品——综合合格率97.03%**

2016年，河北省食品药品监督管理局在全省市场对糖果制品进行了监督抽检和风险监测。共抽取样品269批次，其中国抽（转

图 25　2016 年河北省速冻食品不合格（问题）项目

河北）108 批次、省本级 161 批次，共发现不合格（问题）样品 8 批次，综合合格率 97.03%。不合格（问题）项目为大肠菌群、菌落总数、甜蜜素（见图 26）。

20. 饼干——综合合格率 99.11%

2016 年，河北省食品药品监督管理局在全省市场对饼干进行了监督抽检和风险监测。共抽取样品 224 批次，其中国抽（转河北）83 批次、省本级 141 批次。共发现不合格（问题）样品 2 批次，综合合格率 99.11%。不合格（问题）项目为二氧化硫残留量、过氧化值（见图 27）。

21. 罐头——综合合格率 99.82%

2016 年，河北省食品药品监督管理局在全省市场对罐头进行了监督抽检和风险监测。共抽取样品 557 批次，其中国抽（转河

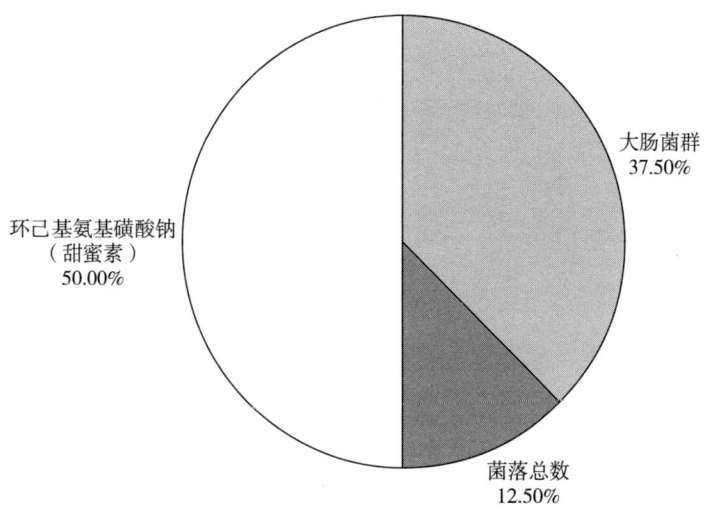

图 26　2016 年河北省糖果制品不合格（问题）项目

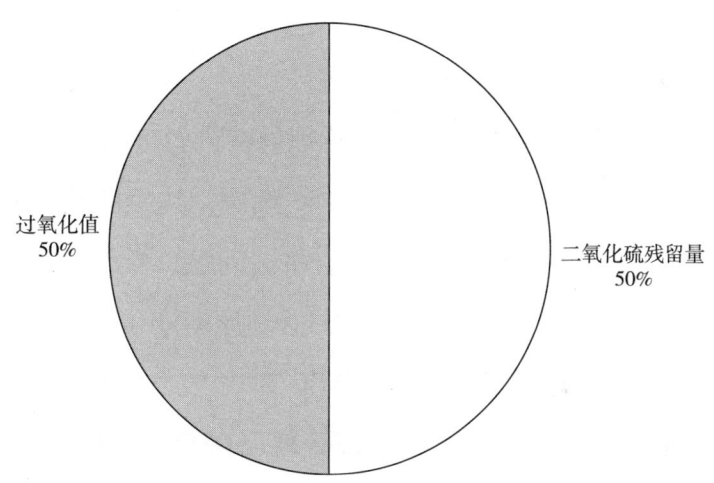

图 27　2016 年河北省饼干不合格（问题）项目

北）259 批次、省本级 298 批次，共发现不合格（问题）样品 1 批次，综合合格率 99.82%。不合格（问题）项目为食品添加剂甜蜜素（见图 28）。

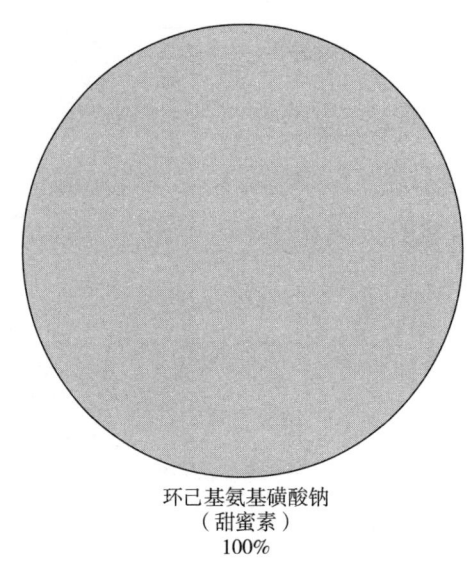

图28 2016年河北省罐头不合格（问题）项目

22. 食糖——综合合格率99.32%

2016年，河北省食品药品监督管理局在全省市场对食糖进行了监督抽检和风险监测。共抽取样品146批次，其中国抽（转河北）67批次、省本级79批次，共发现不合格（问题）样品1批次，综合合格率99.32%。不合格（问题）项目为还原糖分（见图29）。

23. 食品添加剂——综合合格率100%

2016年，河北省食品药品监督管理局在全省市场对食品添加剂进行了监督抽检和风险监测。共抽取样品24批次，其中国抽（转河北）8批次、省本级16批次，未发现不合格（问题）样品，综合合格率100%。

24. 特殊膳食食品——综合合格率100%

2016年，河北省食品药品监督管理局在全省市场对特殊膳食

还原糖分
100%

图 29 2016 年河北省食糖不合格（问题）项目

食品进行了监督抽检和风险监测。共抽取样品 10 批次，其中国抽（转河北）1 批次、省本级 9 批次，未发现不合格（问题）样品，综合合格率 100%。

25. 蜂产品——综合合格率99.13%

2016 年，河北省食品药品监督管理局在全省市场对蜂产品进行了监督抽检和风险监测。共抽取样品 115 批次，其中国抽（转河北）28 批次、省本级 87 批次，共发现不合格（问题）样品 1 批次，综合合格率 99.13%。不合格（问题）项目为食品添加剂糖精钠（见图 30）。

26. 粮食加工品——综合合格率99.88%

2016 年，河北省食品药品监督管理局在全省市场对粮食加工品进行了监督抽检和风险监测。共抽取样品 1656 批次，其中国抽（转河北）816 批次、省本级 840 批次，共发现不合格（问题）样

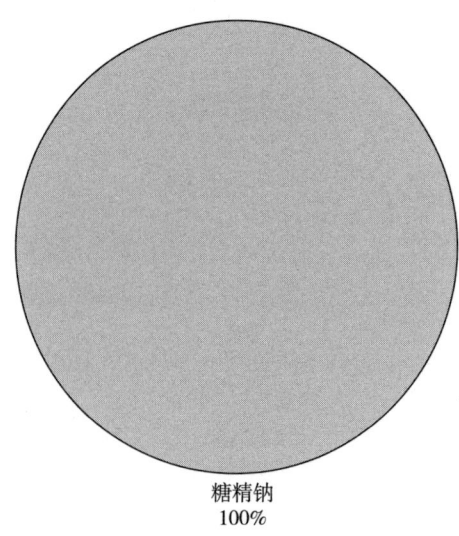

图30　2016年河北省蜂产品不合格（问题）项目

品2批次，综合合格率99.88%。不合格（问题）项目为真菌毒素脱氧雪腐镰刀菌烯醇（见图31）。

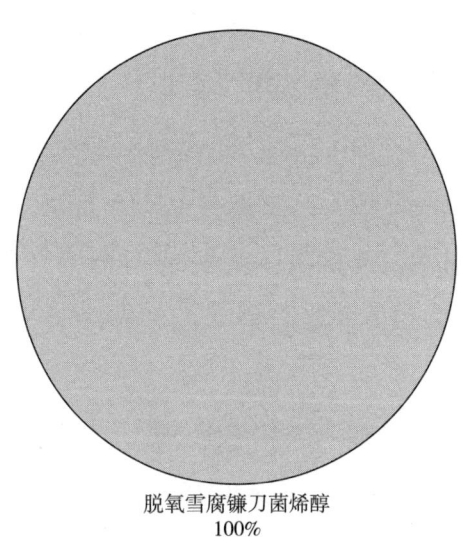

图31　2016年河北省粮食加工不合格（问题）项目

三 2016年食品安全工作措施

（一）积极推动供给侧结构性改革，促进农产品提质增效

稳步推进农产品"三品一标"认证。2016年，全省新认证"三品一标"产品693个（无公害411个、绿色170个、有机112个），全省有效期内"三品一标"产品达到2022个（无公害1116个、绿色794个、有机112个）。种植业在全省开展"供京津蔬菜示范园建设"活动，落实部级蔬菜、水果标准化创建任务，以蔬菜、水果为重点，"突出单品、规模发展，高端引领、扶强扶优，先建后补、先验后拨，公开竞争、择优遴选"，选择31个有一定规模、生产基础较好、产品主供京津的设施蔬菜规模园区和13个在品牌建设和提高质量方面有示范带动作用的水果园参加了创建活动，推动蔬菜园区和水果园区发展高端设施，推行清洁生产，强化废弃物综合利用，推广规模化种植、标准化生产、商品化处理、品牌化销售、产业化经营，对全省提高蔬菜、水果生产水平和质量控制水平起到重要带动作用。畜牧业实施无公害畜产品认证，全年新认定无公害畜产品产地131个，产地换证280个，96个产品通过认证。水产业进一步加强全省"三品一标"工作，公平公正地发放渔业项目"三品一标"认证补贴100万元，进一步调动了渔业生产单位的积极性、主动性和自觉性。全年认定无公害水产品产地59个、产品认证89个。组织了两期无公害水产品内检员、检查员培训班，共培训内检员67人、检查员34人，提升了企业内控质量水平和检

查员认证能力。加速了水产品提质增效和质量安全水平的提升。果品业加快推广现代林果种植模式，举办全省现代林果生产新模式、新技术培训班，赴北京参观学习，聘请国家级专家举办讲座，在全省50多个果品重点县推广了以"矮密化栽培、机械化耕作、规模化经营、生态环保、节本高效"为主要特征的现代林果种植模式，推广绿色病虫害综合防控生产技术。4个县被国家命名为中国经济林名县，10个基地获评国家级核桃示范基地和国家级林下经济示范基地。强化现代林果产业技术支撑体系建设，整合大专院校、科研院所科技资源，组建了苹果、梨、桃、枣、葡萄、板栗、核桃和观光采摘八大科技支撑体系创新团队，通过开展项目对接、技术培训、巡回指导等多种方式，提升科技创新能力，指导全省现代林果发展，全年推广新技术10项、新品种5个，指导示范基地建设50万亩，培训林果技术人员和农民10万人次。培育现代林果新业态，进一步拓展林果产业的生态景观功能、农耕文化功能、休闲观光功能，全省建成了"春赏花、夏观果、秋采摘、冬尝鲜"休闲观光采摘果园和现代林果园区102个，形成林果产业发展新业态、经济发展新引擎。

（二）典型引路，深入开展示范创建活动

一是根据国家食品药品监督管理总局开展创建国家食品安全示范城市试点要求，组织石家庄、唐山、张家口三个设区市深入开展食品安全示范城市创建工作，进一步落实属地管理责任，地方食品安全监管能力得到加强，食品产业发展得到促进，食品安全保障水平得到提升。二是开展农产品质量安全县创建工作。严格按照《国家农产品质量安全县考核办法》组成核查小组，对曹妃甸区、玉田县、围场县、滦平县4个县区进行了实地核查,这4个县区被农业部命名为"国家农产品质量安全县";遴选12个县申报农业部第二批试点;组织对第一批30个省级示范县进行中期评估,并优选30个县参加第二批省级示范县创建活动。三是推进省级食品药品安全县创建工作。全省共171个县(市、区)完成了创建任务,食品药品安全保障水平总体提升。四是持续推进食品生产聚集区整治、餐饮服务单位"明厨亮灶"、全国食品安全快速大道、食用农产品集中交易市场食品安全保障能力提升等工程,落实食品生产经营监管公示制度,推行网格化、无缝隙监管,开展食品安全责任保险试点,加强食品市场主体信用体系建设,逐步形成了河北特色的食品安全监管品牌。

畜牧业加快畜禽养殖标准化示范场建设,新创建部级示范场43个,对到期的134个部级示范场和所有省级示范场进行了复检,部、省级示范场总数达到1050个。开展畜牧业绿色发展示范县创建活动,确定13个县为部、省级畜牧业绿色发展示范县,主体小循环、区域中循环、县域大循环模式被广泛推广。通过示范引导,畜禽养殖场、养殖合作社按标生产,畜禽标准化规模养殖比重达到72%,高于全国平均水平18个百分点。

果品业开展示范带动活动,大力推进标准化无公害生产。2016年,以现代果品产业项目建设县为重点,示范带动全省完成果树结构调整和树体改造201万亩,高标准基地建设210万亩,均超额完成全年任务目标。同时,大力培育果品龙头企业和合作组织,推进标准化生产示范园创建工作,将标准化生产的意识和观念传播给果农,把先进技术和设备引入农业生产,引导果农将分散经营模式转变为"公司+基地+农户"的经营模式,有效地提高了果品生产的规模化、专业化、集约化水平。

(三)完善机制,加强治理体系建设

根据河北省政府食品安全委员会办公室的意见,河北省委将食品安全工作纳入对地方党政领导班子和主要领导干部的考评体系,党政同责得到落实。《河北省食品小作坊小餐饮小摊点管理条例》通过省人大常委会审议,正式实施,小作坊、小餐饮、小摊点等食品安全监管薄弱环节得到加强和规范。河北省食品药品监督管理局与省农业厅联合印发了《关于推行食用农产品合格证管理进一步加强食用农产品产地准出与市场准入衔接工作的通知》,健全了农产品准出准入衔接机制。省食品药品监督管理局、省公安厅、省法院、省检察院、省政府食品安全办五部门联合印发了《〈河北省食品药品行政执法与刑事司法衔接工作办法〉实施细则》,行刑衔接水平进一步提高。省食品药品监督管理局组织对《河北省食品药品投诉举报管理办法》进行了修订,群众投诉举报更加顺畅;确立了食品监管执法全过程记录制度,执法过程更加规范。制定了全省食品安全"十三五"规划,明确了监管工作目标和措施。各相关部门就校园食品安全、旅游景区食品安全、高速公路服务区餐饮安全建立了协作机制,全省食品安全保障体系和工作机制进一步完善和加强。

(四)狠抓源头,强化食用农产品监管

1. 重点整治禁限用高毒农兽药

全年完成农业部下达的农药监督抽查252批次,重点检测有效

成分和隐性组分，检出不合格批次 22 个，合格率 91.27%，按时上报总结分析报告。完成了阿维菌素等农药在小茴香上的残留限量等标准的制定。制定《2016 年农药市场监管工作实施方案》和《2016 年农药监督抽查工作方案》，开展了春、夏、秋季农药市场打假行动，重点检查是否存在生产销售禁用高毒农药、假劣农药、未取得农药登记证农药以及其他标签严重不合格农药的违法行为。开展标签和质量专项整治，完成农药标签监督抽查 8604 个，查出不合格标签 844 个；完成农药质量监督抽检 900 个，检出不合格样品 66 个。坚持检打联动，注重抽检结果的使用，对抽检不合格企业依法进行了查处。

畜牧业按照省食品安全办等五部门印发的《畜禽水产品抗生素、禁用化合物及兽药残留超标专项整治行动方案》要求，以肉牛、肉羊、生猪、家禽为重点品种，以兽用化学药品生产经营企业，肉牛、肉羊、生猪、家禽规模养殖场、养殖合作社、养殖大户、屠宰场（点）为重点单位，组织开展拉网式排查，实施网格化监管。据统计，全省共出动执法人员 5 万多人次，检查兽药生产经营单位 4311 家次，检查各类畜禽、屠宰场（点）2 万个次，溯源查处 4 起兽药残留超标案件，处理违规生产经营单位 277 家，罚没金额 140 余万元。通过实施专项整治，兽药生产和经营环节规范化管理制度进一步落实，畜禽养殖用药行为进一步规范。针对牛羊肉中"瘦肉精"反弹问题，从 2016 年 11 月到 2017 年 1 月，在全省集中组织"瘦肉精"专项整治百日行动。整治期间，以肉牛肉羊养殖、调出大县和集中屠宰大县为重点区域，做到饲料、兽药、养殖、收购贩运和屠宰环节监管全覆盖，组织拉网式排查，具体到场、到店、到户、到点，不留死角。据统计，全省共出动执法人员31280人次，检查饲料企业、养殖场户、屠宰场（点）等各类生产经营单位21900多家，抽检"瘦肉精"30万批次，对检出的阳性样品及时调查处理，涉及刑事犯罪的坚决移送公安机关。在各地、各部门共同努力下，牛羊肉中的"瘦肉精"反弹问题得到有效遏制，取得了阶段性成效。

果品业开展农药、化肥"双减行动"，重点整治面源污染，制定了暑期和"双节"果品质量安全工作方案，开展了暑期和"双节"专项整治行动，对秦皇岛、唐山、廊坊等重点地区，对葡萄、桃、杏等重点果品进行了重点监管和专项整治，确保全年无重大质量安全事件发生。

水产业加强对水产苗种和渔业投入品使用的监督管理，进一步提升水产品质量安全监管水平。省农业厅组织在全省范围内开展了水产苗种和渔业投入品专项整治工作，出动大量监管或执法人员，对水产苗种、养殖企业进行拉网式检查，对不规范行为及时下达整改通知书或提出整改意见，严肃查处使用违禁药物的违法违规行为，积极鼓励引导科学养殖、健康养殖，为消除区域性、行业性隐患，确保供应市场的水产品质量安全起到了积极作用。

2. 开展质量安全追溯系统建设

种植业坚持实行属地责任制，严格落实责任追究制，把农产品质量是"管出来"的责任逐级传导到市、县、乡和村，突出抓好县乡两级政府监管责任落实和部门监管职能落实。强化生产主体责任制落实，把农产品质量是"种出来"的责任明确到生产基地、生产企业和规模园区，推进生产过程档案化管理和质量追溯制度，着力提高生产主体质量控制能力，确保产品质量安全。继续把建立质量追溯制度作为省以上蔬菜生产扶持项目的实施内容，纳入考核验收指标体系，实行一票否决。全省350多个蔬菜合作社或企业建立了二维码全程质量追溯制度，有20多家合作社或企业开发并投入使用了自己的质量追溯信息系统。

畜牧业强化兽药追溯系统建设，全省146家兽药生产企业申请了二维码密钥，配备了二维码采集设备；对6家未申请二维码密钥的生产企业，责令停产整改或注销生产资质；开展兽药经营环节追溯试点工作，将全省51家兽药经营企业确定为试点单位。

果品业建设完善河北省果品质量安全追溯系统，以果品质量安全追溯和监控为核心，从果品基地环境、生产栽培管理、检验检测、产品流通等重点环节入手，运用现代互联网和信息技术，探索、构建公益性果品质量安全追溯平台，着力实现果品"生产有记录，信息可查询，流向可跟踪，质量有保证"的全过程质量安全追溯和监控。

（五）突出重点，持续开展专项整治

一是省直五部门联合印发畜禽水产品抗生素、禁用化合物及兽药残留超标专项整治行动方案，以禁限用农药、兽用抗菌药、"三鱼两药"、畜禽屠宰、"瘦肉精"、生鲜乳、农资打假为重点，开展了一系列专项整治行动。二是印制了《关于严厉打击非法添加使用"瘦肉精"等违禁添加物质行为的通告》，张贴到省内所有行政村、养殖和屠宰单位，对添加"瘦肉精"的违法行为起到强有力的震慑作用。开通了"瘦肉精"检测绿色通道，提高了监管效率。

三是为确保粮食质量安全,省粮食、农业、环保等10余个部门联合开展了粮食重金属污染治理;为提高农村食品安全水平,省食品药品监督管理局与农业、工商、公安等部门联合开展了农村食品安全"清源、净流、扫雷、利剑"四大行动;为确保学校食品安全,省食品药品监督管理局与教育部门联合开展了校园及校园周边食品安全整治行动;为加强食品安全死角、盲区监管,省食品药品监督管理局组织开展了"清死角、打窝点"专项行动;并在食品生产环节开展了"两超一非",餐饮环节开展了网络订餐,重点品种开展了婴幼儿配方乳粉、乳制品、肉制品、白酒、调味品、食用油、食品添加剂专项整治行动。根据预防为主、全程管理原则,各部门不断加大食品安全隐患排查力度,加强风险隐患整顿治理,有力地保障了北戴河暑期等一系列重大活动及重大节日的食品安全。

（六）严惩重处,坚决打击违法犯罪行为

河北省公安厅深入开展食药打假"利剑"行动,持续专业化打击。一是成立了食药打假"利剑"行动组织领导机构。制定打击工作方案,明确工作任务,落实责任分工,在全省范围内掀起了食药打假"利剑"行动高潮。

二是把握节点,集群突破。年初组织开展"严打食品犯罪百日会战",侦办食品类犯罪案件342起,抓获犯罪嫌疑人433人,捣毁犯罪窝点256个,打掉团伙102个,涉案价值7200余万元。暑期食品安保工作以"秦唐廊"为重点,在全省集中开展暑期食品安全专项整治,省公安厅成立3个督导组一线督导,各地共出动警力1.1万余人次,摸排社区、乡镇、村落等问题多发部位1.2万余次，侦办案件145起，确保了暑期全省食品安全。中秋、春节期间组织开展净化餐桌专项行动，侦办食品类犯罪案件423起，抓获犯罪嫌疑人365人，捣毁犯罪窝点164个，涉案价值9600余万元。

三是合成作战，多措并举。对内主动与网侦、技侦等部门合作，侦办网络食品案件26起；对下与各市建立重大案件线索提级经营、优势警力同步上案、专案经费定向保障机制，提高了专案攻坚能力；对外与检法、食药监、盐政、农业等部门建立了行刑衔接，打击走私冻肉、生产销售假劣食盐、畜牧领域非法添加犯罪等工作机制，明确了职责分工，加强了信息共享；对接京津冀区域合作，在天津召开了首次京津冀打击食药犯罪对接会议，共享资源、警力支援、证据采集、技术支持，提高区域集成作战能力，三地合作破案10余起。

（七）夯实基础，全面提升监管能力

河北省食品药品监督管理局与省财政厅联合印发了《关于加强市县乡食品药品监管能力专业化建设的指导意见》，为加强基层基础建设提供了政策支持。省食品药品检验检测中心项目进展顺利，主体工程已大半完成；各设区市食药监管系统食品实验室新建及改扩建工程依次展开；县级各相关部门检验检测资源整合及常规检验仪器设备配备取得进展；全部乡镇配备了食品快检箱，省、市、县、乡四级食品检验能力明显提升。

河北省农业厅积极推动农（畜）产品质检机构资质认定和机构考核，全省11个市级农（畜）产品检测中心、5个县级农（畜）产品检测站通过"双认证"，走在了全国前列。举办全省第三届农产品质量安全检测技能大赛，2个人获得"五一劳动奖章"，9个人获得"河北省技术能手"称号。加强畜产品质量监测预警，坚持定期监测与随机抽查相结合，完善畜产品检测月报和监测预警分析制度。实施畜产品检测抽检分离的制度，确保采集样品的规范性和检测结果的真实性；在唐山、石家庄、保定、张家口4个奶业大市开展生鲜乳交易第三方检测，确保生鲜乳检测的公正性和奶农利益。

河北省农业厅打造了邢台和承德2个培训基地，投入130万元，组织市县两级检测及监管人员进行检测技术和法律法规培训，共组织8批次，培训620名；举办无公害检查员培训班2期，培训认证业务骨干256人；举办无公害内检员培训班4期，培训养殖企业无公害内检员849人；与省人社厅和省总工会联合举办全省第三届农产品质量安全检测技能大赛，邀请京津专家评判，体现了京津冀农产品质量安全协同推进的局面；组队参加了农业部、全国总工会、人社部联合举办的第三届全国农产品质量安全检测技能竞赛总决赛，获得团体三等奖，三名参赛选手分获个人二等奖、三等奖及优秀奖；建设农产品质量安全监管信息平台，在石家庄市、唐山市、承德市的7个县进行试运行。

河北省林业厅举办全省果品质量安全培训班，对各设区市林业局果树科（站）长、质检中心主任，果品生产重点县林业局主管局长、果树科（股）长等基层果品质量安全管理和执法人员进行果品质量安全相关知识培训，有效提高了工作人员的监管和执法能力。

（八）积极推动京津冀食品安全协同发展

河北省农业厅于2016年3月召开了京津冀农产品质量安全协

同推进筹备工作会议，12月与北京、天津农产品质量安全监管部门签署了《京津冀农产品质量安全框架协议》，就协同推进三地投入品监管、质量标准、检验检测、行政执法、信息共享、产地准出等工作达成共识。10月召开了北方七省区区域农产品质量安全监管工作座谈会，对建立区域农产品质量安全联防联控机制进行了全面探讨并形成会议纪要。

种植业推进京津冀植物保护和植物检疫区域合作，河北、北京和天津植保机构加强协同、务实合作、属地管理、联防联控，加强植物疫情管控和植物检疫行政执法，在重大农业有害生物监测预警、联防联控及信息化建设等方面的合作迈出重要步伐。在2015年签署的《京津冀蔬菜病虫全程绿色防控示范基地协同建设框架协议》基础上，开展了京津冀蔬菜病虫全程绿色防控合作，建设200亩以上规模的绿控基地70个，其中北京15个、天津15个、河北40个，通过应用以非化学防治为核心的绿色防控技术体系，实现了化学农药用量减少30%~60%的目标。一省两市还构建了农药管理联防联控协同机制，联合印发了《2016年京津冀农药市场联防联控实施方案》《京津冀2016年高风险农药目录》，推动了京津冀农药管理联防联控工作的开展。对河北、北京、天津接壤的10个县（区）22家较大的农药批发企业实施联合检查，对违规农药产品统一下架、依法查处。河北省还推行了"农药经营诚信体系建设""违规农药产品曝光制度"和"农药可追溯管理制度"。

畜牧业制定《京津冀畜禽屠宰监管工作联席会议章程》《京津冀动物卫生风险评估分级管理办法》等制度，签署《京津冀农产品质量安全框架协议》，开展京津冀畜产品质量安全联合预警分析、畜禽屠宰监管联合检查等活动，京津冀协同发展重点领域实现新突破。

（九）加大宣传力度，强化社会共治格局

各级地方政府积极推进网格化监管，明确每个监管单位的监管范围、人员、职责，县、乡、村三级监管网格已经覆盖全省，形成了无缝隙、全覆盖的监管网络。

河北省食品药品监督管理局联合多部门开展了食品安全宣传周活动。通过修订投诉举报办法，进一步畅通举报渠道，有效地保护、鼓励了群众举报积极性。全年接受投诉举报大幅增加，群众参与、社会共治局面更加巩固。省政府每年举办两次食品安全新闻发布会，省政府食品安全办每季度召开新闻发布会，省食品药品监督管理局每周发布食品抽检质量公告，食品安全信息沟通与交流更加频繁、及时、畅通，全社会关心食品安全、参与食品安全氛围逐步形成。

农业、林业部门充分利用媒体资源，多角度、多层次、全方位大力宣传《农产品质量安全法》《食品安全法》等法律法规和食用农产品质量安全相关知识，提高生产者、经营者、消费者的质量意识、法制意识、诚信意识、责任意识和安全意识。积极推进无公害种养技术，不断夯实食用农产品质量安全基础。

四 存在的主要问题

（一）食用农产品质量安全问题必须引起重视

2016年，全省农产品质量安全继续保持较高水平，农产品总体抽检合格率稳定在96%以上，但是部分蔬菜品种农药残留，畜禽产品、水产品兽药残留以及"瘦肉精"、孔雀石绿等违禁物质仍有检出，上述问题仍然困扰着监管部门，给人民群众身体健康带来威胁。2016年，省级例行监测中蔬菜、畜产品、产地水产品的合格率分别为96.9%、99.7%、98.9%。然而，食品安全无小事，尽管农产品检测率持续维持在较高水平，但对于巨大的消费量来说，即使是微小的不合格率，不合格产品总量也很惊人。2016年，河北省蔬菜、畜禽产品及水产品的总产量分别为8193.4万吨、456.3万吨、132.2万吨，无论按照农业部监测数据还是省农业厅监测数据，不合格农产品的总量都十分惊人。

（二）加工食品质量安全隐患依然存在

围绕食品生产、加工、销售环节中可能存在的多种风险隐患，相关监管部门开展了"高压"式监测与排查，但受多种主客观因素影响，仍存在食品安全风险隐患。从监管部门日常监督检查和抽检监测情况看，2016年，主要问题包括以下几个方面。一是部分食品添加剂含量超标。主要是产品配方不合理或未严格按配方投料，比如食品添加剂超范围或超量使用、调味品的氨基酸态氮和总酸不合格、饮料的蛋白质不合格等。二是部分食品微生物指标超标。主要是生产、运输、贮存等环节卫生防护不良，食品受到污染所致。三是部分食品检出非食用物质。主要是养殖环节违规使用抗生素、"瘦肉精"所致。四是部分食品检出其他污染物。主要是容器、管道、包装材质不符合要求导致污染物溶解迁移所致，主要是酒类和植物油的塑化剂项目超标。五是部分食品品质指标不合格。

主要是生产工艺不合理或控制不当导致,比如植物油的原料在炒制过程中温度过高,导致成品的苯并芘超标,枣酒生产工艺控制不当导致甲醇含量超标等。六是部分食品检出真菌毒素。主要原因是原料带入。谷物在田间受到禾谷镰刀菌等真菌侵染,生产企业在原料进厂把关环节存在不足或缺少检验手段。七是部分畜肉、蛋白饮料存在掺假现象。驴肉、羊肉、牛肉及其制品中检出马源、猪源、鸭源等动物源性成分,杏仁露中检出花生源成分等,主要是企业以低成本的原料代替高成本原料所致。八是网购食品存在问题隐患较多、不合格率较高,网购食品的质量安全状况需引起关注。

(三)食品安全工作尚需进一步加强

一是食品生产者质量意识和法律观念淡薄。部分生产企业、基地和农户对国家关于农产品质量安全的要求不甚了解,以农户生产方式为主,主体经营规模较小,组织结构松散,生产管理粗放,自律约束不严。部分食品生产者科学用药水平低,质量安全意识淡薄,超量、超范围使用农兽药,不严格遵守农兽药安全间隔期和休药期的规定,导致农产品中农兽药残留、重金属含量超标。种养殖产业链条短、产品附加值低下等问题成为质量安全风险隐患的深层次原因。受利益驱动,在种养殖或运输、暂养环节违法添加使用药物和其他物质;为了增加口感、卖相,延长保质期,吸引消费者,部分食品加工者滥用食品添加剂,非法添加非食用物质,不按工艺要求严格操作,使用腐败变质原料等,导致食品中添加剂和微生物超标。

二是食品安全监管体系建设滞后。首先,食品安全技术监督体系尚不健全,尤其县乡基层监管机构普遍存在人员不足、经费短缺问题,监管条件不足,专业检测人员少,监管力量薄弱,生产单位点多面广,检测设备和技术落后,监管信息化建设进程缓慢,部门监管责任和生产者主体责任难以落实到位。其次,监管体制有待于进一步完善。监管职能尚未完全理顺,存在监管部门职能职责交叉不清等问题,增加监管难度。

三是食品安全社会共治格局有待进一步完善。企业主体责任未完全落实,食品信用体系建设滞后,行业自律作用未有效发挥,褒扬诚信、惩戒失信的氛围尚未形成,社会共治机制、平台建设缓慢,群众举报食品安全违规违法行为的积极性不够高,舆论监督宣传的力度偏弱,社会监督力量尚未充分激活,群众监督、行业协会监督和舆论监督等社会监督合力有待进一步加强。

五 2016年食品安全工作

食品安全事关人民群众的身体健康和生命安全,事关人民群众最根本利益,是对党和政府执政能力的考验,已经上升为国家战略。确保食品安全是重要的民心工程、民生工程,是各级党委、政府、相关部门义不容辞的责任,是重大的政治任务。2017年,全省各级各相关部门将按照党中央、国务院和省委、省政府决策部署,按照"四个最严"标准,全面加强食品安全监管,党政同责、社会共治、源头严防、过程严管、风险严控,进一步提升全省食品安全治理能力,确保人民群众饮食安全。

（一）加快完善食品安全有关制度

依据国家新制修订的法规规章，做好河北省食品药品安全监管制度建设的相关工作。抓好国家食品药品监管总局有关网络订餐、学校食堂监督管理等相关规章的贯彻落实工作，完善河北省农村集体聚餐监督管理有关规定。研究制定食品生产经营企业风险分级、自查自评管理的指导意见，强化食品生产经营者主体责任。进一步加强食品安全法治教育，落实食品安全监管人员、生产经营单位负责人、主要从业人员全年40小时培训的要求。规范食品安全执法行为，强化执法监督，提高执法效率和水平。

（二）加快健全食品安全标准体系

加强食品安全地方标准管理，改进地方标准制修订工作，建立健全食品安全地方标准目录。完成2016年立项的地方标准制定，加强地方标准实施后的跟踪评价工作。修订《河北省食品安全企业标准备案管理办法》，规范企业标准网上备案流程。加强食品相关产品标准研究，制定全省食品相关产品标准和质量提升实施方案，完善食品相关产品安全标准、产品标准、检验标准和监督检查技术规范。加强食品安全标准的宣传培训和实施，积极探索对一些影响食品安全"潜规则"隐患的检验方法的研究。

（三）加大食用农产品源头治理力度

落实国务院《土壤污染防治行动计划》和《河北省"净土行动"土壤污染防治工作方案》，加强土壤污染治理、农村污水治理，取缔禁养区内的养殖场。加强耕地质量保护，逐步提升耕地质量。落实粮食重金属污染治理各项政策措施，严防粮食重金属污染。积极推广农业良好生产规范，推进规模化种植养殖基地生产记录台账制度。推进果品标准化无公害生产，2017年新增高标准果品生产基地超过200万亩，完成果树结构调整和树体改造超过200万亩。严格高毒农药使用监管，探索高毒农药定点经营制度，严查严禁蔬菜、瓜果使用国家禁用的剧毒高毒农药。加强食用农产品科学种植、科学养殖技术培训，提高农户自觉依法依规使用农药、兽药、化肥、饲料和饲料添加剂，严厉打击违规使用"瘦肉精"、孔雀石绿、硝基呋喃等禁用物质。积极探索、完善蔬菜、畜禽产品、水产品产地准出与市场准入管理衔接机制，形成食用农产品的闭环管理。

（四）严格食品生产经营全过程监管

认真落实"双随机、一公开"要求，彻查各环节、各区域、各品种的食品安全隐患，公开抽样检验、监督检查信息，曝光违法违规企业，倒逼食品生产经营者落实自身主体责任。落实监管部门日常检查和监督抽检两个责任，加大专项检查、飞行检查力度，推进食品安全抽检常态化、制度化，加强对婴幼儿配方乳粉生产企业的监管。积极推行危害分析和关键控制点（HACCP）体系，推动企业建立食品安全追溯体系，提高企业自身素质。加强食品生产集聚区和农村食品安全治理，提升食品集中交易市场管理水平，开展创建放心菜、放心肉超市活动。加强对食品相关产品的监管，积极探索出口食品同线同标同质"三同"示范工程建设。认真贯彻《网络食品安全违法行为查处办法》，加大对网络食品违法违规行为的查处力度，确保网络食品质量安全。加大对学校及幼儿园、校外托管机构（俗称小餐桌）的监管力度，依法清理整治非法幼儿园和校外托管机构，防止群体性食物中毒事件发生。继续推进餐饮服务单位"明厨亮灶、量化分级、清洁厨房"工作。

（五）严防食品安全风险

认真实施国家食品安全风险监测计划，组织开展粮食重金属、畜禽水产品禁用物质及抗生素等专项监测。以蔬菜、畜禽产品和水产品为重点，加大食用农产品风险监测力度，摸清食用农产品质量安全底数，及时发现和锁定重大风险隐患和主要危害因素，提高整治工作的针对性、实效性和科学性。做好粮食质量安全监测，建立健全污染超标粮食收购处置机制，防控粮食质量安全风险。加强风险监测和监督抽检信息通报与会商研判，建立健全各部门风险监测、风险评估和监督抽检信息共享共用制度。加强对国家、省、市、县四级食品抽检计划的统筹，扩大抽检覆盖面，提高问题发现率和不合格产品核查处置率。及时查处不合格产品和违法违规企业。加强对进口食品、进口食用农产品的监管，确保进口食品安全。积极推进食品安全责任保险试点，鼓励食品生产经营企业投保食品安全责任保险。探索建立食品安全风险预警交流工作体系，及时发布食品安全风险警示或消费提示。

（六）保持严惩重处违法犯罪高压态势

严厉打击食品中非法添加有毒有害物质、超范围超限量使用食品添加剂、掺杂使假、私屠滥宰等违法犯罪行为。对肉制品、粮食加工品、酒类集中生产区，私屠滥宰、制假售假等问题多发区域，组织专门力量，开展集中打击行动。所有食品安全违法行为都要一追到底，打掉黑窝点、黑作坊，斩断违法犯罪的黑色产业链，及时向社会公开处置信息，教育广大食品生产经营者，对犯罪行为起到震慑作用。进一步加强行政执法和刑事司法衔接，建立健全食品安全专家库，为执法办案的专业食品问题出具专家意见，解决取证难、认定难、入罪难以及涉案产品处置等问题。加大对虚假违法食品广告和食品虚假、欺诈宣传的查处力度，切实维护消费者权益。

（七）推进食品产业结构调整和转型升级

优化食品产业发展环境，推进简政放权、依法行政。建立完善行政审批"负面清单"制度，进一步精简审批事项、优化审批流程、压缩审批时限、提高审批效率。深入实施农业标准化战略，调整农产品种养结构，突出优质、安全和绿色导向，推进无公害农产品、绿色食品、有机农产品和农产品地理标志（"三品一标"）认证。落实《河北省消费品工业发展"十三五"规划》，以粮油加工、乳制品加工、肉类加工、方便食品制造、酒和饮料制造五大行业为重点，推动食品企业增品种、提品质、创品牌，培育和扶持一批"中华老字号"、省级名牌产品、省优质产品、河北省著名商标、中小企业名牌产品，培育壮大河北食品工业规模，提高竞争力。按照国家加快冷链物流发展保障食品安全促进消费升级的意见要求，加快河北食品冷链物流建设，鼓励社会力量和市场主体投资食品冷链物流基础设施。推广唐山市餐厨废弃物"政府推动、市场运作、收运处一体化管理"的经验，加强餐厨废弃物、肉类加工废弃物和不合格畜禽产品的资源化利用和无害化处理,深化"餐桌污染"治理。深入推进农村地区食品安全和旅游景区整治提升,助力美丽乡村和旅游强省建设。

（八）深入开展示范创建活动

进一步推进国家食品安全示范城市、农产品质量安全县创建活动（"双安双创"）和出口食品农产品质量安全示范区建设,开展更高标准、更高水平的省级食品安全示范县创建活动,打造食品安全和农产品质量安全的示范样板,带动提升全省各级各层面食品安全工作水平。

（九）强化京津冀食品安全协作

深化京津冀食品安全区域联动衔接协作机制。推进互认检测结果、协查协办案件。对食品失信企业及其经营管理人员,推进建立京津冀联合信用惩戒制度。针对河北是京津食用农产品重要供应基地的实际情况,推动建立河北产地准出、京津市场注入的有效衔接机制,保障京津食用农产品供应和质量安全。总结农餐对接、农超对接、场厂挂钩、场地挂钩等经验,推进京津冀产销直挂模式实施,建设河北食用农产品直通京津地区的快速通道。

（十）推动食品安全社会共治

加强食品安全新闻宣传,做好舆论监督,营造良好的舆论环境。开展食品安全法律法规和科普知识宣传,增强食品生产经营者的守法观念,提高消费者科学饮食、理性消费的科学素养和自我保护能力。完善食品安全投诉举报制度，进一步畅通投诉举报渠道，依法、及时、科学、负责地处置投诉举报事项，保护群众参与食品安全监督的积极性。鼓励食品相关行业协会制定行规行约，倡导职业道德准则，建立行业自律机制，规范食品生产经营行为。

（十一）强化食品安全监管能力建设

进一步完善食品监管体制、机制，加强食品安全基层监管队伍建设。按照国家有关部门要求，依托现有监管资源，逐步建立一支高效、专业的食品检查员队伍。落实国家和省食品安全"十三五"规划要求，不断加强食品安全基层监管队伍建设，提高监管能力和水平。加大各级食品检验机构建设力度，增强食品安全监管的技术支撑。加强各级公安机关食药支队建设，增强打击食品犯罪专业力量。加强对食品检验机构的管理，推进食品检验资源整合共享，提高资源利用效率，提升检验能力。加强粮食检验监测体系建设，提高粮食检验检测水平。开展监管人员、执法人员、监督抽验人员、认证评审人员业务培训，提升许可、监管、检验、办案水平。

（十二）落实属地管理责任

落实党政同责要求和属地管理责任，完善食品安全工作考核评价机制，科学设定考核项目和评价标准，年中督查和年终考核相结合，强化考核结果运用。将确保食品安全作为衡量党政领导班子和领导干部绩效的重要指标。严格食品安全责任追究，对因为失职渎职导致食品安全事故的，依法严肃追究相关人员的责任。涉嫌犯罪的及时移交司法机关处理。

B.2
2016年河北省药品质量安全报告

河北食品药品安全研究报告课题组

摘　要： 2016年，河北省食品药品监管部门服务京津冀一体化大局，整体推进各项工作，强化日常监管，持续专项整治，规范执法行为，创新方法手段，医药行业整体发展良好，药品质量安全状况总体平稳，药品质量安全保障能力不断提高，各项工作取得新进展。

关键词： 医药工业　药品安全　河北

2016年，河北省食品药品监管部门按照党中央、国务院、国家食品药品监督管理总局的决策部署，积极推动实现京津冀区域食品药品安全协同发展，监管制度机制不断完善，方法手段不断创新，履职尽责能力不断加强，医药行业整体发展良好，药品质量安全状况总体平稳，全年未发生较大规模药害事件和群体药品不良事件，药品安全监管能力稳步提升。

一　2016年医药工业发展情况

医药工业是河北省具有传统优势的战略新兴产业，在河北省经济和社会发展中占有重要地位。2016年医药工业增值增速高于全省工业平均水平,主营业务收入与全省工业保持同步增长,效益指标保持较高增速,医药工业整体发展质量较好。

(一)医药工业主要经济指标完成情况

2016年,河北省医药行业规模以上工业企业283家,资产总额1106亿元;医药工业增加值增速为5.4%,高于全省工业平均水平0.6个百分点。

2016年,医药工业主营业务收入973.98亿元,与全省工业保持同步增长,增长率为4.3%。化学药品原料药制造、化学药品制剂制造和中成药生产居医药工业主营业务收入前3位,分别占主营业务总收入的36.1%、20.2%、17.8%。2016年各子行业主营业务收入增速差距较大,其中卫生材料及医药用品制造、生物药品制造和中药饮片加工增速均在20%以上,化学药品制剂制造和中成药生产同比负增长(见表1)。

表1 医药工业各子行业主营业务收入完成情况

单位:亿元,%

行业	2016年收入	2015年收入	增速
合　　计	973.98	934.17	4.3
化学药品原料药制造	351.84	318.47	10.5
化学药品制剂制造	196.93	220.04	-10.5
中药饮片加工	62.04	51.54	20.4
中成药生产	172.92	176.98	-2.3
兽用药品制造	79.83	73.28	8.9
生物药品制造	65.77	53.93	22.0
卫生材料及医药用品制造	13.22	9.43	40.1
专用设备制造等	31.43	30.50	3.0

2016年，在总量指标保持平稳增长情况下，效益指标继续保持较高增速。医药工业实现利润总额87.45亿元，同比增长13.9%。2016年利润增速位居前3位的是生物药品制造、化学药品原料药制造和中药饮片加工。其中，生物药品制造利润增速最快，达到34.9%，市场发展潜力巨大；专用设备制造等利润增速较低，为-7.5%。化学药品原料药制造、中成药生产是医药工业利润总额的重要组成部分，分别占利润总额的41.2%、21.3%。生物药品制造、化学药品制剂制造居第3位、第4位，分别占利润总额的10.3%、10.0%（见表2）。

表2 医药工业各子行业利润完成情况

单位：亿元，%

行业	2016年利润	2015年利润	增速
合 计	87.45	76.76	13.9
化学药品原料药制造	36.04	28.81	25.1
化学药品制剂制造	8.77	9.38	-6.5
中药饮片加工	3.45	2.93	17.5
中成药生产	18.59	17.70	5.0
兽用药品制造	7.60	7.04	8.0
生物药品制造	8.99	6.67	34.9
卫生材料及医药用品制造	0.66	0.61	8.2
专用设备制造等	3.35	3.62	-7.5

2016年医药工业整体销售利润率呈现缓慢上升态势，比2015年增长0.76个百分点。其中化学药品制剂制造、中药饮片加工和卫生材料及医药用品制造的利润率低于整体平均水平。化学药品制剂制造最低，为4.45%。利润率位居第1位、第2位的

是生物药品制造和中成药生产，利润率分别为 13.67%、10.75%（见表3）。

表3 2016 年医药工业各子行业利润率

单位：%，个百分点

子行业	2016 年	2015 年	同比增长
合　计	8.98	8.22	0.76
化学药品原料药制造	10.24	9.05	1.19
化学药品制剂制造	4.45	4.26	0.19
中药饮片加工	5.55	5.69	-0.14
中成药生产	10.75	10.00	0.75
兽用药品制造	9.53	9.61	-0.08
生物药品制造	13.67	12.36	1.31
卫生材料及医药用品制造	4.99	6.46	-1.47
专用设备制造	10.65	11.86	-1.21

（二）固定资产投资和技改项目实施情况

随着河北省医药企业调结构、转方式升级改造力度加大，一批搬迁改造项目、扩产升级项目和创新药物产业化项目，以及沧州渤海新区生物医药产业园建设等使医药行业的固定资产投资和技改投资仍保持较快增长。2016 年河北省医药工业完成固定资产投资 461.91 亿元，同比增长 16.6%，高于全省工业平均水平 9 个百分点。其中，工业技改投资 309.85 亿元，同比增长 15.4%，高于全省工业平均水平 11 个百分点。技改项目投资占投资总额的 67%。

二 药品质量安全状况

2016年,全省药品监管部门继续以问题导向统领药品抽验工作,充分发挥监督抽验发现质量问题、排查风险隐患的技术支撑作用。2015年12月16日至2016年12月15日,全省共抽验各类药品9246批次(含评价抽验326批次,稽查、公安办案119批次),合格8949批次,不合格297批次,总体合格率为96.79%。与上年同期相比,总体合格率上升1.02个百分点(见图1)。

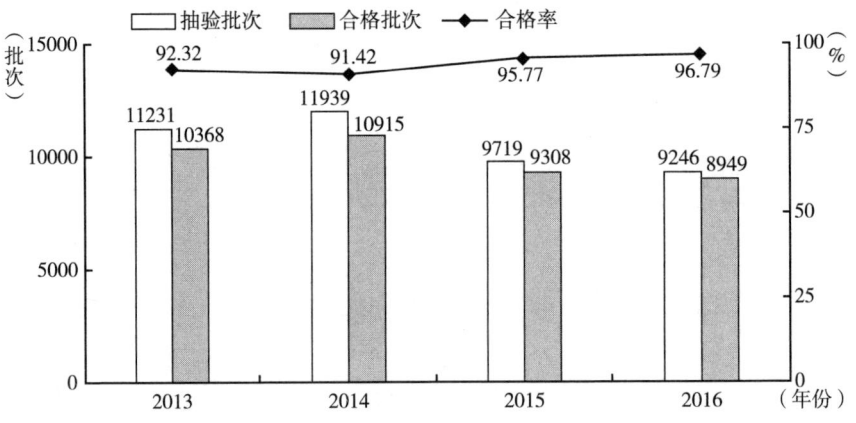

图1 2013~2016年河北省药品抽验合格率比较

(一)药品制剂、中药材及中药饮片抽验情况(不含基本药物)

全省监督抽验了3131个单位的1910个品种(药品制剂、中药材及中药饮片)7937批次药品,合格7672批次,不合格265批次,合格率为96.66%。与上年同期相比,合格率下降0.47个百分点。

1. 药品制剂监督抽验情况

全省监督抽验药品制剂 5984 批次,合格 5962 批次,不合格 22 批次,合格率为 99.63%。与上年同期相比,合格率上升 0.43 个百分点。

2013～2016 年,共监督抽验药品制剂 26564 批次,年度抽验合格率分别为 97.96%、98.72%、99.20%、99.63%,合格率逐年升高,药品制剂总体质量水平继续保持稳中向好趋势(见图 2)。

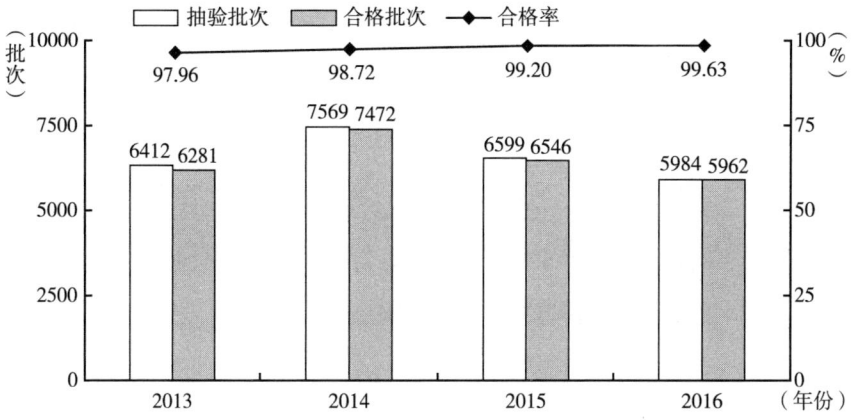

图 2　2013～2016 年河北省药品制剂监督抽验合格率比较

2. 中药材和中药饮片抽验情况

中药材及中药饮片专项抽验 1953 批次,合格 1710 批次,不合格 243 批次,合格率为 87.56%。

2013～2016 年共抽验中药材及中药饮片 6500 批次,年度合格率分别为 73.56%、74.05%、81.74%、87.56%(见图 3)。

3. 按环节分析

2016 年,药品生产企业抽验 836 批次,不合格 73 批次,合

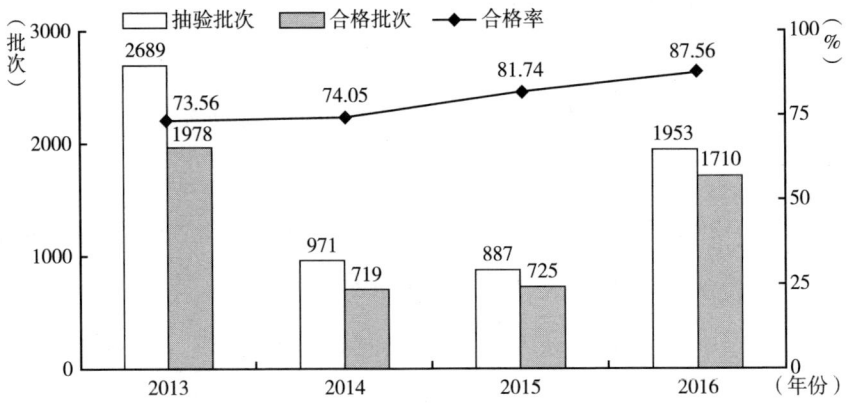

图 3　2013~2016 年河北省中药材及中药饮片抽验合格率比较

格率 91.27%；医院制剂抽验 84 批次，合格率 100%；批发企业抽验 1543 批次，不合格 45 批次，合格率为 97.08%；零售企业抽验 2625 批次，不合格 72 批次，合格率为 97.26%；医疗机构抽验 2849 批次，不合格 75 批次，合格率为 97.37%（见图 4）。

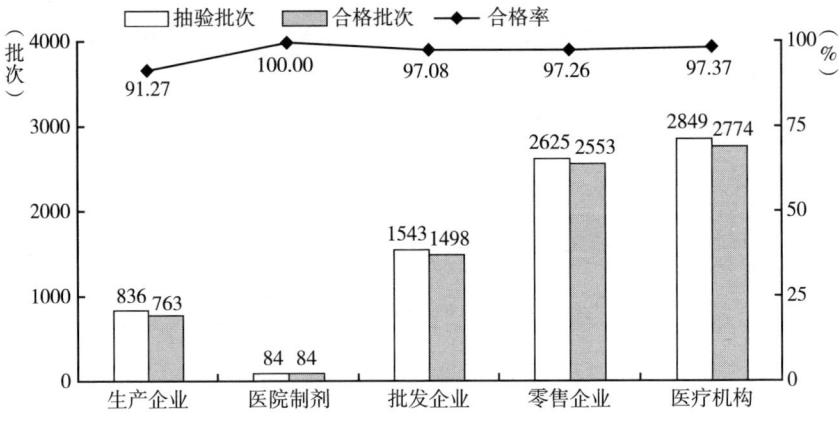

图 4　各环节监督抽验合格率比较

4. 按品种分析

从抽样品种看，抗生素和生化药品均合格；化学药品和中成药的合格率分别为99.74%、99.41%；中药材及中药饮片的合格率最低，为87.56%。中药材及中药饮片不合格批次占全部不合格药品的91.7%，主要原因是专业人员以问题为导向，根据经验和外观性状靶向抽样，命中率较高。

2013～2016年，化学药品、中成药、抗生素、生化药抽验合格率逐年增高，稳中有升（见图5）。

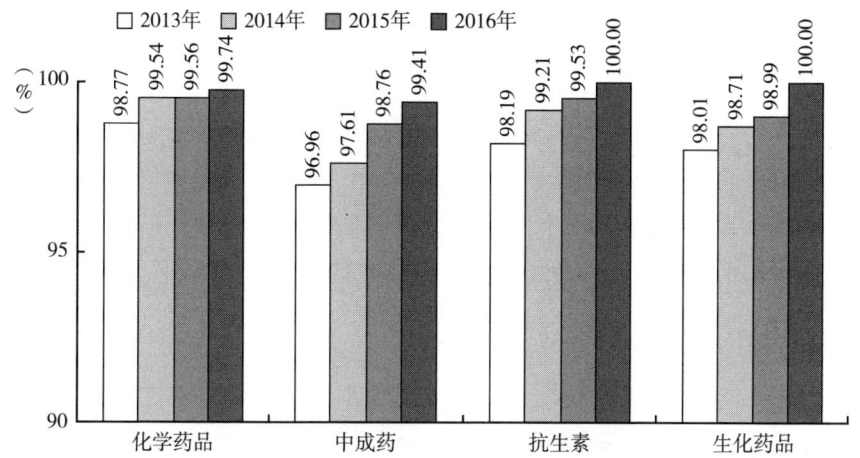

图5　2013～2016年各类制剂合格率比较

5. 按产地分析

2016年，265批次不合格药品制剂、中药材及中药饮片中，本省企业生产的为210批次，占不合格总批次的79.25%；外省企业生产的为54批次，占不合格总批次的20.38%。未注明产地的中药材及中药饮片1批次，占不合格总批次的0.38%（见图6）。

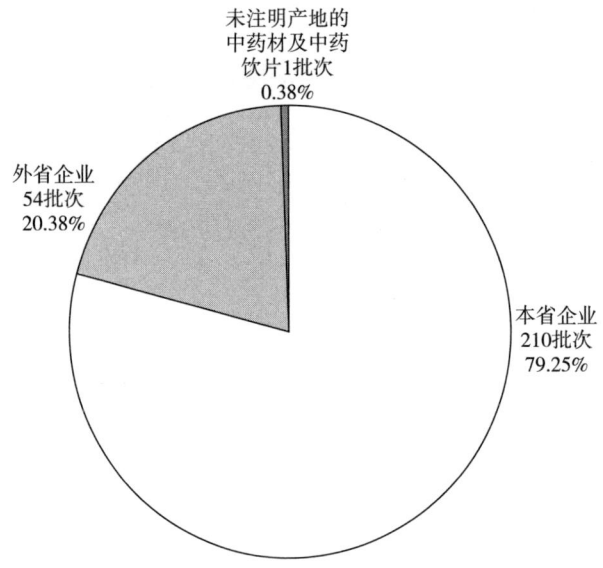

图6 省内外企业不合格产品情况比较

2016年，本省企业生产的药品制剂合格率为99.76%，外省企业生产的药品制剂抽验合格率为99.60%，本省生产的药品制剂合格率略高于外省企业（见图7）。

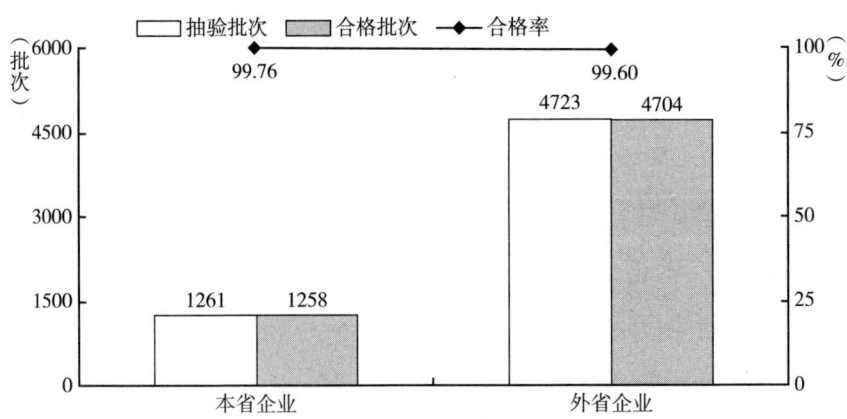

图7 省内外企业药品制剂抽验合格率比较

2016年，本省企业生产的中药材及中药饮片合格率为87.45%，外省企业生产的中药材及中药饮片合格率为87.36%，未注明产地的中药材及中药饮片合格率为96.30%。本省企业生产的中药材及中药饮片合格率分别比外省、未注明产地的高0.09个、低8.85个百分点（见图8）。

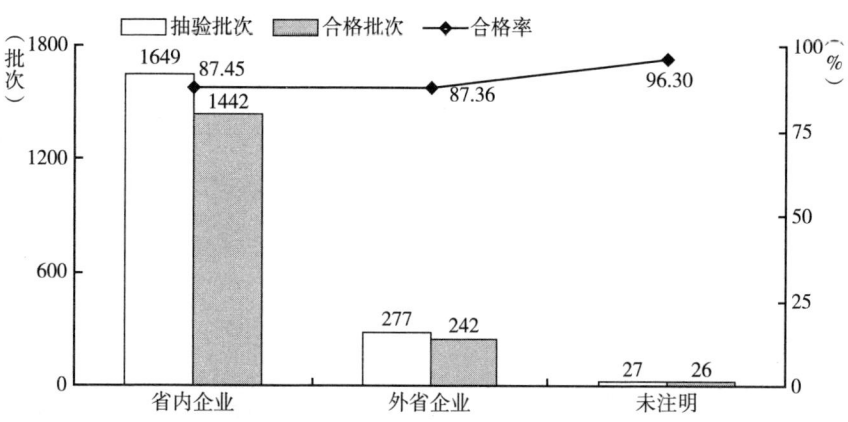

图8　省内外企业中药材及中药饮片抽验合格率比较

6. 按被抽样单位规模分析

2016年，共抽到22批不合格药品制剂。其中，抽自市区单位的不合格药品制剂4批，占不合格总批次的18.18%；抽自县及县以下单位、个人的不合格药品制剂18批次，占不合格总批次的81.82%（见图9）。

2016年共抽到243批不合格中药材及中药饮片。抽自市区的不合格中药材及中药饮片79批次，抽自县及县以下单位、个人的不合格中药材及中药饮片164批次，各占不合格总批次32.51%和67.49%（见图10）。

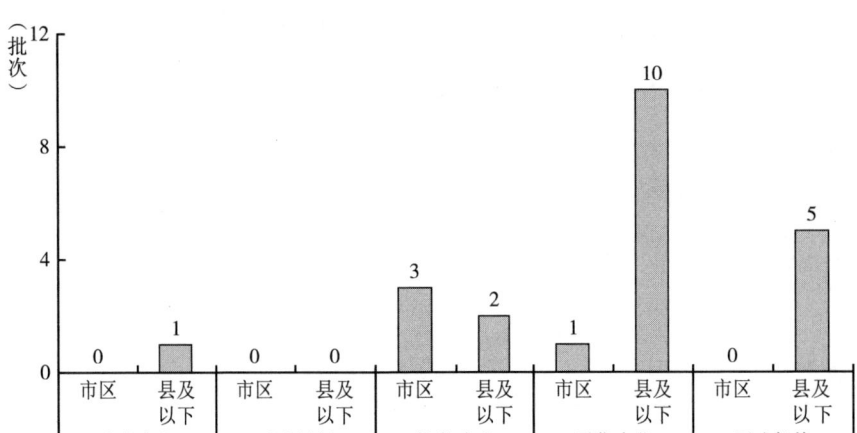

图9　各环节不合格药品制剂的分布

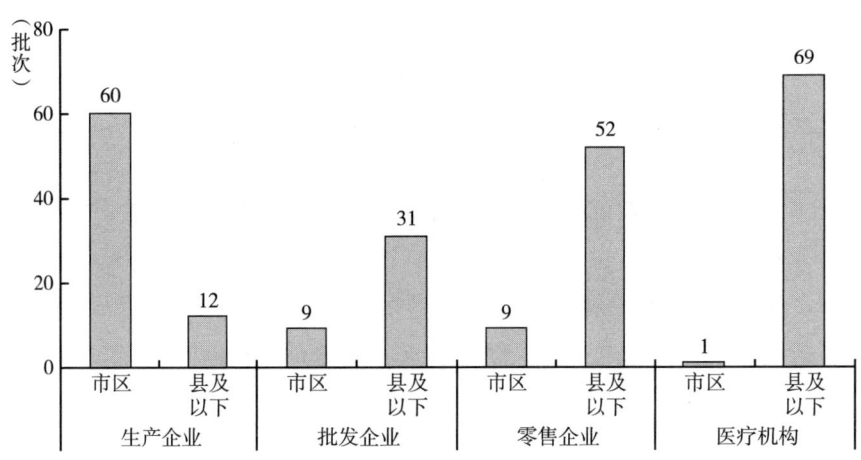

图10　各环节不合格中药材及中药饮片的分布

7. 抽验发现的主要质量问题

药品制剂存在的主要问题：抽自2个县以下零售药店和1个体经营户的2种化学药品3批次鉴别不合格，为假药；其他片剂化学药品主要是性状、崩解时限、游离水杨酸不合格；中成药主要是性状、装量、崩解时限、溶散时限等不合格。

中药材存在的主要问题：银杏叶提取物59批次不合格，主要是生产企业购进不合格原料造成；其余是性状、鉴别、含量测定和二氧化硫残留量超标。

中药饮片存在的主要问题：同批样品内在质量不均匀、外观性状差异大；掺伪增重、非法染色；伪品、混淆品冒充正品；未严格按药典规定进行炮制，致含量下降。

(二) 基本药物抽验情况

2016年在全省353个单位共抽到基本药物229个品种864批次，经全项检验合格860批次，不合格4批次，合格率为99.54%。与上年同期（99.42%）基本持平。

不合格基本药物抽自批发企业3批次、零售连锁公司1批次；2批次为化学药，2批次为中成药，均为外省企业生产。不合格项目包括含量均匀度、性状、有关物质、水分。

2011~2016年，全省共抽验基本药物和纳入管理的非基本药物11084批次，合格11021批次，总体合格率为99.43%，年均合格率保持在99%以上（见图11）。

(三) 药品包装材料抽验情况

2016年，抽验各类药品包装材料样品212批次，合格208批次，不合格4批次，合格率98.11%，合格率同比增长1.3个百分点。4批次不合格产品中，复合膜3批次不合格，不合格项目为红外光谱、溶剂残留量；铝箔1批次不合格，不合格项目为易氧化物（见表4）。

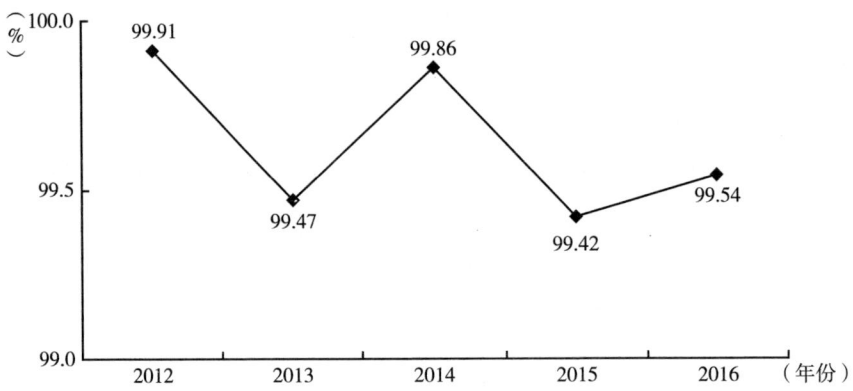

图11　2012～2016年基本药物抽验合格率比较

表4　2016年药品包装材料抽验情况汇总

单位：%

品种	检验批次	合格批次	不合格批次	合格率
玻璃类	29	29	0	100
复合膜	54	51	3	94.4
铝箔	36	35	1	97.2
铝塑盖	5	5	0	100
软膏管	5	5	0	100
聚乙烯膜、袋	4	4	0	100
塑料瓶类	46	46	0	100
橡胶类	8	8	0	100
硬片	24	24	0	100
预灌封注射器组合件	1	1	0	100
合计	212	208	4	98.1

2012～2016年，药品包装材料抽验合格率分别为92.5%、88.5%、95.97%、96.76%、98.11%，质量安全水平总体呈现向好趋势（见图12）。

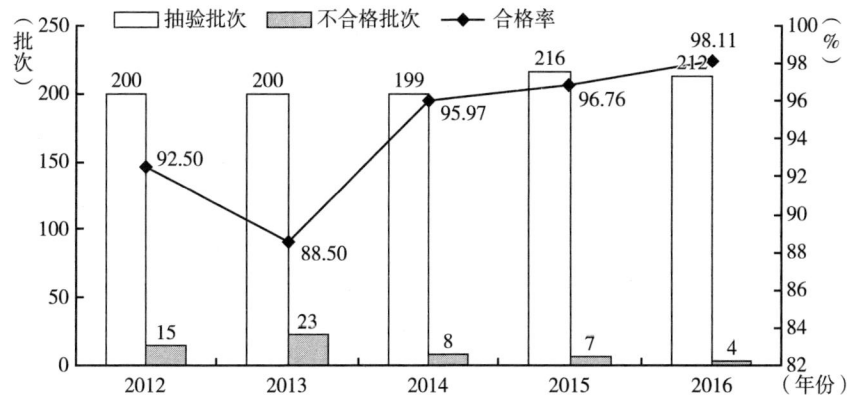

图 12　2012~2016 年药品包装材料抽验情况

三　药品不良反应/事件监测工作[①]

（一）总体情况

2016 年，全省各级监测网点共收集上报药品不良反应/事件病例报告 58352 份，达到平均每百万人口 812 份，较 2015 年增长 6.82%，报告数量趋于稳定（见图 13）。其中严重报告 4870 份，严重报告占比 8.35%；新的和严重报告 20488 份，新的和严重报告占比 35.11%。药品不良反应报告和监测市县覆盖率 100%。2016 年全年未发生较大规模药害事件和群体药品不良事件。

[①] 有关说明：统计数据来源于"国家药品不良反应监测系统"中 2016 年 1 月 1 日至 2016 年 12 月 31 日河北省上报的数据。由于河北省药品不良反应监测工作起步较晚，且受药品不良反应报告和监测整体水平的限制，以上数据和分析并不完全代表河北省药品不良反应发生的实际情况，仅供参考。

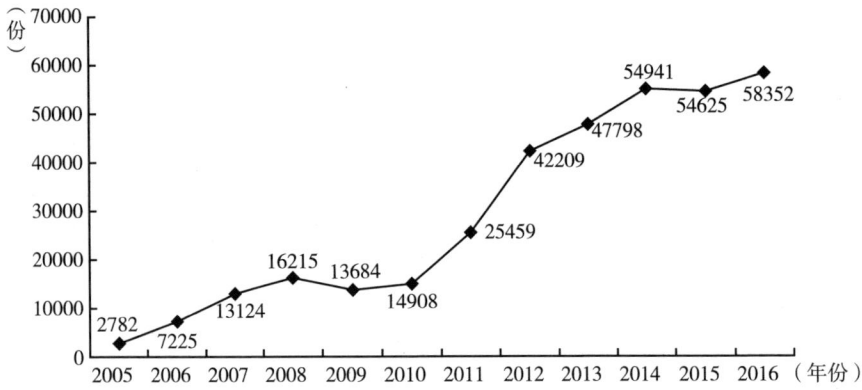

图 13　2005～2016 年全省药品不良反应/事件病例
报告数量增长情况

（二）2016年全省药品不良反应监测情况分析

1. 报告来源情况分析

2016 年，河北省各级监测机构对基层网络用户进行了重新审核，对重复注册或长期不登录的单位予以停用或注销。注册医疗机构数量持续增加，医疗机构网络直报覆盖面进一步扩大，注册经营企业有所减少，各类基层监测网点数量分别达到医疗机构 7279 家、经营企业 7343 家、生产企业 211 家、计生机构 19 家，共计 14852 家，比 2015 年增长了 3.94%（见图 14）。按照来源统计，医疗机构仍是报告的主要来源，来自医疗机构的报告 46517 份，占 79.72%；来自药品经营企业的报告 11172 份，占 19.15%；来自药品生产企业的报告 639 份，占 1.1%，生产企业报告数量增长明显，但报告占比仍偏低（见图 15）。

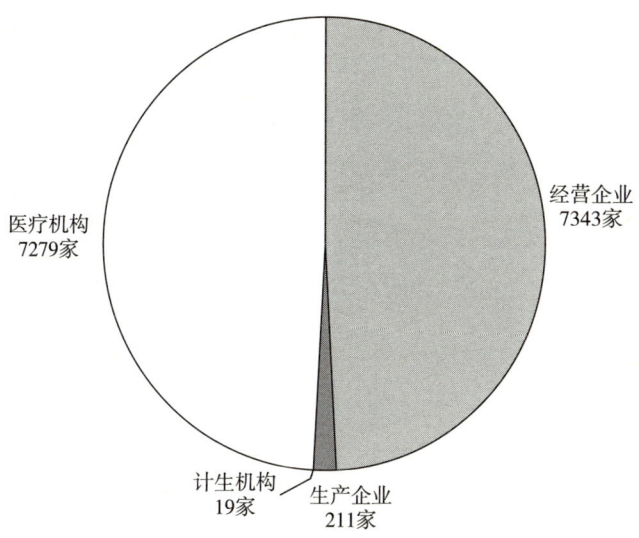

图 14　2016 年基层监测网点构成分析

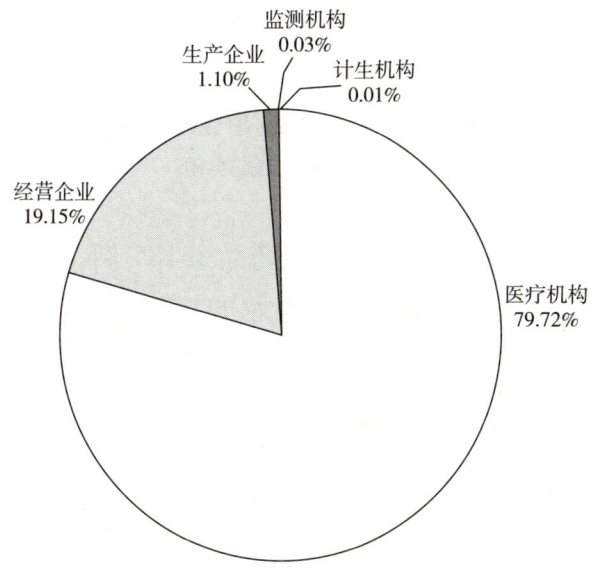

图 15　2016 年不良反应报告来源情况分析

2. 报告涉及药品分类情况分析

按照药品类别分布统计，涉及化学药品 47370 例次，占

80.56%；中药 11106 例次，占比 17.58%；生物制品 961 例次，占比 1.87%（见图 16）。

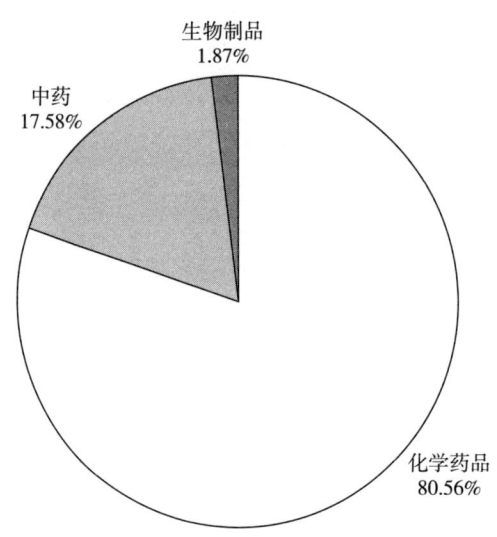

图 16　药品不良反应/事件报告涉及药品类别分布

按剂型分布统计，涉及注射剂药品 33185 例，占 55.05%；口服制剂 24696 例，占比 40.97%；其他制剂或剂型不详 2399 例，占比 3.98%（见图 17）。

按药品不良反应/事件累及系统分布统计，排名前三位的分别是胃肠系统损害（29.09%）、皮肤及其附件损害（23.40%）和神经系统损害（10.34%）（见图 18）。

报告数量排前十位的品种依次是左氧氟沙星、阿奇霉素、头孢曲松、硝苯地平、清开灵、阿莫西林、头孢呋辛、卡托普利、复方氨酚烷胺、阿莫西林克拉维酸。

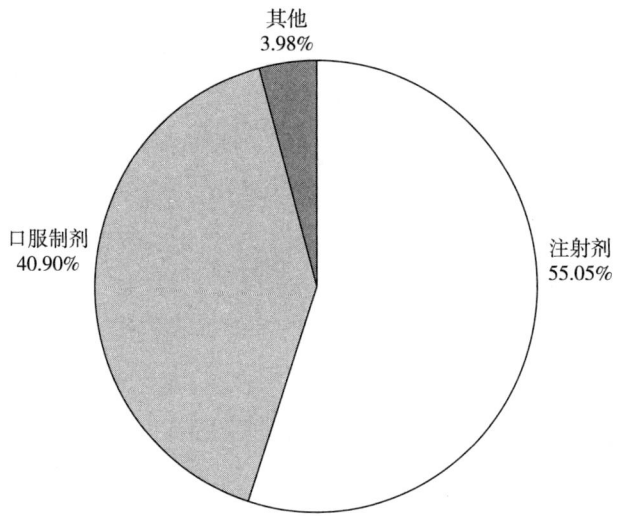

图 17 药品不良反应/事件报告涉及药品剂型分布

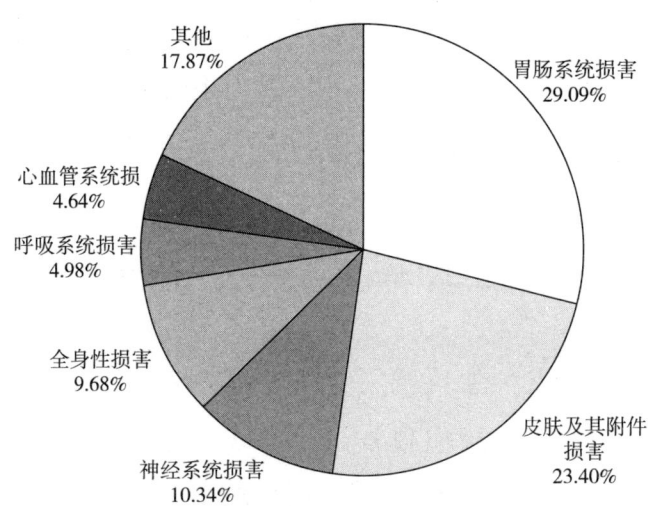

图 18 药品不良反应/事件累及系统分布

3. 报告涉及国家基本药物情况分析

2016 年，全省共收到国家基本药物不良反应报告 26971 份，占2016年全省报告总数的46.22%。其中严重报告2208份，占比8.19%，略低于整体水平（8.35%），体现了基本药物的相对安全性。国家基本药物报告中涉及化学药及生物制品262个品种22693例次，占比82.56%；涉及中成药162个品种4671例次，占比16.99%。国家基本药物注射剂报告中涉及注射剂报告13472份，占比49.01%；口服制剂13278份，占比48.30%；其他剂型738份，占比2.68%。

（三）主要安全性风险提示

第一，应重点关注老年人用药，特别是联合用药和使用中药注射剂的安全性。65岁及以上老年人报告占比20.53%，严重报告占比27%，中药注射剂报告占比29.92%，均有所上升。老年人基础疾患较多，往往多种药物联合使用，易出现较为严重的不良反应。

第二，应重视抗感染药物和中药注射剂在14岁以下儿童中使用的安全性。14岁以下儿童抗感染药物不良反应报告占比15.68%，中药注射剂报告占比9.47%，明显高于8.69%的整体水平。

第三，应重点关注抗感染药物在基层医疗机构使用的安全性。抗感染药物不良反应报告占化学药品报告总数的39.15%，其中头孢菌素类、喹诺酮类、大环内酯类是主要抗感染药物类别；抗感染药物占比已逐年降低，来自一级医院及其以下基层医疗机构的抗感染药物报告占比51.61%，明显高于43.87%的整体水平。

第四，应重点关注中药注射剂在基层医疗机构使用的安全性。

注射剂是引起中药严重不良反应的主要剂型，占比高达89.09%；严重报告中近40%涉及合并用药情况，用药原因以心脑血管类疾病和呼吸道感染为主；从中药注射剂报告来源情况看，50%以上来自一级及以下医疗机构。

第五，应重点关注注射剂型特别是静脉滴注给药方式的安全性。从累及系统看，注射剂不良反应以过敏反应为主，伤害较为严重；从涉及药品剂型和给药方式看，注射剂不良反应报告占比55.05%；严重报告中，注射剂不良反应报告占比高达82.4%。

（四）存在的主要问题

一是医疗机构报告占比低于全国平均水平，特别是三级医院报告占比偏低；二是经营企业报告质量较低，可利用性差；三是来自药品生产企业的报告仍低于全国平均水平，需进一步落实生产企业安全性监测主体责任。

四 2016年主要政策措施

（一）食药安全治理体系基本形成

截至2016年10月，全省171个县（市、区，共174个）完成食品药品安全县创建任务。群众对当地食品药品安全工作的满意度明显提高，政府属地管理责任落实、基层监管能力建设和社会监督作用得到进一步强化，促进了食品医药产业发展和经济转型升级。县、乡、村三级食品药品安全网格化监管体系初步实现全覆盖，食品药品网格化监管基本成型。全社会参与治理的渠道更加通畅，"药安食美"社会共治平台日趋完善。公众通过"药安食美"APP客户端，开启掌上监督新模式。"三网一微"（食药监局官网、食品药品科普网、食品药品安全诚信网、药安食美诚信河北微信公众号）全面开通。出台了《河北省食品药品安全严重失信行为惩戒制度》，失信联合惩戒机制进一步完善。经过几年努力，河北省食品药品安全组织保障、法规制度、科技支撑、质量追溯、监管责任、社会共治"六大体系"和问题发现、风险防控、违法惩处、应急管理"四大机制"基本形成。

（二）全面启动京津冀食药安全区域联动协作机制

2016年，京津冀签署多项协议加强食品药品安全区域联动协作，联合成立了"京津冀食品药品安全联动协作领导小组"，建立了联席会议制度，签署了"1+5"的合作协议（即一个大的总揽性协议《深化京津冀食品药品安全区域联动协作机制建设协议》和食品领域全产业链追溯、药品生产监管、食品案件稽查联动、药品检验、市场流通环节畜产品质量安全五个方面具体合作协议），京津冀食品药品安全区域协作工作已全面启动。三地着力推进药品医疗器械注册、许可、检验及监管等方面工作规范的一致性，大力促进药品安全检查员队伍三地共享和联合检查，不断加强人才培训和交流，及时召开药品风险研判会议会商制定风险防控措施。共同推进了北京·沧州渤海新区生物医药产业园的建设。目前，入园开工建设的北京药品生产企业有21家，已经签署协议的企业有66家。

（三）积极实施药品 GMP、GSP 认证工程

药品生产经营企业实施新版 GMP、GSP 认证是提升企业管理水平和质量保证能力、促进医药产业转型升级的根本举措。截至 2016 年底，全省共核发 317 家企业的 473 张 GMP 证书；完成药品批发企业 GSP 认证 588 家、药品零售企业 GSP 认证 16000 多家，全省药品零售企业 GSP 认证全部完成。GSP 认证工作全面提升了药品零售企业的管理水平，推动了药品零售连锁企业的迅猛发展，集约化、规范化的药品经营终端体系初步形成。

（四）专项整治常抓不懈

药品生产环节先后集中开展了中药饮片生产专项整治、麻醉药品和精神药品专项检查、高风险企业专项活动、中药提取物专项检查、药品生产安全隐患大排查行动，共计检查企业 313 家次，梳理汇总问题隐患 460 条，约谈企业 20 余家，责令限期整改 59 家，责令停产停业整顿 26 家，收回 GMP 证书 9 张。在 2016 年药品生产监管中，累计收回 14 家企业的 16 张 GMP 证书，责令 30 余家企业停产停业整顿。

在全国率先开展药品流通领域集中整治，省市两级联合，内部机构协同，严厉打击了各类违法经营行为，严肃处理了一批违法经营企业，有效规范了药品流通市场秩序，成效显著。6~9 月，省局对 243 家药品批发企业进行了检查，收回企业 GSP 认证证书 42 张，立案调查企业 39 家，注销药品批发企业《药品经营许可证》45 张。整治期间，各市对药品批发企业立案 39 件，对药品零售企

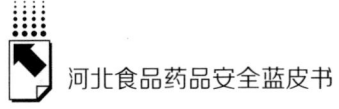

业立案1112件,撤销GSP认证证书1个,注销《药品经营许可证》62个,吊销《药品经营许可证》2个,缴销2家连锁企业及70家门店的《药品经营许可证》。

(五)整顿规范中药材中药饮片生产经营行为

组织编写了《河北省中药饮片GMP认证检查指导原则》,制发了《河北省食品药品监管系统行政权力清单和监管责任清单》《量化分级管理指导原则》《中药饮片生产百分制管理制度》《保定市药品生产企业"六报备"制度》《药品生产安全"黑名单"管理规定》《安国市人民政府建立市、乡、村三级药业质量监控网络实施方案(试行)》《中药材市场准入机制制度(试行)》等一系列制度文件。在全国率先推出包装标签的热转印技术喷印二维码,实施和规范报备制度,开展逐品种验证,完善质量追溯体系,遏制制假售假行为。多次会同保定市监管部门和安国市政府对安国中药材市场及中药饮片专营企业进行重点检查和专项整治,责令19家企业限期整改,督促2家企业完成库房变更升级,引导20家饮片专营企业放弃GSP认证申请,收回并注销药品经营许可证1张,收回GSP证书并责令停业整改3家。

(六)严把无菌制剂药品关口

制定了无菌制剂GMP认证相关制度,规范了检查标准,编印了《河北省无菌原料药和滴眼剂GMP检查指导原则》,选拔业务精专人员组建了无菌制剂GMP检查员队伍。共完成无菌制剂生产企业各类检查22家次。联合北京、天津监管部门对河北省6家无菌制剂生产企业的大容量注射剂、小容量注射剂、冻干粉针剂3个剂型开展了联合跟踪检查，发现问题缺陷59项。

（七）重点加强特殊药品监管

按照总局、公安部、卫计委开展麻醉药品和精神药品经营管理监督检查要求，开展了河北省麻醉药品和精神药品、药品类易制毒化学品整治行动，核查追踪销售流向，与重点企业逐家签订《特殊药品安全责任书》，进一步完善特殊药品监管的制度措施。完成第二类精神药品制剂、医疗用毒性药品、罂粟壳定点经营资格重新审核认定工作，并予以公布。

（八）出台制度规范行政执法行为

印发了《河北省食品药品监督管理系统行政执法全过程记录实施办法》《河北省食品药品监督管理系统"双随机"抽查规范事中事后监管办法》《河北省食品药品监督管理系统行政执法责任制规定》《河北省食品药品监督管理系统行政执法过错责任追究办法》《河北省食品药品监督管理系统行政执法公示制度》等一系列制度文件，进一步规范行政执法行为。

（九）率先启动审评审批制度改革

药品医疗器械审评审批制度改革工作在全国率先启动。目前，仿制药质量一致性评价的组织和协调、药品上市许可持有人制度试点等工作正有序开展。在全国首家以省政府办公厅名义印发《关于开展仿制药质量和疗效一致性评价的实施意见》，按照鼓励评价、优化服务、保障安全、促进发展的原则，明确细化了多项内容。总局确定289个品种药品需开展一致性评价，涉及河北省123个品种、860个批准文号、76家药品生产企业，已完成67个研究用原研药一次性进口审查审批工作。

（十）行政审批再提速

在原有基础上，进一步优化审批流程，压缩审批时限，提高审批效率，即办件中一半以上可当日办结，努力实现服务零推诿、零距离、零差错、零投诉。对于食药重大投资和技术改造项目以及创新药物研发、京津冀协同发展项目及"三个一百"领军企业等特殊群体，积极推行并不断优化"绿色通道"。2016年，共受理各类事项6983项，送达各类许可文书7436件，办结即办事项3052项。

（十一）稽查办案、投诉举报工作取得新成效

会同省公安厅、省高法、省高检联合制定了《河北省食品药品行政执法与刑事司法衔接工作办法实施细则》，解决了行刑衔接中的诸多难题。在全省范围内开展了为期5个月的打击利用互联网非法经营"三品一械"行为的"护网专项行动"。组织协调保定等多个市局和公安机关对涉及山东济南非法经营疫苗系列案件的药品经营企业和违法犯罪人员依法查处。如期完成石药集团欧意药业有限公司涉嫌违规申报临床实验、吉林省长中制药有限公司生产假药特大案件调查、协查等多项重大案件稽查执法行动。全面推进河北省食品药品行政处罚案件信息公开工作，及时公布行政处罚案件信息。完成《河北省食品药品投诉举报管理办法》修订工作，率先

将奖励办法、应急举报交办等内容纳入管理办法,并增加举报人保护措施等条款,走在了全国前列。

2016年,各级监管机构共查处药品案件9533件。其中一般程序案件涉及罚款金额1835.47万元,没收违法所得金额210万元,责令停止生产经营67户次,吊销药品经营许可证8件,捣毁制假窝点5个,移送司法机关案件22件。2016年,各级监管机构共受理药品投诉举报8962件,立案142件,移送其他部门15件,移交司法机关3件。

(十二)其他监管措施

组织企业开展药品不良反应监测重点药品品种课题研究,查找造成不良反应发生率较高的因素,有效改善产品质量。针对高风险企业,深入开展以疫苗、血液制品、生化药品、滴眼剂高风险品种为主线的审计追踪检查。印发《河北省药品生产企业量化分级管理指导原则(试行)》和《关于做好河北省药品批发企业信用分级分类管理的通知》,对全省药品生产企业和药品批发企业实施分类分级监管。印发《关于进一步加强疫苗质量管理的通知》,深入落实疫苗生产、配送和使用单位监管责任。开展医疗机构药品质量专项检查,现场指正问题并采取措施。

五 2017年重点工作

修订《河北省〈药品生产质量管理规范认证管理办法〉实施细则》等制度,开展新版GMP回头看;持续加强品种高风险企业

（血液制品、疫苗、生化制品、中药注射剂、无菌制剂企业）和管理高风险企业监管；围绕中药饮片生产企业较多的安国市和胶剂生产企业、生化药品生产企业进行安全隐患排查，开展中药提取物、特殊药品专项整治活动，加大对"潜规则"的整治力度；聚焦突出问题，开展药品流通领域风险隐患大排查、大整治；突出监管重点，强化特殊药品、疫苗等高风险品种监管，加强对安国中药材市场监管；配合省医改办，做好"两票制"推进工作，把"两票制"执行情况纳入监管内容；针对突出问题，开展药品零售（连锁）企业集中整治工作，促进药品零售企业的连锁发展；以城乡接合部、农村等监管薄弱地区为重点区域，重点加强基层医疗机构药品质量监督检查；贯彻落实《河北省人民政府关于改革药品医疗器械审评审批制度的实施意见》，扎实做好仿制药质量一致性评价工作，强力推进药品上市许可持有人制度试点工作；对全省 11 家 GCP 机构和 2 家 GLP 机构进行全面检查，结果公开；全面开展食品药品信用体系建设，大力推进食药安全领域联合惩戒制度建设工作；坚持问题导向，做好药品抽验工作；先行开发无纸化电子审批系统，探索全程无纸化审批新模式。

B.3
2016年河北省医疗器械质量安全报告

河北食品药品安全研究报告课题组

摘 要： 2016年，河北省食品药品监督管理局以提高医疗器械质量安全水平为核心，监管制度和监管措施逐步完善，监管能力不断提升，专项整治持续深入，全年未发生医疗器械群体不良事件，医疗器械质量安全水平总体稳定。

关键词： 医疗器械 质量安全 河北

2016年，河北省食品药品监督管理局按照省委省政府的工作部署和国家食品药品监督管理总局的总体要求，以提高医疗器械质量安全水平为核心，坚持为民监管、科学监管、依法监管，监管制度和监管措施逐步完善，医疗器械质量安全水平总体稳定，全年未发生医疗器械群体不良事件，医疗器械监管水平大幅提升。

一 审评审批和监督检查情况

2016年，全省共受理国产一类医疗器械备案517件，受理国产二类医疗器械首次注册353件，延续注册受理237件。全省共批准医疗器械注册717件，其中延续注册103件。

截至2016年11月底，全省实有医疗器械生产企业749家，其中一类医疗器械生产企业390家、二类医疗器械生产企业322家、三类医疗器械生产企业37家（同时生产二类和三类的企业在统计时分别计入各自类别）。

截至2016年11月底，仅经营第二类医疗器械产品的企业有6707家，仅经营第三类医疗器械产品的企业有929家，同时从事第二、第三类医疗器械经营的企业有3028家。

2016年，全省各级监管部门共检查医疗器械生产企业2281家次，包括检查国家重点监管企业159家次、省重点监管企业260家次、高风险企业无菌医疗器械生产企业276家次、植入性医疗器械生产企业63家次。检查中发现存在违法违规行为的企业或单位134家次，责令整改310家次，移交稽查部门立案查处案件7件。

2016年，全省各级监管部门共检查医疗器械经营企业13605家次，发现存在违法违规行为的企业或单位1726家次，责令整改2253家次，移交稽查部门立案查处43件。

2016年，全省各级监管机构共检查使用单位17004家次，发现存在违规行为的单位1658家次，责令整改2368家次，移交稽查部门立案查处76件。

2016年，全省各级监管机构共受理医疗器械投诉举报1150件，立案15件，移送其他部门4件。

二 质量安全状况

(一)总体质量安全水平稳定

2016年共抽验医疗器械产品650批次,其中合格597批次,不合格53批次,总合格率为91.8%(见图1)。2012~2016年,共抽验医疗器械3115批次,不合格247批次,总体合格率92.1%,近3年总体质量安全水平持续稳定。

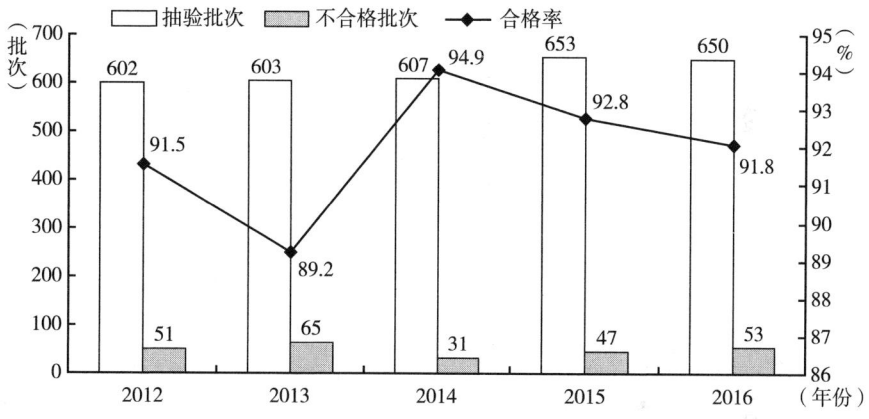

图1 2012~2016年医疗器械抽验情况

(二)按抽验种类分析

2016年,有源医疗器械(包括在用设备)抽验250批次,不合格38批次,合格率为84.8%(其中在用设备抽验200批次,不合格21批次,合格率为89.5%);无源医疗器械抽验375批次,不合格10批次,合格率为97.3%;洁净厂房抽验25批次,不合格5批次,合格率为80.0%(见图2)。

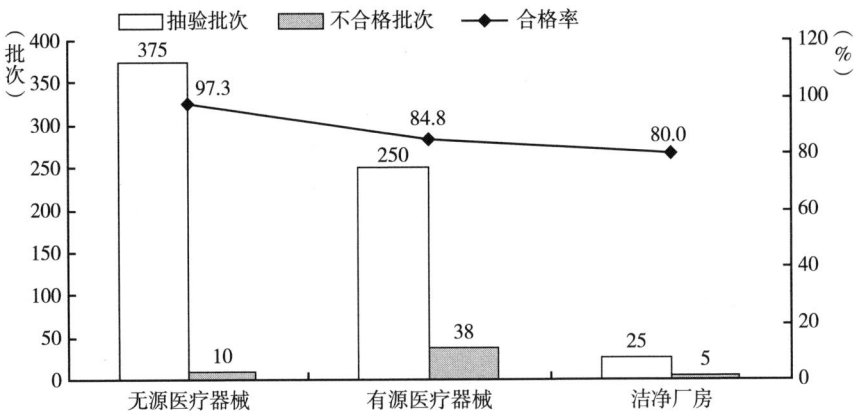

图2　2016年医疗器械各种类抽验情况

2012~2016年,共抽验无源医疗器械1939批次,不合格109批次,总体合格率94.4%;共抽验有源医疗器械1151批次,不合格133批次,总体合格率为88.4%。综合近五年情况,无源医疗器械近三年质量安全水平大幅提高并趋于稳定,有源医疗器械质量安全水平略有降低(见图3)。

（三）按抽样环节分析

2016年,生产单位抽样172批次,不合格19批次,合格率为89.0%;经营单位抽样101批次,不合格6批次,合格率为94.1%;使用单位抽样377批次,不合格28批次,合格率为92.6%(见图4)。

2014~2016年,共在生产环节抽验318批次,不合格39批次,

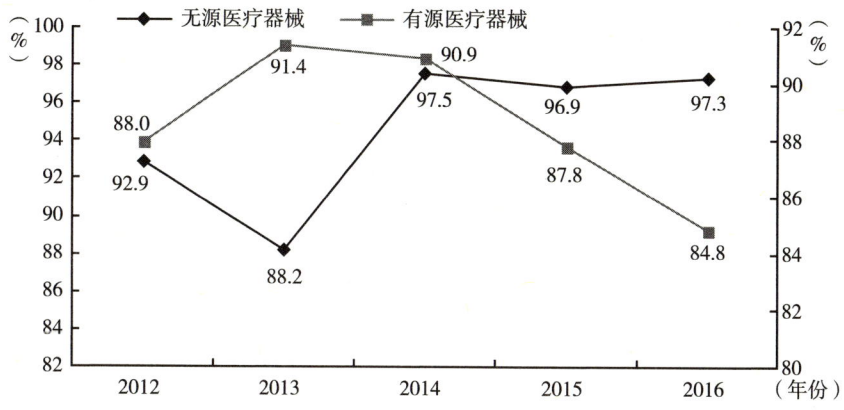

图3 2012~2016年医疗器械抽验情况比较

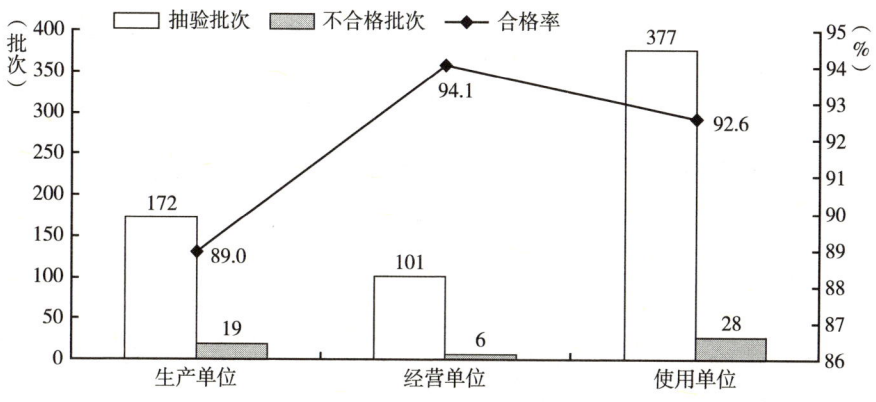

图4 2016年各环节医疗器械抽验情况

总体合格率87.7%；共在经营环节抽验332批次，不合格17批次，总体合格率94.9%；共在使用环节抽验1259批次，不合格75批次，总体合格率94.0%（见图5）。

（四）不合格主要原因分析

第一，洁净厂房不合格项目：浮游菌（二更、缓冲、洁具

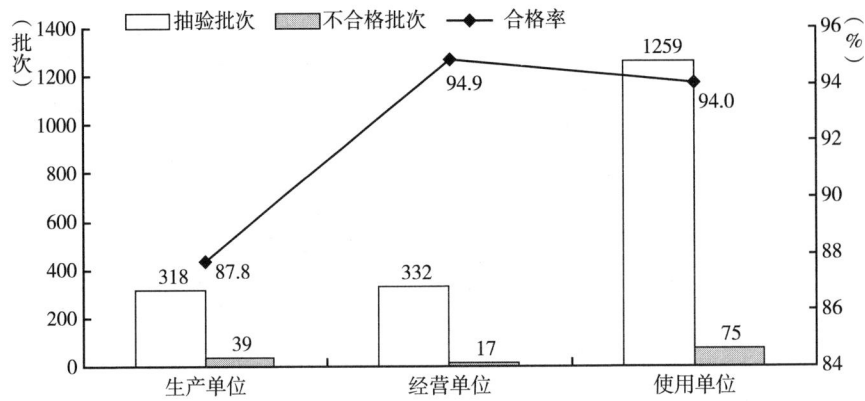

图5 2014~2016年医疗器械各环节抽验总体情况

间)、浮游菌(洁净走廊)、悬浮粒子(组装间1)、静压差(更衣间)、浮游菌(过滤除菌间、物料暂存间、配制间)。

造成浮游菌、悬浮粒子项目不合格的原因可能为高效过滤漏气或房间气流循环不完全,有死角;造成静压差不合格的原因可能是相邻房间进风量分配比不合适或不足。

危害:洁净厂房浮游菌和悬浮粒子不合格会造成所生产产品有菌污染,患者使用会产生热原等危害。

静压差不合格会使厂房外的空气进入车间,造成浮游菌和悬浮粒子不合格,可能使产品带菌,影响产品质量。

第二,外科纱布敷料极个别无菌项目不合格,产生主要原因为灭菌不彻底。

危害:外科纱布敷料无菌项不合格,表明产品带有活菌,临床使用时接触有创皮肤、伤口或手术时会造成二次感染,严重影响患者和医生的健康。

第三，天然胶乳橡胶避孕套个别爆破体积和压力不合格。主要原因可能为生产厂家采购的原材料质量不好，生产工艺存在不足，如硫化的时间不够等。

危害：导致意外怀孕或性病的传染。

第四，一次性使用人体静脉血样采集容器极个别公称液体容量不合格。主要原因可能为生产过程控制不严。

危害：导致抽血量不准确，影响化验结果。

第五，医用外科口罩压力差。主要原因可能为生产企业采购的原材料不符合要求，生产过程控制不严。

危害：易使佩戴者呼吸不畅，缺氧造成身体不适。

第六，医疗机构在用急救和诊断、治疗类医疗器械。

（1）医用中心供氧系统氧气瓶组供氧汇流排和报警装置不合格。

危害：报警装置不合格易造成缺氧气时没有提醒，患者因吸不到氧气造成伤害或死亡；气瓶总数不合格造成气瓶间氧浓度过高，产生安全隐患。

（2）医用中心吸引系统真空表不合格。主要原因可能是生产单位未按标准要求的精度进行安装。

危害：吸引的负压值显示不精确，不能满足医疗使用要求。

（3）多参数胎心仪外部标记不合格。

危害：易造成医生误判。

（4）本省生产的医疗器械（包括低频脉冲治疗仪、家用分子筛制氧机、电动防褥疮床垫、医用雾化器等）外部标记、使用说明书不合格。

危害：易造成医生误判、错误操作。

（5）本省销售的其他医疗器械外部标记、随机文件不合格。

危害：外部标记不合格易造成误使用，随机文件不合格影响设备安全运行。

三 医疗器械不良事件监测工作[①]

（一）总体情况

2016年，全省各级医疗器械不良事件监测网点共上报《可疑医疗器械不良事件报告表》12524份，每百万人口报告数174份，较2015年增长31.5%，呈持续增长的趋势（见图6）；其中严重报告798份，占报告总数的6.4%。医疗器械不良事件报告和监测市县覆盖率为98.4%。2016年全年未发生医疗器械群体不良事件。

（二）报告来源情况分析

2016年，河北省医疗器械不良事件监测网络进一步完善，网络直报覆盖面进一步扩大，基层监测网点达到10434家，比2015年增长10.6%。其中，医疗器械生产企业83家，经营企业3971

---

① 此部分中的数据来源于"国家医疗器械不良事件监测系统"中2016年1月1日至2016年12月31日河北省上报的数据。医疗器械不良事件监测网络收集的数据存在一定的局限性，如存在漏报、报告填写不规范、缺乏细节或关键性信息、不合理用械等问题。所有统计结果均为数据收集情况的反映，并不代表评价的结果，每种/类医疗器械可疑医疗器械不良事件报告受该器械的使用数量、风险程度和自身特点等诸多因素影响，故可疑医疗器械不良事件报告数量的排名仅是报告数多少的直接反映，不代表安全性评价的结论。

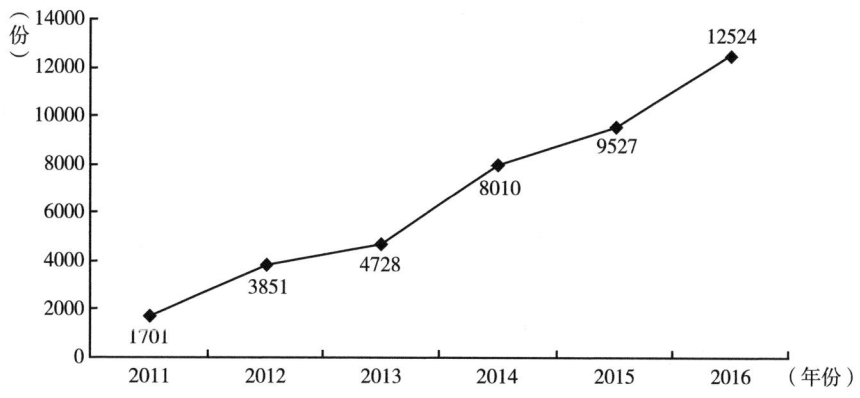

图 6　2011～2016 年河北省《可疑医疗器械不良事件报告表》数量

家,使用单位 6380 家(见图 7)。从报告来源看,使用单位上报 11186 份,占报告总数的 89.3%;经营企业上报 1232 份,占报告总数的 9.8%;生产企业上报 98 份,占报告总数的 0.8%(见图 8)。

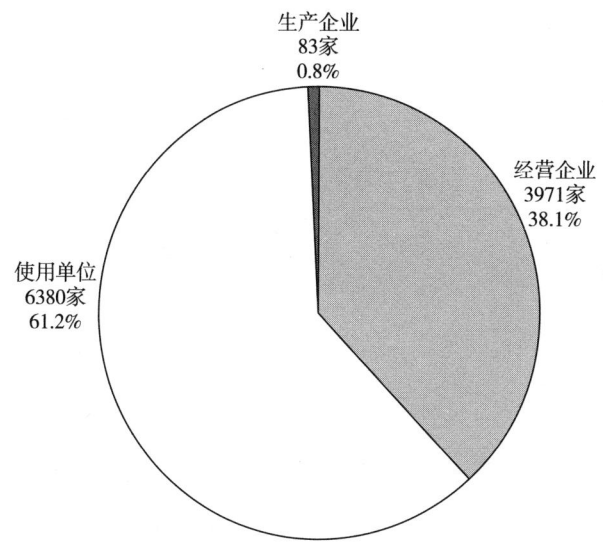

图 7　医疗器械不良事件监测网络基层用户注册情况

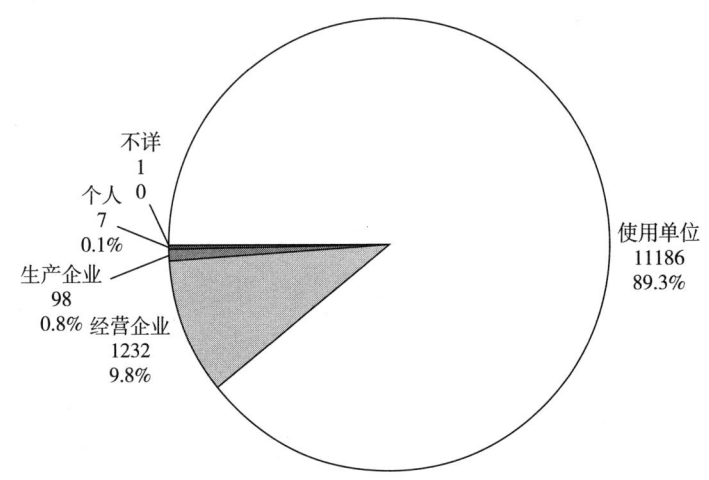

图8 医疗器械不良事件报告来源情况

(三) 报告涉及医疗器械分类及产品情况分析

2016年,全省可疑医疗器械不良事件报告共涉及43个产品类别2304个品种。其中,涉及Ⅰ类医疗器械1494份,占比11.9%;涉及Ⅱ类医疗器械5073份,占比40.5%;涉及Ⅲ类医疗器械4936份,占比39.4%(见图9)。报告数量排前10位的产品类别依次是6866医用高分子材料及制品,6815注射穿刺器械,6864医用卫生材料及敷料,6820普通诊察器械,6846植入材料和人工器官,6821医用电子仪器设备,6826物理治疗设备,6854手术室急救室诊疗室设备及器具,6822医用光学器具、仪器及内窥镜设备,6841病房护理设备及器具等。报告数量排前10位的产品依次是一次性使用输液器、一次性使用无菌注射器、宫内节育器、医用橡皮膏、玻璃体温计、一次性使用静脉留置针、一次性使用精密过滤输液器、医用输液贴、多参数监护仪、软性亲水接触镜。

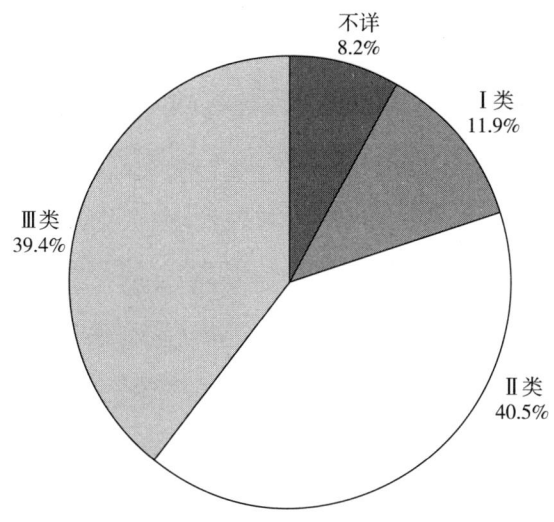

图9 医疗器械不良事件报告涉及产品类别情况

（四）严重医疗器械不良事件统计分析

2016年，全省798份严重报告共涉及30个产品类别。从报告来源看，使用单位上报757份，占比94.9%；经营企业上报37份，占比4.6%；生产企业仅上报2份，占比0.3%（见图10）。从管理类别看，严重报告涉及Ⅲ类医疗器械报告487份，占比61.0%；Ⅱ类医疗器械报告218份，占比27.3%；Ⅰ类医疗器械报告58份，占比7.3%（见图11）。报告数量排前10位的无源医疗器械产品依次为宫内节育器、接骨板、一次性使用输液器、一次性使用导尿包、可吸收缝合线、软性亲水接触镜、一次性使用静脉留置针、非吸收性外科缝线、一次性使用无菌注射器、一次性使用无菌导尿管。报告数量排名前10位的有源器械产品依次为呼吸机、输液泵、多参数监护仪、高频电刀、一次性使用心电电极、血糖测试仪、注射泵、血液透析机、微波治疗仪、一次性使用高频电极。

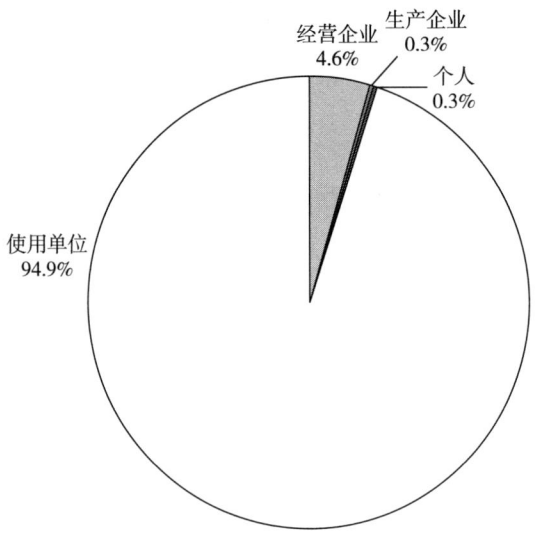

图10 严重报告来源情况

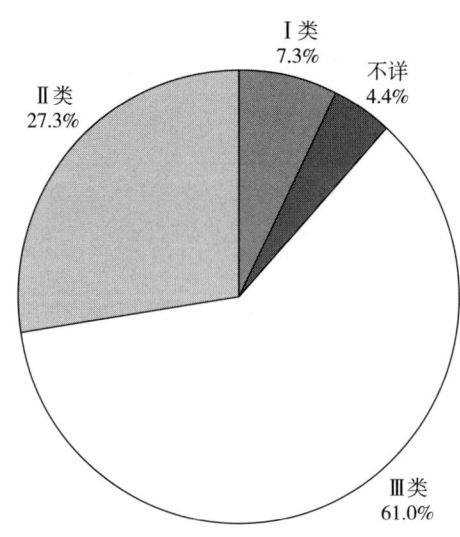

图11 严重报告涉及产品类别情况

四 2016年主要政策措施

（一）加强制度建设，提升审评审批工作水平

一是修订完善了《河北省第二类医疗器械注册审评操作规范》《河北省第二类医疗器械注册核发办事指南》等十几项配套制度，实现了从产品注册到生产许可的全流程网上审批。二是建立并进一步完善了与行政审批服务处和医疗器械技术审评中心的联席会议沟通机制。三是成立了审评审批能力考核评估领导小组，并顺利通过总局对河北省医疗器械审评审批能力建设考核。四是积极参与并承担总局课题任务，完成了全国载脂蛋白 A1 和载脂蛋白 B 技术审查指导原则 2 项课题，并参与制修订课题 5 项。

（二）完善法规体系，提高日常监管工作效能

一是先后在省政府法制办备案并发布了《河北省体外诊断试剂经营监督管理暂行办法》《河北省体外诊断试剂使用质量监督管理暂行办法》《河北省医疗器械质量监督抽查检验管理办法（试行）》，制定下发了《河北省医疗器械生产企业分类分级监督管理办法（试行）》。二是制定《关于加快推进第三类医疗器械生产企业实施生产质量管理规范的工作方案》，组织召开了定制式义齿生产企业和第三类生产企业约谈会。三是制发《河北省医疗器械监督检查计划》，明确了各级监管部门职责分工，细化了分类分级条件和各级企业监管频次。四是对全省第三类及部分二类

医疗器械生产企业质量管理体系运行情况进行全项目飞行检查，提出整改意见398条，责令整改105家、限期整改45家、停产整改6家。

（三）专项整治常抓不懈，整治规范突出问题

一是联合省公安厅、省卫生计生委、省工商局和省通信管理局等部门集中开展了打击非法制售使用注射用透明质酸钠联合检查，共检查经营企业983家次、使用单位1204家次，责令整改185家，行动成效得到国家督导组的充分肯定。二是对医疗器械经营企业冷链管理进行全面监督检查，共检查医疗器械冷链经营企业701家，查处违法违规单位62家，责令整改173家，警告23家。三是制定了《河北省医疗器械安全隐患排查整治专项行动工作方案》，对医疗器械生产经营使用单位安全隐患进行全面深入排查，要求"隐患排查不清楚不放过，工作责任不落实不放过，整改措施不到位不放过，整改效果不明显不放过"，取得明显成效。四是督促无菌和植入性医疗器械相关生产企业、经营企业和使用单位全面落实相关规定，切实履行主体责任。五是全省食品药品监管系统以排查"3·15"曝光的假劣义齿为切入点，全面开展了定制式义齿生产使用的专项整治行动，取缔无证生产窝点3家。

（四）加强监督抽验和不良事件监测，防范质量安全风险

一是不断加大抽验监督力度。2016年，全年共完成省级抽验计划650批次，总局安排69批次，共发现不合格产品31批次，均

依法进行了处置。二是运用多种措施提高不良事件监测能力。省食品药品监督管理局通过开展报告质量评估、建立完善不良事件个例报告日常沟通与评价机制、制定《医疗器械不良事件报告表审核评价规范》、举办专题培训、结对帮促市县监测人员、加强哨点医院的医疗器械不良事件监测能力培训等多种形式和措施，有力地促进了医疗器械不良事件报告质量的提升。

（五）强化组织培训，强化监管队伍执法能力

一是建立了医疗器械临床试验质量规范核查员队伍，完善了医疗器械生产质量管理规范核查员队伍。目前，全省拥有生产规范检查员94人，临床规范检查员35人，经营、使用环节检查员210人。二是加大医疗器械法规培训力度。先后举办了全省医疗器械生产质量管理规范培训班、全省医疗器械临床试验质量管理规范培训班、医疗器械GMP检查员培训班、医疗器械经营使用法规培训班等多批次专业培训，共培训监管人员700多人次、企业人员2500多人次。

五 2017年重点工作

一是贯彻落实《河北省关于药品医疗器械审评审批制度改革实施意见》，进一步优化第二类医疗器械审评审批流程，开辟创新医疗器械优先审批通道，推进产业创新升级。二是进一步规范医疗器械行政许可和备案工作，严格审批标准，规范审批程序，及时公开相关信息，加强许可和备案信息化建设工作。三是切实落实医疗

器械监管责任，开展对高风险医疗器械生产企业的飞行检查，组织开展医疗器械经营企业和使用单位的交叉监督检查，加快推进第一、第二类医疗器械生产企业实施生产质量管理规范工作。四是积极探索推行医疗器械"双随机"检查方式，研究制定河北省医疗器械"双随机"检查管理规定。五是不断完善医疗器械质量安全风险防控监管体系，完善监督抽验工作机制和不良事件监测工作机制，协调做好河北省承担的两项国家重点品种不良事件监测任务。六是针对社会反映集中、问题较多的避孕套、隐形眼镜、大型设备、定制式义齿、无菌植入类等高风险产品集中开展专项整治。七是积极推动医疗器械检查员队伍建设和业务培训，加大医疗器械法规宣贯力度。

分 报 告

Sub - Reports

2016年河北省蔬菜质量安全状况分析与对策研究

于凤玲　张保起　高云凤　黄玉宾*

摘　要： 蔬菜是河北农业三大主导产业之一，在促进农民增收致富中占据支柱地位。2016年，全省蔬菜总产8193.4万吨，居全国第2位；平均单产4351公斤/亩，居全国第一位。在推动农业供给侧结构性改革中，省委省政府高

---

* 于凤玲，河北省农业厅农业技术推广研究员，享受国务院特殊津贴专家，近年来一直从事蔬菜生产与管理工作；张保起，河北省农业厅农业技术推广研究员，享受国务院特殊津贴专家，近年来主要从事蔬菜产业发展服务工作；高云凤，河北省农业环境保护监测站正高级工程师，主要从事农产品质量安全研究；黄玉宾，河北省农业环境保护监测站研究员，主要从事农产品质量监测研究。

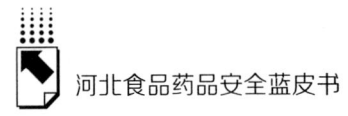

度重视蔬菜产品质量安全，支持建立健全检验检测、质量追溯和风险预警体系，加强执法监管，推动蔬菜标准化生产。各级农产品监管部门，加强宣传培训和技术推广，积极推行化肥减量和科学用肥，推广病虫害绿色防控技术，推进"三品一标"认证，同时加大农药监管力度，加强预警监测和例行监测，蔬菜质量安全监管工作进一步强化，对产业发展起到重要促进作用。

关键词： 蔬菜安全　监管成效　实用技术推广　预警检测

一　全省蔬菜生产基本概况

2016年，全省瓜菜面积2024万亩，其中蔬菜播种面积1854.3万亩，居全国第五位；瓜菜总产8807万吨，其中蔬菜总产8193.4万吨，居全国第二位。平均单产4351公斤/亩，居全国第一位。设施生产1047万亩，占比超过一半，其中温室370万亩、大棚290万亩、中小棚387万亩。主要种植叶菜、果菜、根茎蔬菜130余个种类。产品销往全国各地，其中供应京津1000多万吨，占北京市场的56%，占天津市场的46%，在上海市夏季市场中占比稳定增长，每天供应超过2000吨。全省种植食用菌30万亩，总产量276万吨，其中白灵菇总产量居全国首位，香菇、平菇产量均居全国第二位，并在全国具有较强竞争优势。

全省蔬菜产业布局基本稳定。冀北坝上露地产区，分布于张家口、承德坝上地区，以夏秋错季生产为主，主要为地膜覆盖栽培的叶类和根类蔬菜，季节性特征突出。"坝上蔬菜"在每年7、8、9三个月集中供应国内东部各大城市，成为河北最具市场影响力的农产品和张家口市的"名片"。冀东唐山、秦皇岛市的燕山山前平原地区，以日光温室生产为主，冬春优势突出，是全省深冬精细果菜生产主要基地。冀中棚室蔬菜产区位于河北中部平原，毗邻京津，分布于廊坊、保定、石家庄、沧州和衡水等地，生产方式以日光温室、大中拱棚生产为主，适合多种蔬菜的生产，周年生产优势明显。冀南春秋大中小拱棚蔬菜产区，以邯郸和邢台山前平原为主，设施多为中小塑料拱棚，冬季以叶菜为主，夏季可生产果菜。全省有57个县列入国家蔬菜产业发展规划，仅次于山东，居第二位。2016年，有83个县播种面积超过10万亩，其中永年、藁城、定州、玉田、乐亭和固安播种面积超过50万亩。设施生产3万亩以上的县也有83个。全省农民蔬菜合作社达到1.5万家，100亩以上的园区1500个。共有20类蔬菜形成30多个规模优势生产区，饶阳番茄、永清黄瓜、满城草莓、乐亭甜瓜、尚义白萝卜、沽源菜花、平泉香菇、永年大蒜、崇礼彩椒、玉田包尖白菜、迁西栗蘑等，在生产规模、产品质量和市场影响力等方面具有较强竞争优势，特色潜质明显。

二 河北省蔬菜质量管理成效

2016年，全省切实加强蔬菜标准化培训和服务，严格按照属地管理要求，落实部门监管责任，扩大预警监测和例行监测覆盖面,继续加强"三品一标"认证,蔬菜质量安全水平显著提高,未发生蔬菜质量安全事件和事故。

(一)强化源头控制

在全省开展"供京津蔬菜示范园建设"活动,省农财两厅联合印发《关于2016年扶持蔬菜产业发展的意见》,安排专项资金1080万元,2016年4月召开石家庄、张家口、承德、保定和廊坊五市和13个重点县农业部门负责同志参加的工作调度视频会,明确主要任务和质量监管措施,支持环首都、环省会地区加快建设供京津蔬菜基地。7月下发《关于抓好供京津蔬菜示范园建设的通知》,推动全省完成100个示范园的建设任务。落实农业部级蔬菜、水果标准化创建任务,安排创建补助资金4320万元,以蔬菜、水果为重点,"突出单品、规模发展,高端引领、扶强扶优,先建后补、先验后拨,公开竞争、择优遴选",选择31个有一定规模、生产基础较好、产品主供京津的设施蔬菜规模园区和13个在品牌建设和提高质量方面有示范带动作用的水果园区参加了创建活动,推动蔬菜园区和水果园区发展高端设施,推行清洁生产,强化废弃物综合利用,推广规模化种植、标准化生产、商品化处理、品牌化销售、产业化经营,对全省提高蔬菜、水果生产和质量控制水平起到重要带动作用,省、市、项目县逐级组织标准化生产培训和现场观摩活动达到100多场次,培训3000多人次,生态防控、测土配方施肥、膜下滴灌等技术和应用防虫网、粘虫板的范围明显扩大。物理生态防控措施对于降低病虫危害和减少化肥农药使用,保证蔬菜质量安全起到积极作用。

（二）加强质量监管

坚持实行属地责任制，严格落实责任追究制，把农产品质量是"管出来"的责任逐级传导到市、县、乡和村，突出抓好县乡两级政府监管责任落实和部门监管职能落实。强化生产主体责任制落实，把农产品质量是"种出来"的责任明确到生产基地、生产企业和规模园区，推进生产过程档案化管理和质量追溯制度，着力提高生产主体质量控制能力，确保产品质量安全。继续把建立质量追溯制度作为省以上蔬菜生产扶持项目的实施内容，纳入考核验收指标体系，实行一票否决。全省350多个蔬菜合作社或企业建立了二维码全程质量追溯制度，有20多家合作社或企业开发并投入使用了自己的质量追溯信息系统。

（三）发展高端蔬菜

落实省委1号文件要求，推动蔬菜领域的供给侧结构性改革，坚持问题导向，以高端产品引领发展高端设施蔬菜，努力提高京津高端市场占有率。2016年3月印发《高端设施蔬菜导则》和《大力发展高端设施蔬菜推进方案》；配套编印了《高端蔬菜生产设施推荐图集》，对18种设施的结构、参数、适用范围和茬口安排做出推荐；印发了《河北蔬菜高端设施园区画册》。6月12日在固安、永清召开全省高端设施蔬菜现场观摩会，11月7日在石家庄市栾城区组织环京津省会蔬菜产区高端设施蔬菜建设观摩交流活动；全年还通过视频调度、基层调研、联合督导等形式，指导各地加快建设进度，全省完成高端设施蔬菜302万亩，有力地提高了蔬菜质量安全水平和市场竞争力。

（四）排查安全风险

一个季度一个季度地抓质量安全，每个季度都认真分析上一季度的质量检测结果，查找问题原因，督促有质量风险的单位采取针对性措施，切实加强治理，提高自我控制能力，主动化解风险。针对例行抽检发现的风险点，全年发出11个原因排查与整改通知，提出问题查证期限，追踪调查和治理结果，确保整改措施的落实。同时，根据农事季节、病虫测报和历年实践，对下一季度安全隐患进行分析、排查和评估，按照时间节点，提出有针对性的预防措施，尽量降低风险，在提高蔬菜质量水平方面做到未雨绸缪。

（五）落实水肥一体技术

膜下滴灌施肥一体化技术是蔬菜病虫害生态防控和标准化栽培的核心，可以在实现节水中，降低设施内环境湿度，进而减少病害发生概率。河北省抓住国家实施华北地区地下水超采综合治理试点的机遇，2016年在蔬菜集中产区集中实施12.4万亩的蔬菜水肥一体化技术项目，严把时间节点，严格质量标准，科学组织施工，加强督导检查，确保了项目的顺利实施。到2016年底，全省有74个县已累计实施42.4万亩。项目的实施，达到有效降低地下水开采的目标，并实现了降低棚室湿度、防治病虫发生、减少农药用量和生产用工成本、提高蔬菜产品质量及产量的综合效益。

（六）加强质量检测工作

河北省农产品质量监督检测中心、农业部农药残留质量监督检测测试中心（石家庄）和农业部肥料质量监督检验测试中心（石家庄）继续发挥质量检测的骨干龙头作用，年初就制定了全年的农产品、农药和化肥例行监测、质量监督抽查等工作方案，按照时间节点，开展了国家蔬菜标准园、环京津环省会蔬菜基地、无公害认证产地的蔬菜产品质量例行检测和重要节假日例行检测工作，对韭菜等风险较高的产品开展了专项检测，为指导和完善蔬菜产品质量监管措施提供了重要技术支撑。在7～8月暑期办公期间，加大特供基地蔬菜质量监管力度，组织豇豆、豆角、芹菜、韭菜、菜心、生菜等重点品种督导检查，有效排除了安全隐患。全年省级抽样检测样品3051个，检验项目涉及有机磷、有机氯等农残81项，总体合格率96.9%；在农业部大中城市例行抽检中，河北省平均合格率为98.6%。同时，要求11个设区市农业（牧）局和146个县农牧局对蔬菜质量例行抽检做出安排、提出要求，建立例行监测网上直报和定期上报制度，不断增强市县两级质量检测的责任感，全省蔬菜质量检测体系得到进一步完善。

（七）落实标准化生产

加大技术培训和督导检查力度，以膜下滴灌水肥一体化技术为核心，狠抓无公害标准化和绿色生态栽培，地方标准和操作规程在蔬菜标准园创建中得到广泛应用。地下水超采综合治理试点由2014年冀中南黑龙干流域的49个县扩大到2016年的沧州、衡水、邢台、邯郸、石家庄、保定、廊坊和张家口8市74个县（市、区）。省级还印发了蔬菜可用农药推荐目录，介绍了适用条件和用量控制指标，绿色防控正在被越来越多的生产主体所接受，源头治理正在显现成效。

（八）继续推行质量认证

2016年，全省无公害农产品产地认定和产地复查换证172家，认定面积198万亩；新认证和复查换证无公害农产品241个。蔬菜绿色食品复查换证500个，认证企业137家。与2015年相比，年际新认定蔬菜绿色食品认证320个，新增无公害农产品产地105家，无公害农产品数量增加50个，农产品地理标志登记产品25个。生产主体质量意识有明显提高，更加注重质量自我控制。在推动质量认证工作中，2016年4月在石家庄市举办了全省无公害农产品内检员培训班，培训内检员200余人；委托省农产品质检中心在全省开展无公害蔬菜例行监测工作；配合农业部开展无公害蔬菜质量安全跟踪监测。这些措施对质量认证工作起到重要推动作用。

（九）加强产销对接

9月中旬，省农业厅与北京市农委、天津市农委、保定市人民政府联合在高碑店市举办了京津冀首届蔬菜产销对接大会。省内蔬菜生产基地或园区代表、京津等省外蔬菜经销商等1100余人参加会议。大会共计签约68万吨，签约金额达到16.3亿元。继续推动农超对接和社区直营，到2016年底，全省90家蔬菜专业合作社向北京20多家超市供应蔬菜，日供应量达到1200吨以上，占首都超市采购量的36%。有6家合作社和企业在北京居民社区建设直营店110个，日经营量超过300吨。固安"顺斋"蔬菜合作社生产的蔬菜全部进入北京京客隆超市90多家门店，每天供应量超过100吨，未出现质量不合格品项。张家口坝上在7、8、9三个月向北京市供应蔬菜超过260万吨，当之无愧地成为首都夏季"菜篮子"产品的主供基地。

三 全面加强蔬菜质量监管工作

（一）多形式开展宣传培训

积极参加3·15宣传日、食品安全宣传周和蔬菜产品质量例行监测开放日活动，通过展板、宣传资料、电视、网络、电台、手机短信等媒体和现场体验观摩等形式，广泛宣传质量管理和检测知识，提高公众安全意识。结合新型职业农民培育，大力开展培训宣传。在冬春灾害性天气多发频发季节，结合标准化生产，总结多年来实践经验，及时提出冬春棚室蔬菜管理技术指导意见，提出冬季蔬菜质量管理关键技术，主动应对低温寡照，通过"河北蔬菜网"对菜田科学用药工作进行了广泛宣传。

推广标准化生产技术。组织蔬菜专家及基层科技人员深入生产一线，指导菜农安全生产，开展蔬菜标准化生产技术、农药科学使用等技术培训，引导蔬菜生产者正确选用正规厂家生产、成分标注清晰的混配农药，按照无公害农产品、绿色食品标准进行生产。实施源头控制，大力推广防虫网、诱杀虫板、节水灌溉等生态防控技术，开展测土配方施肥。省农业厅印发了农药使用量零增长工作推进方案，组织有关单位，落实职责分工，扎实推动农药零增长行动。2016年，全省农田农药用量增长率下降1个百分点，农药品种结构出现重要变化，高效低毒低残留农药应用比例提高5个百分点。植保系统在玉田县和馆陶县分别建立了南北两个省级农药使用量零增长行动主要农作物全程防控示范试验基地，提出"全程防控示范试验基地建设方案"，各项建设取得重要进展。

多形式开展农药安全使用培训。根据最新农药管理规定，组织专家修改农药安全使用挂图、杀虫剂抗性管理策略挂图、蔬菜无公害农药使用指南挂图，合计印发5万余套3万张，再版印发《农药科学安全使用培训指南》2000册。安排了1000亩樱桃和1000亩番茄雄蜂授粉示范，经济、生态效益和社会效益突出。围绕安全用药，安排了植保机械试验展示、绿色防控技术应用等专题技术培训，受训菜农达到150多万人次。同时，与京津两市植保机构合作，在河北省建设了蔬菜绿色防控基地，以点带面，推动蔬菜集中产区提高农药安全使用水平。在此基础上，组织蔬菜管理人员和科技人员，对《河北省蔬菜生产记录管理办法》进行修改和完善，规范田间生产档案记录，通过多次督导检查，规模化蔬菜生产经营主体的蔬菜生产记录得到进一步规范。

（二）依法加强农药监管

深入贯彻《农药管理条例》，全面加强农药市场管理，取得重要成效。全省农药产品质量合格率达92%，标签合格率达到90%，假劣农药案件查处率达到100%，生产经营单位登记备案率达到100%，并全部纳入监控检查范围。全省继续保持了禁用高毒农药使用和农药残留超标引发重大农产品质量安全事故、农药安全事件零发生。

规范登记管理。严格执行农业部关于农业投入品的一系列禁用、限用规定，完善农药销售、使用管理措施，推行"农药销售记录"和"诚信卡"制度，实行可追溯管理。改革完善农药评价制度，开展试验网点重新认定与考核；严格初审登记审批管理，强化农药检定登记审批责任追究制度，强化登记申报人员培训，提升了企业登记申报人员业务水平，农药登记程序更加透明，资料进一步规范。全年完成农药登记初审产品228个、办理农药出口放行2916单。

印发可用农药推荐名录。发放蔬菜田科学安全使用农药挂图5万份，新修订河北省无公害蔬菜生产中的禁限用农药、慎用农药、推荐使用农药名单，指导农民依法科学选用农药。下发到规模园区后，监督生产主体张挂在棚室内外，指导生产者严格按要求操作使用，取得了显著效果。开展了特色作物用药调查，重点对河北省部分区域集中种植的麻山药和金银花用药情况进行了调查，基本明确了用药现状，对筛选合适农药做了前期准备。

整治禁限用高毒农药。全年完成农药监督抽查252批次，重点检测有效成分和隐性组分，检出不合格批次22个，合格率91.27%，按时上报总结分析报告。完成了阿维菌素等农药在小茴香上的残留限量等标准的制定。制定《2016年农药市场监管工作实施方案》和《2016年农药监督抽查工作方案》，开展了春、夏、秋季农药市场打假行动，重点检查是否存在生产销售禁用高毒农药、假劣农药、未取得农药登记证农药以及其他标签严重不合格农药的违法行为。开展标签和质量专项整治，完成农药标签监督抽查

8604个，查出不合格标签844个；完成农药质量监督抽检900个，检出不合格样品66批次。坚持检打联动，依法查处抽检不合格企业。

继续开展高毒农药定点经营试点。按照《高毒农药定点经营示范项目实施方案》，提出《河北省2016年高毒农药定点经营示范县建设工作指导方案》，确定了示范县选定条件、定点经营门店设置原则和考核认定办法。统一设计"高毒农药定点经营门店"标牌和"高毒农药定点销售门店监督台"等款式样本。2016年高毒农药定点经营门店落实了实名购买、电子台账记录，基本实现了高毒农药来源可溯、去向可追踪、质量有保证。确定任丘市为新增高毒农药定点示范县，审核通过高毒农药定点经营门店21家，门店统一悬挂"高毒农药定点经营门店"牌子，张贴高毒农药经营管理规定等，公示诚信守法经营承诺书，经营人员持证上岗等。

开展京津冀协同联防。推进京津冀植物保护和植物检疫区域合作，河北、北京和天津植保机构加强协同，务实合作，属地管理，联防联控，加强植物疫情管控和植物检疫行政执法，在重大农业有害生物监测预警、联防联控及信息化建设等方面的合作迈出重要步伐。落实《京津冀蔬菜病虫全程绿色防控示范基地协同建设框架协议》，开展蔬菜病虫全程绿色防控合作，建设200亩以上规模的绿控基地40个，推广以非化学防治为核心的绿色防控技术，农药用量减少30%。一省两市还构建了农药管理联防联控协同机制，联合印发了《2016年京津冀农药市场联防联控实施方案》《京津冀2016年高风险农药目录》，推动了京津冀农药管理联防联控工作开展。对河北、北京、天津接壤的10个县（区）22家较大的农药批发企业实施联合检查,对违规农药产品统一下架、依法查处。河北省还推行了"农药经营诚信体系建设""违规农药产品曝光制度"和"农药可追溯管理制度"。

实施低毒生物农药补贴试点。作为全国试点省份之一,在承德市宽城县和平泉县、唐山市丰润区和廊坊市广阳区四个县(区)制定了项目实施方案,确定了低毒、生物农药补贴品种,落实了项目补助资金和药剂,试点工作稳步推进,示范面积12000亩,试验作物包括黄瓜、番茄、辣椒、韭菜等蔬菜和苹果,试验药剂达到30种。通过实施低毒生物农药补贴,减少了高毒农药和化学农药的使用。

(三)推行化肥减量和科学用肥

根据农业部统一部署,制定全省化肥使用量零增长行动方案,作为全省农业重点工作列入考核目标。推动全省建立了蔬菜和果树核心示范区1万亩、辐射带动5万亩的化肥减量增效技术示范区。2016年春季,还开展了肥料监督抽查工作,组织设区市和定州市、辛集市农业部门,对农资市场和生产企业肥料产品进行监督抽查,涉及省内生产企业41家、省外企业72家和市场经销企业(个体商户)102家,抽取样品202个,抽样基数1124吨,检验结果合格179个,总体样品合格率为88.6%,主要是有效成分不足问题,没有发现会对蔬菜质量带来安全隐患的违法添加情况。推广有机肥替代技术,全省应用有机肥1903.05万亩、绿肥43.81万亩,高效新型肥料应用达到1500多万亩次,提前实现化肥零增长目标。

四 河北省蔬菜实用技术推广情况

(一)提质增效关键技术

广泛调研蔬菜生产新形势、新问题,深入研究发展趋势,充分总结最新科研成果,切实加强技术集成,不断提高蔬菜生产技术水平。形成的十大关键技术和十种主栽蔬菜优良品种"双十"关键技术,在生产实践中得到广泛应用,成为蔬菜标准化生产技术规范,2016年全省累计推广1800多万亩,节水、节肥、节药效果明显,亩效益提高500元。

(二)集约化育苗应用

2016年全省育苗能力达到46亿株,其中育苗100万株以上的企业达到170家,育苗500万株以上的企业达到120家,育苗1000万株以上的企业达到102家。蔬菜生产使用商品苗面积达到250万亩,应用率为12%,比上年提高3.2个百分点。商品苗由瓜果类菜向白菜、甘蓝等大宗作物拓展。

(三)生态绿色防控技术

加强新品种引进试验,筛选出一批抗病(虫)品种,通过建立不同区域的集中展示示范基地和及时推荐给集约化育苗场,加快推广速度,及时替代抗性较弱的老品种,番茄的黄化曲叶病和枯萎病、黄瓜的花叶病毒病等重大病害爆发蔓延的势头得到有效控制。

总结推广物理防控的成功经验，及时纠正措施配置，设施栽培隔离、防虫网阻隔、色板诱杀和振频式杀虫灯诱杀等综合运用取得良好效果，已经被越来越多的生产主体认可，有效减少了化学农药使用次数和用量。

五 河北省蔬菜质量安全存在的问题

（一）质量安全意识有待提高

受多方面因素影响，涉农法律法规宣传还是一个短板，亟待加强。尤其是蔬菜生产目前仍以一家一户为主，质量意识和法律观念不强，违规使用化学农药的隐患比较突出。多数法人组织经营规模较小、组织结构松散、自律约束不严等问题，仍将是长期制约蔬菜产品质量的主要因素。

（二）技术推广经费有待增加

河北省蔬菜生产规模扩张较快，新建产区产量较低、品质较差、效益不高，菜农技术水平有待提高。这些地区蔬菜产业起步较晚，技术力量十分薄弱，技术推广和质量管理任务繁重，也是监管的难点。特别是设施蔬菜基础设施投入较高，生产主体不愿意无偿提供试验示范场所，但县和乡镇技术推广机构因缺乏必要的推广经费，难以开展蔬菜新品种、新技术、新材料和新机具的展示示范和试验，成为提高质量管理水平和生产技术水平的重要瓶颈。

（三）基层监管能力有待提升

县级农产品质量监管机构大部分未落实"三定"方案，监管条件不足，缺少专业检测人员，用于蔬菜质量检验的仪器设备不足，检测能力薄弱，例行监测常态化进程比较缓慢。

（四）投入品监管有待加强

全省例行监测仍发现存在毒死蜱、多菌灵和腐霉利等农药残留超标现象，主要原因是安全间隔期和用药量控制被生产者忽视。禁用农药克百威和氧乐果等仍有检出，投入品监管仍需加强。

六 蔬菜质量安全对策建议

河北省正在深入贯彻中央的重大战略部署，深化农业供给侧结构性改革，大力发展"科技农业、绿色农业、品牌农业、质量农业"，以高端设施蔬菜为重点，扎实推动环京津1小时蔬菜保障基地建设和2小时精细果菜基地建设，带动全省蔬菜产业转型升级，确保蔬菜产品质量稳步提高。

坚持科技支撑。完善省级蔬菜创新团队建设，加强与京津科研教学单位和中国蔬菜协会的科技协作，支持环京津地区建设科技研发基地和成果转化基地，开展新品种、新技术、新产品、新装备和新设施研发、集成与示范，推动提高蔬菜产业发展现代化科技水平。

坚持绿色生产。法律、经济和技术手段多措并举，大力推广膜下滴灌施肥一体化和生态防控技术，扎实推进有机肥替代和废弃物综合利用，构建以精准灌溉、精准施肥、精准用药为核心的绿色环保、资源节约型清洁生产新模式，确保蔬菜生产节水、节肥、节药取得扎实成效。

坚持品牌战略。深入开展"中国特优区"和"河北特优区"创建，推动蔬菜产品地理标志登记和地理证明商标注册，切实提高京津等大中城市特色蔬菜高端产品保障能力。大力实施企业品牌价值提升工程和蔬菜品牌孵化工程，完善品牌服务体系建设，在蔬菜产业上率先实现品牌农业的新突破。

坚持质量优先。加快完善蔬菜生产标准体系，全面推行标准化生产，健全质量全程可追溯体系，深入开展质量安全县创建和国际标准生产示范区建设，切实加强无公害、绿色、有机认证工作，建立以质量为核心的河北蔬菜品牌识别体系，更好地服务京津市场。

坚持开展专项治理。消除农产品质量安全隐患，关键要针对使用禁用、限用农药问题，对重点产品、重点单位和重点地区有计划地开展风险评估，及早发现和处置行业内的"潜规则"，严防系统性风险。依法履行部门职责，落实协同办案和案件移交规定，会同食安、公安等部门联合办案，加大案件曝光力度，提高震慑效果。加强农药和肥料市场整治，依法完善登记管理，开展高毒高风险农药风险监测评估，及时做出风险预警。

坚持落实监管责任。强化属地责任，落实属地管理，蔬菜质量监管的重点在县级，关键要督促县级政府落实监管经费、例行监测经费和技术推广经费，为落实监管任务和提高生产技术水平提供必要支持。强化部门监管职责，加快监管队伍建设，充实工作力量，

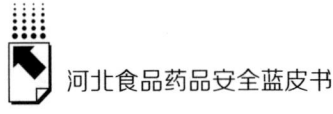

明确监管责任和责任追究制度，倒逼监管人员依法开展质量监管。同时推动蔬菜等农产品质量监管力量向乡镇延伸，提高一线监管能力。

坚持推行质量追溯。引导生产经营主体全面真实记录蔬菜生产、收获、加工、运输各环节活动，为实现质量可追溯奠定基础。指导生产企业建立投入品购买、入库、出库、发放、使用登记制度和剩余回收制度，推动法人组织内部专业化统防统治。支持设区市、蔬菜大县建立区域性质量追溯平台，扩大公共服务覆盖范围，或者通过购买服务和服务外包方式，发挥社会力量建设追溯平台，为建立蔬菜质量追溯制度提供便利。

B.5
2016年河北省畜产品质量安全状况分析及对策措施

姚 剑 马金翠 魏占永 孙 红 张梦凡[*]

摘 要： 2016年，全省畜牧业生产以"稳量、提质、增效"为主攻方向，以"去产能、降成本、补短板"为主要抓手，推进供给侧结构性改革，促进畜牧业转型升级。畜产品安全监管工作以持续提升畜产品质量安全水平为核心，坚持"产""管"结合，着力构建从投入品到养殖、出栏、屠宰、贮运等全环节畜产品监管"大安全"格局，一批制约畜牧业发展的重点难点问题有效突破，投入品生产经营管理进一步规范，畜禽标准化规模养殖比例不断提升，牛羊肉中"瘦肉精"反弹问题得到遏制。但基层监管仍然存在短板，企业主体责任意识有待增强，一些质量安全风险仍有反弹的可能。

关键词： 畜产品安全 监管成效 风险监测 安全保障

2016年，全省畜产品安全监管工作以持续提升畜产品质量安

---

[*] 姚剑、马金翠、魏占永、孙红、张梦凡，均为河北省农业厅农产品质量安全监管局人员。

全水平为核心，严守不发生重大畜产品安全事件这一底线，坚持"产""管"结合，实施标准化发展战略，持续开展畜禽产品质量安全专项整治，强化风险监测预警，着力构建从投入品到养殖、出栏、屠宰、贮运等全环节畜产品监管"大安全"格局，投入品生产经营管理进一步规范，畜禽标准化规模养殖比例不断提升，牛羊肉中"瘦肉精"反弹问题得到有效遏制，案件查处能力稳步增强，有效防范了区域性和系统性风险的发生。

一　全省畜产品生产基本情况

2016年是"十三五"开局之年，全省畜牧业生产以"稳量、提质、增效"为主攻方向，以"去产能、降成本、补短板"为主要抓手，推进供给侧结构性改革，促进畜牧业转型升级，着力提高综合生产能力和养殖效益，现代畜牧业发展政策和工作保障政策体系基本建立，营商环境进一步优化，奶业利益联结机制、种养循环、保险联动等多项创新和试点工作有序推进，一批制约畜牧业发展的重点难点问题有效突破。全省肉、蛋、奶总产量分别达456.3万吨、388.5万吨、448万吨，在农业部专项工作延伸绩效管理考评中，河北省稳定发展"菜篮子"产品（畜牧）生产以第1名成绩获评优秀单位。

二　全省畜产品质量安全监管工作成效显著

（一）饲料生产经营管理进一步规范

大力推进饲料质量管理规范示范创建，印发《全面实施饲料质量安全管理规范的指导意见》，有序开展《规范》培训和示范企业创建活动，5家饲料生产企业被认定为部级《规范》示范企业；加大安全生产监管力度，印发《饲料行业安全生产工作指南》和《饲料行业安全生产月活动实施方案》，举办饲料生产企业安全生产应急演练暨安全风险管控现场会议，饲料质量和安全生产"两个安全"得到保障。加强饲料执法，及时对群众举报的9起案件进行查处。修订《河北省饲料和饲料添加剂生产许可工作程序》，共核发生产许可证94个、产品批准文号1210个。全省饲料产量达到1340万吨，总产值390亿元，其中宠物饲料总产量达到25万吨，占全国总产量50%以上，南和县成为全国最大的宠物饲料生产基地。

（二）兽药生产经营管理进一步规范

规范兽药生产管理，将《兽药生产许可证》申请正式纳入网上审批，验收兽药生产企业62家，对完成整改的59家企业核发"兽药GMP证书"和"兽药生产许可证"。强化兽药追溯系统建设，全省146家兽药生产企业申请了二维码密钥，配备了二维码采集设备；对6家未申请二维码密钥的生产企业，责令停产整改或注销生产资质；开展兽药经营环节追溯试点工作，全省51家兽药经营企业被确定为试点单位。加强对兽药生产企业的监督检查，对不按兽药国家标准生产、不按规定标注兽用处方药标识、将原料药销售给养殖场等使用者等违法行为加大打击力度，查处制假售假案件79起，处罚违法企业63家，罚没款23.5万元，申请农业部吊销产品批准文号1个。

（三）畜牧绿色标准化生产水平进一步提升

加快畜禽养殖标准化示范场建设，新创建部级示范场43个，对到期的134个部级示范场和所有省级示范场进行了复检，部、省级示范场总数达到1050个。开展畜牧业绿色发展示范县创建活动，确定13个县为部、省级畜牧业绿色发展示范县，主体小循环、区域中循环、县域大循环模式被广泛推广。通过示范引导，带动畜禽养殖场、养殖合作社按标生产，畜禽标准化规模养殖比重达到72%，高于全国平均水平18个百分点。实施无公害畜产品认证，全年新认定无公害畜产品产地131个，产地换证280个，96个产品通过认证。启动畜禽养殖区域环境承载能力监测评价，192个县（市、区）公布了可养区、禁养区、限养区"三区"划定方案，851家规模养殖场完成粪污处理设施建设，全省配建率达到75%以上。建成病死畜禽无害化处理场25个，在建6个，总投资3.8亿元，建成无害化收集点108个，配套各类运输车辆69台，病死猪无害化处理与保险联动机制初步建立。

（四）奶业发展秩序进一步规范

落实《河北省人民政府关于加快全省乳粉业发展的意见》，下达乳粉业发展专项资金1.15亿元，协调乳粉项目补贴资金2亿元，建设生产乳粉用奶牛场44家。实施奶牛标准化规模养殖场（小区）建设，123个奶牛养殖场（小区）完成标准化改造，在定州市开展奶牛养殖大县种养结合整县推进试点，积极推广种养结合循环模式。坚持推动乳企与奶站签订生鲜乳收购长期合同，定期发布生鲜乳参考价格，实施凭《两病检测合格通知书》交收奶制度，启动生鲜乳收购质量安全日报告平台，探索48小时数量波动和质量不合格追溯机制，全省奶业发展秩序进一步规范。成功举办"中国奶业20强（D20）峰会暨奶业振兴大会"，充分展示了河北省奶业新形象，得到农业部和省委省政府主要领导的充分肯定。

（五）畜禽产品兽药残留超标专项整治行动成效显著

按照省食品安全办等五部门印发的《畜禽水产品抗生素、禁用化合物及兽药残留超标专项整治行动方案》要求，以肉牛、肉羊、生猪、家禽为重点品种，以兽用化学药品生产、经营企业，肉牛、肉羊、生猪、家禽规模养殖场、养殖合作社、养殖大户、屠宰场（点）为重点单位，组织开展拉网式排查，实施网格化监管。据统计，全省共出动执法人员5万多人次，检查兽药生产经营单位4311个次，检查各类畜禽、屠宰场（点）2万个次，溯源查处4起兽药残留超标案件，处理违规生产经营单位277家，罚没金额140余万元。通过实施专项整治，兽药生产和经营环节规范化管理制度进一步落实，畜禽养殖用药行为进一步规范。

（六）牛羊肉中"瘦肉精"违禁添加得到有效遏制

为严厉打击在肉牛、肉羊养殖、收购贩运和屠宰环节非法添加使用"瘦肉精"违法犯罪行为，防范区域性和系统性风险的发生，保障人民群众肉食品消费安全，从2016年11月到2017年1月，在全省集中组织"瘦肉精"专项整治百日行动。整治期间，以肉牛肉羊养殖、调出大县和集中屠宰大县为重点区域，做到饲料、兽药、养殖、收购贩运和屠宰环节监管全覆盖，组织拉网式排查，具体到场、到店、到户、到点，不留死角。据统计，全省共出动执法人员31280人次，检查饲料企业、养殖场户、屠宰场（点）等各类生产经营单位21900多家，抽检"瘦肉精"30万批次，对检出的阳性样品及时调查处理，涉及刑事犯罪的坚决移送公安机关。在各地、各部门共同努力下，取得了阶段性成效。

（七）畜产品检验检测能力进一步提升

积极推动农（畜）产品质检机构资质认定和机构考核，全省11个市级农（畜）产品检测中心、5个县级农（畜）产品检测站通过"双认证"，走在了全国前列。举办全省第三届农产品质量安全检测技能大赛，2人获得"五一劳动奖章"，9人获得"河北省技术能手"称号。加强畜产品质量监测预警，坚持定期监测与随机抽查相结合，完善畜产品检测月报和监测预警分析制度。实施畜产品检测抽检分离的制度，确保采集样品的规范性和检测结果的真实性；在唐山市、石家庄市、保定市、张家口市4个奶业大市开展生鲜乳交易第三方检测，确保生鲜乳检测的公正性和奶农利益。

（八）区域部门间协调联动机制进一步完善

制定《京津冀畜禽屠宰监管工作联席会议章程》《京津冀动物卫生风险评估分级管理办法》等制度，签署《京津冀农产品质量安全框架协议》，开展京津冀畜产品质量安全联合预警分析、畜禽屠宰监管联合检查等活动，京津冀协同发展重点领域实现新突破。

强化"三安"联动,联合省公安厅、省食药监局等五厅局印制《关于严厉打击非法添加使用"瘦肉精"等违禁添加物质行为的通告》和《关于严厉打击非法处置病死畜禽和违法屠宰行为的通告》,开通"瘦肉精"检测绿色通道,形成监管合力。

(九)畜产品安全工作政策保障体系基本建立

省政府印发《关于进一步加快现代畜牧业发展的意见》(冀政办字〔2016〕211号),系统构建"十三五"现代畜牧业发展政策。编制发布《河北省畜牧兽医事业发展"十三五"规划》,为河北省"十三五"畜牧兽医事业发展提供宏观指导。印发《河北省畜禽规模养殖污染防治养殖场(区)规模标准》和《河北省畜禽养殖禁养区专项整治实施方案》,强力推动养殖污染防治工作。与省食药监局联合下发《关于推行食用农产品合格证管理进一步加强食用农产品产地准出与市场准入衔接工作的通知》,进一步完善了畜产品产地准出与市场准入衔接机制。

三 主要畜产品和投入品监测情况

本年度全省共检测各类样品612381批次,其中畜产品604739批次,合格率99.9%;兽药1563批次,合格率93.8%;饲料6079批次,合格率99.7%。省级检测各类样品10298批次,其中畜产品8004批次,合格率99.7%;兽药1032批次,合格率90.7%;饲料1262批次,合格率100%。从监测数据来看,全省兽药、饲料产品质量稳步提升,主要畜产品检测合格率稳定在99.9%,但畜产品中兽药残留超标、牛羊肉中违禁物质添加风险隐患犹存。以省级检测结果为例，做如下分析。

（一）抗菌药物

本年度省级共检出抗菌药物超标样品10批次，其中氟喹诺酮类药物8批次、磺胺类药物2批次，其他药物均未检出。综合近年来监测结果分析，抗菌药物检出率整体呈逐年下降趋势，检出的药物品种、数量均在逐渐减少，说明兽药处方药的管理发挥了作用，伴随养殖户素质提升，兽药使用日趋规范。4月份是蛋鸡呼吸道感染疾病多发期，而氟喹诺酮类药物是治疗该类疾病的常用药物，农业部278号公告规定，恩诺沙星、环丙沙星在蛋鸡育雏、育成期允许使用，在产蛋期禁用。在10批次不合格样品中，检出5批次鸡蛋氟喹诺酮类药物残留超标，可能是蛋鸡养殖场（户）在产蛋期使用该类药物预防或治疗呼吸道疾病所致。

（二）黄曲霉毒素 B_1

本年度对生鲜乳风险监测中该参数虽有检出，但在合格范围之内，可能与奶牛采食黄曲霉毒素 B_1 污染饲料有关。玉米、酒糟、棉粕等饲料原料在储存过程中，环境温度达到28℃~33℃、湿度达到90%时，最适合黄曲霉菌生长和毒素产生。因此，饲料生产企业在玉米、酒糟、棉粕储存过程中应加强管理，可有效防止黄曲霉毒素的产生。

（三）生鲜乳违禁添加物

本年度生鲜乳中非法添加物全年均未检出。从近年来国家和省级监测结果看,革皮水解物、硫氰酸钠、碱类物质、β-内酰胺酶、三聚氰胺均未检出,说明经过9年的生鲜乳专项整治,使用非法添加物的现象已得到遏制,其安全风险较低。

四 畜产品安全监管形势分析

2016年全省畜产品总体抽检合格率达到99%以上,畜产品质量安全水平持续稳定向好,但全省畜产品安全监管面临的问题和困难仍较突出:一是监管体系不健全。县乡仍存在短板,特别是相当数量的乡镇监管机构建设严重滞后,监管、检测和执法力量薄弱,不能满足畜产品安全监管工作需要。二是监管任务重、难度大。畜禽养殖规模化、组织化程度有待提升,小型、一家一户式养殖仍占相当份额,监管对象小、散、多,监管任务十分艰巨。三是企业主体责任意识有待增强。违法添加使用抗菌药,禁用化合物成本低、收益高,企业受利益驱动铤而走险,"瘦肉精"等违禁物质非法添加问题屡禁不止,如果管控不得力,仍有反弹甚至发生区域性风险的可能。

五 强化畜产品安全监管的对策措施

(一)提升畜牧绿色化、标准化生产能力

按照畜禽良种化、养殖设施化、生产规范化、防疫制度化、粪污无害化的"五化"要求,推广畜禽精细化饲养、环境控制、高

产繁育、数字化管理等先进适用技术,大力引入新型智能创新科技,采用智能机械化作业方式代替人工,降低劳动成本,转变畜牧业生产低、小、散、臭的传统发展模式,提升标准化生产能力。开展畜牧业绿色发展示范县创建活动,整县推进畜禽粪便综合利用和病死畜禽无害化处理,完成6个部省级示范县的创建。加快畜禽粪污收集、贮存、处理设施建设,2017年底规模养殖场配建比例达到80%以上。

(二)提升信息化管理与应用能力

依托省级畜牧兽医综合信息平台,整合现有各专业信息化管理软件系统。完善动物检疫电子出证系统、移动快速执法系统、动物卫生监督快速反应指挥系统,提高动物卫生监督信息化水平和快速反应能力。加快推广奶牛养殖云平台进度,大力推进奶牛养殖场信息化管理。推进兽药二维码建设,完善兽药质量追溯体系。大力发展畜牧物联网、"互联网+畜牧业"、B2B电商等业态,支持省内涉牧企业创办或采用电子商务平台,以全新业态进行营销。引导企业通过二维码实现"互联网+生产全过程展示"营销,降低营销成本,增加营销收益,提高产品可追溯性。

(三)提升畜产品安全风险防控能力

围绕"瘦肉精"、兽用抗菌药、生鲜乳、私屠滥宰、非法收购屠宰病死畜禽等重点问题持续开展专项整治行动,保持对违法添加、使用禁用物质行为的高压态势,全面排查区域性、行业性风险隐患,集中力量解决兽药残留超标、非法添加使用禁用物质等突出问题。实施"机器助人"行动,提高"瘦肉精"检测效率。进一步完善"瘦肉精"联防联动机制,组织开展多部门联合督导检查,联合查办案件,加强行政执法与刑事司法衔接,严厉打击违法犯罪行为。加强风险监测,扩大监测品种和范围,提高风险监测针对性、实效性和科学性。做好风险监测数据的运用,强化数据风险研判,对检出不合格样品的畜产品生产主体实施重点监控,对风险隐患突出的地区及时发布预警信息并约谈部门和相关企业负责人。针对安全隐患及时开展监督抽查,健全检打联动机制,严肃查处。

(四)提升畜禽屠宰规范化管理水平

开展全省畜禽屠宰监管规范年行动,进一步推进畜禽屠宰监管体系建设,完善畜禽屠宰管理制度,出台促进畜禽屠宰产业健康发展指导意见,明确产业发展方向,引导产业转型升级。严格落实屠宰企业主体责任,推进生猪定点屠宰企业标准化建设,2017年企业达标率不低于80%。推进牛羊鸡定点屠宰管理,规范牛羊鸡定点屠宰企业肉品检验合格印章和标志。实施畜禽屠宰监管"扫雷行动",开展屠宰场视频监控试点,严厉打击私屠滥宰、给畜禽注水或注入其他物质等违法行为,促进畜禽屠宰行业健康有序发展,切实保障生鲜肉质量安全。

(五)完善畜产品安全监管长效机制

进一步厘清监管职责,细化任务分工,消除监管空白,构建全链条畜产品安全监管长效机制。一是完善产地准出与市场准入衔接机制。推行食用农产品合格证,在大型批发市场建立农产品风险监测站，对进入市场的省内原产地农产品进行现场抽检，与市场准入实现有效衔接。通过市场准入倒逼生产管理，全面落实生产经营者在质量安全方面的主体责任。二是建立畜产品安全追溯制度。强化农产品质量安全监管与追溯信息平台应用，将畜产品生产经营主体逐步纳入平台管理。鼓励和引导畜产品生产企业加施产品追溯标识，积极采用移动互联等便捷化技术手段，实施畜产品扫码交易，确保畜产品质量可追溯。三是建立信用体系。以建立守信激励和失信惩戒机制为核心，推动畜产品质量安全信用体系建设，建立饲料、兽药和畜产品生产经营主体信用档案，完善"黑名单"制度和市场退出机制，实施部门间联合惩戒，加大对失信主体惩戒力度。

B.6 2016年河北省水产品质量安全状况分析及对策

赵志强 张春旺 滑建坤 王睿 解保桥*

摘　要： 2016年，河北省认真贯彻落实全国水产品质量安全监管要求，认真落实"四个最严"及"产出来""管出来"两手抓、两手硬的要求，大力推进标准化生产，渔业产业结构进一步优化，渔业资源养护措施效果良好，全省水产品质量安全形势稳中向好，在省农业厅组织的产地水产品质量安全检测中合格率为98.9%，全年没有发生水产品质量安全事件。

关键词： 水产品安全　风险因素　质量安全监管　渔业资源

2016年，河北省农业厅在省委、省政府的领导下，认真贯彻落实全国水产品质量安全监管工作会议精神，以保障水产品质量安全有效供给为出发点，认真落实"四个最严"及"产出来""管出来"两手抓、两手硬的要求，大力推进标准化生产，突出源头监

---

* 赵志强、张春旺、滑建坤、王睿、解保桥，均为河北省农产品质量安全监管局工作人员，主要从事水产品质量安全监管工作。

管和专项整治，坚决打击水产品非法添加禁用药物行为，在国家组织的检测中，水产苗种、产地水产品、渔用投入品抽检合格率均为100%，高于全国平均水平。省厅首次组织开展了产地水产品质量安全监督抽查工作，检测合格率为98.9%，全省水产品质量安全形势稳中向好，没有发生水产品质量安全事件。

一 2016年全省渔业发展概况

2016年，河北渔业深入贯彻《农业部关于加快推进渔业转方式调结构的指导意见》和韩长赋部长"四调四转"的讲话精神，制定了《2016年渔业转型升级工作推进方案》，确定"一调两减三发展四支撑"的总体思路，为全年渔业转型升级确定工作目标，规划发展方向，拓宽发展途径。按照河北省《2016年渔业转型升级工作推进方案》的总体思路，狠抓落实，一二三产融合发展势态良好，全省养殖水产品总产量达971171吨，其中淡水养殖产量459799吨、海水养殖产量511372吨，全省渔业转型升级工作进展顺利。

（一）渔业产业结构进一步优化

围绕"三大优势产业带"的布局建设，大力倡导生态、健康养殖，组织开展水产健康养殖示范创建活动，创建了农业部渔业健康养殖示范县1个（黄骅市），农业部水产健康养殖示范场15家。加大河北省主导特色品种的培育力度，通过验收并投入运营的原良种场2家，新技术、新模式、新品种推广力度进一步加大。

（二）渔业资源养护措施效果良好

在渤海海域和白洋淀、衡水湖、官厅水库、潘家口水库等内陆水域持续开展大规模增殖放流活动，积极推动全省水生生物资源养护工作，更加突出渔业水域生态屏障作用，取得了良好的社会效益和生态效益。全省累计投入 2600 多万元，增殖各类海淡水苗种 24.5 亿尾（只）。2016 年 4 月在官厅水库与北京市联合举办了"京冀渔业资源增殖放流暨官厅水库联合禁渔启动活动"。组织完成了农业部会同省政府于 7 月 5 日在白洋淀联合举办的水生生物增殖放流活动，于康震副部长和沈小平副省长参加了放流活动。河北电视台、电台及各大媒体均进行了相关报道。新获批国家级水产种质资源保护区项目 1 项，累计建设国家级水产种质资源保护区 18 个。全省累计建设海洋牧场示范区 13 处、8026 公顷，投放人工鱼礁 461.5 万空立方米。渔业资源调研评估统筹使用海洋资源调查、涉海工程渔业资源跟踪调查以及海洋牧场本底调查等项目资金，为开展限量捕捞、渔业资源养护提供基础数据，完成海上渔业资源及潮间带底栖生物调查任务。完成海湾扇贝养殖区环境质量预报与灾害预警预报环境监测报告 18 份，对提高全省海湾扇贝产量及品质发挥重要指导作用。

（三）海洋捕捞业布局调整初见成效

全年外海捕捞产量 7 万吨，同比增长 7%，远洋渔业产量 8 万吨以上，同比增长 2000%。海洋捕捞业布局调整初见成效，优质水产品供应比例在提高。

二 监管监测成效明显

2016年,河北省农业厅围绕完成农业部及省级各项水产品质量安全监管监测工作任务,不断加大抽样检测工作力度。在时机上,集中力量做好暑期、国庆等重点时段的抽检工作;在对象上,加强对"三品一标"获证单位、水产健康养殖示范场、"菜篮子"水产品生产单位的抽检;在类型上,逐步增加风险监测、预警监测的频次和数量,充分发挥监测的先导作用。全年先后开展了产地水产品、捕捞水产品、渔用投入品的检测和监督抽查,以及贝类产品卫生监测及划型等各项工作,实现了抽样检测对生产流通领域的全覆盖。

(一)农业部水产苗种质量安全监督抽查

2016年5月,农业部渔业环境及水产品质量监督检验测试中心(成都)对河北省实施了2016年水产苗种质量安全监督抽查,受检单位包括沧州、唐山两市的1家全国现代渔业种业示范场、4家国家级水产原良种场、2家省级水产良种场和1家农业部水产健康养殖示范场,共抽取鲤鱼、草鱼、罗非鱼、牙鲆、河豚、中国对虾、南美白对虾、三疣梭子蟹苗种样品10个,检测氯霉素、孔雀石绿和硝基呋喃类代谢物三类禁用药物。经检测,样品合格率为100%。

(二)农业部渔用投入品质量安全风险隐患排查

2016年5月,国家水产品质量监督检验中心(青岛)对河北省开展 2016 年渔用投入品质量安全风险隐患排查工作,从河北省部分水产养殖场抽取渔用投入品样品 20 份,其中,渔用兽药 10 份、渔用饲料 5 份、非药品类 5 份,检测氯霉素类、孔雀石绿及结晶紫、硝基呋喃类代谢物、喹乙醇、磺胺类、喹诺酮类、己烯雌酚、五氯酚钠等项目。经检测,样品全部合格。

（三）农业部产地水产品质量安全监督抽查

2016 年,农业部渔业环境及水产品质量监督检验测试中心（西安）及河北省水产品质量检验检测站对河北省开展了国家产地水产品质量安全监督抽查工作,全年抽检任务共分两个批次,分别于 5 月、9 月实施,抽检全省 11 个市的鲤鱼、草鱼、罗非鱼、对虾、大菱鲆五个品种共 150 个样品,检测氯霉素、孔雀石绿、硝基呋喃类代谢物、甲基睾酮、喹乙醇等项目。经检测,样品合格率为100%。

（四）海水贝类产品卫生监测及生产区域划型

2016 年,河北省农业厅组织省水产品质量检验检测站、省海洋渔业生态环境监测站等单位完成了年度海水贝类产品卫生监测及生产区域划型工作。本年度划型范围包括秦皇岛市的昌黎县和唐山市的乐亭县、丰南区 3 个贝类重点养殖县（区）,分别于 5 月、8 月、10 月分三次共抽取青蛤、四角蛤蜊、毛蚶、扇贝 4 种贝类产品共计 140 个样品进行了检测,将贝类样品大肠埃希氏菌值作为主要指标进行生产区域划型。全省划型总面积为 28345.4 公顷,全部为一类生产区;其余指标:腹泻性贝类毒素均未检出;麻痹性贝类毒素含量在＜29.11～＜33.80μg/100g，均未超标；多氯联苯含量在未检出～0.0036mg/kg；铅含量在未检出～0.621mg/kg，均未超标；镉含量在0.028～1.59mg/kg，均未超标。

（五）省级产地水产品质量安全监督抽查

2016年，河北省农业厅首次组织开展省级水产苗种及产地水产品质量安全监督抽查工作，主要抽检对象为全省11个市的水产苗种场和养殖场，主要抽样品种为对虾苗种、梭子蟹苗种、牙鲆苗种、四大家鱼、鲤鱼、鲫鱼、对虾、虹鳟、鲟鱼、河豚、中华鳖、海参、半滑舌鳎、大菱鲆、牙鲆、梭子蟹、罗非鱼等，检测项目为氯霉素、孔雀石绿、硝基呋喃类代谢物、喹乙醇、甲基睾丸酮和己烯雌酚。经检测，样品合格率为98.9%。对于不合格样品，省厅组织各市农业主管部门完成了相关追溯、查处工作。

（六）市、县级水产品质量安全监测

2016年，全省市、县级检测机构开展各类检测7689批次，合格率为99.9%。

三 主要做法和工作成效

2016年，围绕农业部韩长赋部长强调的要"打好水产品质量安全提升的硬仗，坚持'产出来''管出来'两手抓、两手硬，推进标准化健康养殖，加大水产品质量安全监管力度"的重要指示，加强组织领导和统筹协调，以解决水产品质量安全突出问题和薄弱环节为重点，坚持专项整治与标准化生产相结合，坚持"四个最严"，全力推动渔业转型升级，确保不发生重大水产品质量安全事件。一是科学筹划，明确重点。认真落实全国水产品质量安全监管工作会议精神，按照《河北省畜禽水产品抗生素、禁用化合物及兽药残留超标专项整治行动方案》要求，科学拟定水产品质量安全专项整治工作方案，定期分析研判。各市、县（市、区）均成立了领导机构，分工明确，任务具体，制定了水产养殖质量安全监管和执法工作实施方案，确保监管和执法工作专人负责，抓好落实。二是加大专项整治力度。为加强水产苗种和渔业投入品使用的监督管理，提高水产品质量安全监管水平，省农安局印发了《关于组织开展水产苗种和渔业投入品专项整治工作的通知》，进一步加大整顿和规范力度，持续保持高压严打态势，推进全省水产品专项整治工作健康发展。先后出动监管或执法人员5000多人次，组织质量安全监管执法、专项整治1200多次，检查水产苗种、养殖企业（场、户）、市场等2000多家（次），下达整改通知书或整改意见150多份（次），为消除行业性、区域性问题隐患起到了积极作用。三是监管检测效果突出。注重源头监管和综合治理，加大抽检力度，实现水产品生产过程抽检全覆盖。其中，在国家组织的水产苗种、产地水产品质量安全监督抽查中，抽检合格率均为100%，未发生水产品质量安全事件。省厅首次制定印发了《2016年河北省产地水产品与水产苗种质量安全监督抽查计划》，指导省水产品质量检验检测站开展监督抽查，并对不合格产品进行了严肃查处，确保了产地水产品与水产苗种质量安全。各单位主动作为，加强生产综合检查、产品检测、水产养殖执法检查等，进一步强化风险意识,提高处理应急事件的能力。四是监管措施不断完善。省、市、县主管部门均成立了质量安全监管工作领导小组,各级普遍建立了水产品质量安全监管责任制,每年坚持开展水产品质量安全监督检查、专项整治和检打联动等行动,对违法养殖和阳性样品查处率达到100%。五是无公害认证稳步推进。规范申报程序,严格材料审核,狠抓现场检查,强化证后监管。为进一步加强全省"三品一标"工作,提升农产品质量安全水平、促进农业提质增效和农民增收,6月23日省厅、办印发了《关于进一步加强"三品一标"工作的实施意见》,为推进"三品一标"工作提供了政策保障。全年认定无公害水产品产地59个、产品认证89个。组织了两期无公害水产品内检员、检查员培训班,共培训内检员67人、检查员34人,提升了企业内控质量水平和检查员认证能力。公平公正地发放渔业项目"三品一标"认证补贴100万元,进一步调动了渔业生产单位的积极性、主动性和自觉性。作为认证工作机构,农产品质量安全监管局被农业部表彰为2016年度无公害农产品证后监管工作优秀单位。六是教育宣传措施得力。各县(市、区)积极推进无公害健康养殖技术,不断夯实水产品质量安全基础。利用食品质量安全宣传月、现场检查等时机,加大对水产品质量安全、行政执法、"三品一标"水产品等宣传力度,发放各类宣传资料近2万份,组织培训各类人员近5000人(次),进一步提高了渔政人员的执法能力以及养殖单位的质量安全意识和科学用药技术。在养殖场点,均能看到制度上墙,以及县(区)主管部门编印的质量安全材料汇编、日常检查记录、禁用药物清单等资料。

四 风险隐患及问题分析

随着居民消费结构快速升级和市场需求，优质高端安全的水产品走进了千家万户，成为"家常菜"，但水产品质量状况已成为群众关注的焦点，监管体制的不顺畅、队伍力量的薄弱、经费投入的不足等，特别是分散落后的养殖生产方式仍是水产品质量安全问题多发的根本原因，粗放式生产管理特别是以家庭承包为主的经营方式依然没有改变，提升水产品质量任重道远。

全省水产品质量安全风险隐患的表现形式复杂多样，从总体上看，主要分布在渔业生产环境、水产苗种、渔用投入品、生物毒素、流通运输等多个环节，具体表现在各类水产养殖品种和部分近、浅海捕捞品种，主要风险项目有药物残留、环境污染等。

五 监管工作存在的困难和问题

一是部分县级人民政府养殖证发放不规范，水产行政监管部门对水产养殖生产企业的底数掌握不清，监管工作缺乏针对性。

二是水产养殖生产单位点多面广，各级渔政机构人员装备少、经费紧张，监管难度大。

三是大多基层检测机构人员编制问题难以解决，临时工占有较大比例，人员流动性大。

四是部分县（市）尚无水产品检测机构，部分县未将检测经

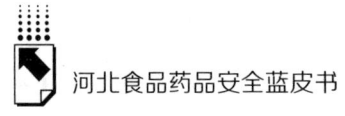

费列入财政预算。

五是抽样工作缺乏统一组织协调,有时给基层造成忙乱。

六 提高水产品质量安全监管的对策措施

紧紧围绕农业供给侧结构性改革这条主线,把增加绿色优质农产品供给摆在突出位置,扎实推进质量兴农,认真落实"四个最严"要求,治标与治本并举,生产环节与监管环节两端发力,信息化与智能化两化助力,网格化监管与定点联系监管同步实施,全面提升监管能力和水平,提升渔业标准化生产的覆盖率和质量品牌产品的覆盖率,确保不发生重大农产品质量安全事件,切实保障人民群众"舌尖上的安全"。

(一)主要任务

一是理顺工作体制机制。认真落实地方政府的属地管理责任、农业部门的监管责任、生产企业的主体责任。加强省农业厅内部各处室、各单位的协调联动,省直各部门之间的协同以及与京、津及其他省区之间的地区协同,形成社会共治格局。

二是全面建立工作制度。建立省本级水产品抽检计划制度、检测结果及执法情况的定期报告制度、各级监管部门的督导检查制度等,实现信息共享。

三是科学完善工作规范。以统一规范水产养殖记录、无公害水产品认证、地理标志水产品登记保护工作程序等为重点,促进生产单位切实落实生产操作规程和质量控制措施。

（二）重大举措

一是大力推进渔业标准化生产。注重标准化生产，持续抓好水产健康养殖示范场、"三品一标"认证等工作。河北省农业厅将"三品一标"发展纳入对市级农业部门延伸绩效考核内容。强化证后监管，严格用标检查，严厉打击冒用认证标志违法行为，提升"三品一标"产品的社会公信力，每年对认证企业全面检查不少于2次，获证产品监督抽检比例不低于30%，从源头上保障水产品质量安全。

二是继续完善质量安全监管体系。支持市、县两级农产品检测机构提高水产品检测能力，稳步推进"三品一标"认证步伐，探索开展水产品质量安全监管与追溯建设试点，健全水产品质量安全预警和应急体系。

三是加强重点环节的质量监控。认真完成国家和省级部署的监测任务，省级重在风险监测，市级重在监督抽查，县级以监督抽查和速测筛查为主，乡镇以日常监管检查、抽样和速测筛查为主，避免上下一般粗、监测对象重复、检测指标重叠等现象，严厉打击违法添加、违法用药行为。

四是深入推进水产品质量安全专项整治。各级渔业主管部门将所属苗种场及养殖场全部纳入监管检查范围，以生产养殖记录建立、渔药饲料及饲料添加剂的使用为检查重点，对全省水产养殖场、苗种场开展经常性的督查整治，落实生产单位主体责任，推进检打联动。

五是大力推进形成社会共治格局。加强与食药监、卫计委、公安等部门的协作,畅通信息共享渠道,搞好"两法衔接",确保案件办理实现无缝衔接。加强对食品安全、农产品质量安全法律法规的普宣,推动全社会形成关注质量安全、参与质量安全的浓厚氛围。

B.7 2016年河北省果品质量安全状况分析报告

耿立锋 赵少波 刘辉 孙福江 曹彦卫 任瑞 宋振洲*

摘 要： 随着人民生活水平逐渐提高，果品的消费量逐年递增。全面加强果品质量安全工作是新时期果品产业发展的一项重要任务。截至2016年底，河北省果树面积达到2830万亩，产量达到1583万吨，均创历史新高。全省果品质量安全例行监测省级共抽检样品2176批次，合格果品2168批次，合格率为99.63%。同时，在国家级龙头企业、产业示范基地、示范园区和中国经济林名县认定以及省级龙头企业、产业联合体认定方面均取得了显著成绩。

关键词： 果品安全 风险监测 质量追溯

随着经济社会快速发展，人民生活水平逐渐提高，居民膳食结

---

* 耿立锋、赵少波、刘辉，河北省林业厅工作人员，主要从事果品质量安全监管工作；孙福江、曹彦卫、任瑞，河北省林果桑花质量监督检验管理中心工作人员，主要研究果品质量安全检测；宋振洲，河北省林业信息中心工作人员，主要研究"互联网+果品质量安全追溯"。

构不断优化，果品的消费量逐年递增。目前，世界人均年消费果品已超过60公斤，发达国家超过83公斤，我国为50公斤，预计到2020年将达到60公斤。

全面加强果品质量安全工作是河北省新时期果品产业发展的一项重要任务，也是农业结构调整的重要内容，有利于提升果品质量，拉长产业链条，冲破"绿色壁垒"，扩大果品出口，提升我国农产品的国际竞争力，促进果品产业可持续发展。

2016年，为保障广大人民群众果品食用安全，河北省林业厅有力开展了一系列工作，注重从源头抓起，加大监管和质检力度，全面提升了河北省果品质量安全水平。

一 2016年全省果品生产情况概述

2016年，在省委省政府、国家林业局的正确领导和各有关单位的大力支持下，省林业厅以"创新、协调、绿色、开放、共享"的发展理念为指导，以推进供给侧结构性改革、实现产业转型升级为目标，按照调结构、转方式、上水平的总体要求，面向国际国内两个市场，立足京津冀协同发展全局，优化空间布局，明确功能定位，创新体制机制，强化科技支撑，开展综合服务，大力发展矮密化、机械化、有机化、高效化生产模式，努力拓展休闲度假、观光采摘、农事体验等生态文化功能，全省果品产业得到了快速发展。

截至2016年底，全省果树种植面积达到2830万亩，产量达到1583万吨，均创历史新高。同时，在国家级龙头企业、产业示范基地、示范园区和中国经济林名县认定以及省级龙头企业、产业联合体认定方面均取得了显著成绩。

(一)大力推进供给侧结构性改革

一是加快推广现代林果种植模式,举办全省现代林果生产新模式、新技术培训班,赴北京参观学习,聘请国家级专家进行讲座,在全省50多个果品重点县推广了以"矮密化栽培、机械化耕作、规模化经营、生态环保、节本高效"为主要特征的现代林果种植模式,推广绿色病虫害综合防控生产技术。4个县被国家命名为中国经济林名县,10个基地获评国家级核桃示范基地和国家级林下经济示范基地,位居全国前列。二是强化现代林果产业技术支撑体系建设,整合大专院校、科研院所科技资源,组建了苹果、梨、桃、枣、葡萄、板栗、核桃和观光采摘八大科技支撑体系创新团队,通过项目对接、技术培训、巡回指导等多种方式,提升科技创新能力,指导全省现代林果产业发展,全年推广新技术10项目、新品种5个,指导示范基地建设50万亩,培训林果技术人员和农民10万人次。三是培育现代林果新业态,进一步拓展林果产业的生态景观功能、农耕文化功能和休闲观光功能,大力发展集"生产、生态、生活"于一体,一二三产业融合的"第六产业",全省建成了"春赏花、夏观果、秋采摘、冬尝鲜"休闲观光采摘果园和现代林果园区102个,形成林果产业发展新业态、经济发展新引擎。

(二)加快推动京津冀协同发展

一是成功举办"京津冀果王争霸赛",擂台赛参赛产品总数达到727个，涵盖了苹果、梨、桃、葡萄、板栗、核桃、仁用杏等北方落叶果树的主要品种，参赛的龙头企业、合作社、家庭林（果）场数量达到320家，展示了新成就，宣传了新产品，提高了知名度，拓宽了新渠道，促进了产销衔接，展现了京津冀协同发展的广阔前景，张庆伟省长、沈小平副省长等领导参观了展区，并给予了高度评价。二是搭建产销合作平台，积极组织林果企业参加由百果园、本来生活等国内高端水果销售商成立的"优果联"，利用"优果联"平台，召开了京津冀产销对接会，实施了"冰糖梨""老鸭梨""东方红苹果"等产销合作项目，进一步拓宽了京津等高端消费市场。三是谋划设立京冀林果产业发展基金，召开了龙头企业与产业基金对接会，与北京市园林绿化局、北京市农业投资公司、北京农业投资担保公司、北京银行达成初步协议，共同设立每年投资总额超过1亿元的京冀林果产业基金，目前已形成初步方案，具体工作正在扎实推进。

（三）积极开拓国内外市场

受经济增速放缓、市场竞争加剧双重因素影响，果品销售市场呈现内销不旺、出口受阻、持续低迷状态。为解决"卖果难"，实施了多项有力措施。一是根据省政府"百展计划"的要求，组织林果企业参加了香港果蔬展、迪拜果蔬展、北京果蔬展、中国（廊坊）农产品交易会、中东欧企业家峰会、中拉企业家峰会等多个国际、国内展会，在北京人民大会堂举办了承德县"国光"苹果、威县"威梨"招商推介会，组织企业与100多个国家客商进行了洽谈，拓宽了市场销售渠道，取得明显成效。二是落实国家、省外贸攻坚会议精神，狠抓果品出口，与商务厅、河北出入境检验检疫局等部门联合制定了《全省外贸攻坚行动方案》，出台了《出口食品农产品质量安全示范区管理办法》，威县、遵化、阜平等5个县获得省级出口食品农产品质量安全示范区。在经济持续低迷和技术壁垒层出不穷的双重压力下，河北鲜梨出口逆势增长，出口鲜梨14.6万吨、创汇1.2亿美元，同比分别增长68%和47%，畅销欧盟、东南亚、中东等69个国家和地区，果品出口工作得到了王晓东副省长的充分肯定。三是壮大龙头企业，培育知名品牌，开展了"首届河北十大林果品牌"评选工作和省级林果龙头企业认定工作。全省共有9家林果企业被评为国家级林业重点龙头企业，30家林果企业被省政府命名为省级农业产业化重点龙头企业，18个林果联合体被省政府命名为省级农业产业化联合体，3个市县被授予"中国林业产业突出贡献奖"。332家企业、合作社被评为省级林果重点龙头企业和合作组织。

（四）狠抓灾后重建和产业扶贫

一是"7·19"洪灾后，迅速组织河北省果树产业技术体系专家编制了《河北省果园灾后恢复技术要领》，对全省进行灾后技术指导，最大限度地降低损害，使林果尽快恢复生长，减少果农损失。二是组成省级林果专家帮扶工作队，深入一线扎实开展技术帮扶工作。针对水毁、水淹等不同的受灾情况和苹果、核桃、板栗等主要受灾树种，讲解关键技术、注意事项，实地指导林果基地恢复重建和生产。三是大力推广林果产业扶贫模式，促进农民增收，与省农业厅联合制定了《产业精准扶贫实施方案》，重点推广了高效果品基地、林下经济、观光采摘等多种林果扶贫模式，取得明显成效。在贫困地区新发展林果基地88万亩，建成高标准优质万亩果品基地20个，培育了50个林下经济专业村、3000个林下经济专业户，建设观光采摘园、示范园区50个，实现了10万农村劳动力就地稳定就业，有效推动了贫困地区经济绿色增长。

二 2016年度果品质量安全监测情况及分析

（一）监测具体情况

2016年，全省果品质量安全例行监测省级共抽检样品2176批次，合格果品2168批次，合格率为99.63%。其中市场（包括超市、农贸市场、批发市场）抽检779批次，合格果品777批次，合格率为99.74%；生产基地抽检1397批次，合格果品1391批次，合格率为99.57%。

结合河北省果品生产实际情况，监测范围包括全省11个设区市和2个直管县（共计126个县、市、区）果品生产基地、农贸市场、超市和批发市场。监测项目包括对硫磷、甲胺磷、氰戊菊酯、氟氯氰菊酯等27种农药残留。监测时间为1~12月，以河北省大宗果品集中成熟期为主，兼顾国庆、中秋、元旦、春节等重点时段。监测果品涉及河北省主产和市场主销的苹果、梨、葡萄、桃、枣等31类果品，监测结果如表1所示。

为加强河北省果品质量安全监管，保障暑期果品质量安全，促进产业健康发展，按照省食安办暑期食品安全监管调度会的要求，

表1 2016年果品监测结果一览

单位：%

序号	果品名称	抽检批次	不合格批次	合格率	农药检出批次	农药检出率
1	苹果	515	0	100	237	46.02
2	梨	402	0	100	239	59.45
3	葡萄	228	1	99.56	71	31.14
4	桃	203	2	99.01	160	78.82
5	柑橘类	169	1	99.41	64	37.87
6	核桃	128	0	100	8	6.25
7	枣	90	0	100	72	80
8	芒果	65	0	100	31	47.69
9	板栗	64	0	100	6	9.38
10	火龙果	45	0	100	6	13.33
11	李子	44	0	100	31	70.45
12	香蕉	37	0	100	5	13.51
13	杏	30	3	90	13	43.33
14	木瓜	29	1	96.55	15	51.72
15	樱桃	28	0	100	22	78.57
16	猕猴桃	23	0	100	7	30.43
17	山楂	23	0	100	6	26.09
18	菠萝	21	0	100	5	23.81
19	桂圆	6	0	100	2	33.33
20	树莓	5	0	100	1	20
21	荔枝	4	0	100	0	0
22	山竹	4	0	100	2	50
23	石榴	3	0	100	0	0
24	榴莲	2	0	100	1	50
25	杨桃	2	0	100	2	100
26	牛油果	1	0	100	0	0
27	枇杷	1	0	100	0	0
28	柿子	1	0	100	0	0
29	释迦果	1	0	100	0	0
30	无花果	1	0	100	0	0
31	杨梅	1	0	100	1	100
	合计	2176	8	99.63	1007	46.28

及时调整全年果品监测计划，制定了2016年果品质量安全暑期专项监测方案，在6~8月暑期期间，重点监测秦皇岛市、唐山市、廊坊市三市生产基地的主栽品种，兼顾其他市主产品种，共监测795批次，合格788批次，合格率99.12%。

（二）监测结果分析

从监测结果来看，2016年果品质量安全整体情况较好，检测合格率99.63%，较2015年的99.61%有所提高。

监测的31类产品中，杏、桃、葡萄、木瓜、柑橘类存在农药残留超标问题，主要为氧乐果、甲胺磷、氰戊菊酯超标。其中共有7批次样品检出氧乐果超标（杏3批次、桃2批次、木瓜1批次、柑橘类1批次），1批次桃样品既检出氧乐果超标又检出氰戊菊酯超标，1批次葡萄样品检出甲胺磷超标，其他26类果品全部合格。

从监测品种看。2016年抽样监测的2176批次果品，其中不合格果品包括杏、桃、葡萄、柑橘类、木瓜共5种，8批次不合格样品中杏3批次，占超标样品的37.50%；桃2批次，占超标样品的25.00%；葡萄1批次，占超标样品的12.50%；柑橘类1批次，占超标样品的12.50%；木瓜1批次，占超标样品的12.50%。

从监测指标看。除氧乐果、甲胺磷、氰戊菊酯3种农药残留超标外，其他所监测24种农药残留均合格，其中氯氟氰菊酯、氯氰菊酯、毒死蜱、甲氰菊酯、联苯菊酯等农药多次检出，但不超标。

从不合格监测指标看。杏监测不合格指标为氧乐果；桃监测不合格指标为氧乐果、氰戊菊酯，葡萄监测不合格指标为甲胺磷，柑橘类监测不合格指标为氧乐果，木瓜监测不合格指标为氧乐果。

从不合格产品分布来看，6批次不合格产品来自生产基地，2批次来自超市。

通过监测发现以下几个主要问题。

第一，河北省主产的杏、桃、葡萄个别样品中检测出农药残留超标。枣、桃、樱桃、李子中农药检出率相对其他品种较高，存在一定的农药残留质量安全隐患。

第二，市场流通果品中木瓜、柑橘检测出农药残留超标。木瓜、杧果、柑橘中农药检出率相对其他品种较高，存在一定的农药残留质量安全隐患。

第三，果农对果品安全生产技术掌握不全面，合理用药、安全间隔期等技术还需推广普及。

三 果品质量安全工作开展情况及成效

2016年，河北省林业厅以《食品安全法》《农产品质量安全法》等法律法规为依据，按照《河北省2016年食品药品安全重点工作安排》要求，认真做好全省果品质量安全监管工作，大力推进标准化无公害生产，有效保障了全省果品质量安全，果品抽检合格率达到99.63%，保持在较高水平，没有发生果品质量安全事件，促进了果品产业的可持续发展。围绕果品质量安全监管，重点开展了以下几项工作。

（一）认真做好监测工作

开展果品质量安全监测是加强果品质量安全监管、保障果品食用安全的主要依据和有效手段。一是科学制定监测方案。省林果桑花质量监督检验管理中心科学制定了《2016年果品质量安全例行监测方案》，从监测范围、批次分布、监测时间、抽样方法、检测标准、结果判定等各个环节逐项细化，确定抽查工作历，将抽查任务分解到人，落实到天，确保监测工作规范、有序。二是加大例行监测和监督抽检力度。把果品特色县、果品重点县、大型果品龙头企业、专业合作社以及上年度不合格率较高、农残检出率较高的品种作为监测重点，同时兼顾非果品重点县、非主栽品种、外省果品，做到生产基地、市场、企业全覆盖，更加客观地反映了全省果品质量安全状况。三是及时编发林业简报。严格遵守省政府监测工作进度安排，分阶段、分批次及时汇总分析上报检测数据和监测结果。全年共编发17期林业简报，报省政府有关领导、省政府食安委成员单位，发各设区市、果品重点县（市、区）人民政府，为领导决策提供依据。四是开展果品质量安全风险评估和预警预报工作。汇总河北省各级林业部门果品监测和普查数据，对果品生产中的风险隐患和危害因素进行综合评价，开展果品质量安全风险评估和预警预报工作，将监管关口前移，及时发现和预防影响果品质量安全水平的风险隐患。

（二）加强生产环节监管

一是全面开展果园用药巡查。按照无公害标准化生产的要求，以县（市、区）为单位，组织队伍在果品生产环节开展果园用药巡查，严厉查处使用禁用农药行为，严禁果品采收和上市前的用药行为，指导果农合理用药、科学用药，大力推广粘虫胶、诱蛾灯等物理防治措施，引导果农使用生物农药和低毒、低残留农药，从源头上提高果品质量安全水平。二是突出重点，开展专项整治。开展农药、化肥"双减行动"重点整治面源污染，制定了暑期和"双节"果品质量安全工作方案，开展了暑期和"双节"专项整治行动，对秦皇岛、唐山、廊坊等重点地区，对葡萄、桃、杏等重点果品进行重点监管和专项整治，确保全年没有重大质量安全事件发生。三是示范带动，大力推进标准化无公害生产。2016年，以现代果品产业项目建设县为重点，示范带动全省完成果树结构调整和树体改造201万亩，高标准基地建设210万亩，均超额完成全年任务目标。同时，大力培育果品龙头企业和合作组织，推进标准化生产示范园创建，将标准化生产的意识和观念传播给果农，把先进技术和设备引入农业生产，引导果农将分散经营模式转变为"公司+基地+农户"的经营模式，有效提高了果品生产的规模化、专业化、集约化水平。

（三）健全完善工作制度

一是建章立制，形成长效机制。省委、省政府首次将果品质量安全工作列入部门绩效考核，为此，从建立工作机制、健全规章制度、突出重点环节入手，省林业厅制定出台了《河北省果品质量安全事故应处置预案（试行）》《河北省果品质量安全工作考核评价办法（试行）》等一系列规章制度，提高了应急反应能力，加大了监督考核力度，形成了果品质量安全监管的长效机制。2016年，石家庄市林业局、邢台市林业局、唐山市林业局、邯郸市林业局、辛集市林业局考核结果为优秀，被评为2016年度果品质量安全工作先进单位,其他各设区市及定州市林业局考核结果为合格。二是组织会议,深入研讨。邀请省政府食安办、省卫计委、省农业厅、石家庄果树所等单位有关负责同志和果树栽培、病虫害防治、生产投入品监管、风险监测评估、追溯体系建设等领域的专家组织召开了全省果品质量安全研讨会,深入分析了河北省果品质量安全工作面临的新形势、新任务,存在的突出问题,质量安全问题对社会造成的巨大危害,影响果品质量安全问题的主要因素,并提出了切实可行的对策措施,将在以后工作中认真落实。三是加强暑期和节庆期间监管。制定了《河北省林业厅关于2016年暑期果品质量安全保障工作方案》,印发了《河北省林业厅关于做好2016年暑期果品质量安全工作的通知》《河北省林业厅关于加强中秋国庆期间果品质量安全工作的通知》《河北省林业厅关于加强元旦春节期间果品质量安全工作的通知》,明确任务,落实责任,保障重点时段、重点区域果品消费安全。

（四）加大宣传培训力度

一是紧紧抓住提升果农素质这一核心,组织果品科技支撑体系专家与现代果品产业项目建设县进行技术对接,实地对果农进行培训,总结各地典型经验和做法,大力宣传和推广病虫害综合防控、平衡施肥等无公害生产实用技术。二是举办全省果品质量安全培训班,对各设区市林业局果树科（站）长、质检中心主任,果品生产重点县林业局主管局长、果树科（股）长等基层果品质量安全管理和执法人员进行果品质量安全相关知识培训,有效提高了工作人员的监管和执法能力。三是充分利用媒体资源,多角度、多层次、全方位大力宣传《农产品质量安全法》《食品安全法》等法律法规和果品质量安全相关知识，提高果品生产者、经营者、消费者的质量意识、法制意识、诚信意识、责任意识和安全意识，在全社会形成人人关注果品质量安全、人人参与果品质量安全的良好氛围。

四 积极开展果品质量安全追溯系统研究

河北省果品质量安全追溯系统是以果品质量安全追溯和监控为核心，从果品基地环境、生产栽培管理、检验检测、产品流通等重点环节入手，运用现代互联网和信息技术，探索、构建的公益性果品质量安全追溯平台，着力实现果品"生产有记录，信息可查询，流向可跟踪，质量有保证"的全过程质量安全追溯和监控。

（一）工作背景

党和政府历来高度重视农产品质量安全工作。党的十八届三中、四中全会、中央农村工作会议、全国农业工作会议和全国农产品质量安全监管工作会议等，多次强调要切实做好农产品质量安全监管，强化监测评估预警，加快推动追溯体系建设。习近平总书记指出，食品安全首先是"产"出来的，也是"管"出来的。明确要求要把住生产环境安全关，净化农产品产地环境；要形成从田间到餐桌全过程的监管制度，建立更为严格的食品安全监管责任制和责任追究制度。《食品安全法》规定"国家建立食品安全全程追溯制度"。河北是果品产销大省，果品质量安全是食品安全的重要内容、农产品质量安全的重要组成部分，依托现代信息技术，开展果品质量安全追溯系统研究和建设,解决当前河北省果品行业产品质量追溯存在的问题,尤为紧迫和重要。

(二)系统构建

1. 系统规划

在影响果品质量安全的诸多环节中,生产基地环境是前提,产地环境控制是从源头上保证果品质量安全;农事活动、储运营销等"从田间到餐桌"的过程,是保证果品质量安全的根本;检验检测是质量把关最直接、最有效的技术手段,从结果上保证果品质量安全。因此,追溯系统构建着重从产地、生产、检验和营销4个环节入手,分别研究建立产地模块、生产模块、检验模块、营销模块,面向果品生产者、质检机构、营销机构、行业管理部门和消费者5类用户提供公益服务。

2. 系统构建

系统构建遵循可扩展、实用性、规范性原则,利用互联网、物联网等多种技术方式,建立树种品种、标准方法、投入品等基础数据库,通过多种途径采集果园地理和产地环境信息、生产活动信息、质量检验信息、经销信息等基础数据,制定二维码生成机制,实现追溯系统功能。重点解决4个方面内容:一是果品生产节点信息的记录,追溯链条上每个参与对象编码具有可追溯性和完整性。二是果品质量安全可追溯系统中所追溯到的产品信息存储方式以二维码为追溯信息的载体,通过二维码读取设备可查询到果品质量安全完整的追溯信息。三是建设果品质量安全可追溯系统功能模块。四是建立果品质量安全可追溯系统物联网智能终端应用体系。

3. 系统功能

果品质量安全追溯系统，重点实现追溯和监控两项功能。追溯功能即从消费到产地整个链条内各个关键环节的溯源，逆向追溯各环节的信息，发现果品质量安全问题，可以溯源并最终确定发生质量问题的环节和要素；消费者可以通过扫描果品二维码查询和追溯果品的产地环境、生产过程农事活动、质量检验和营销等信息，实现果品产地环境、生产过程、质量安全专业检测、产品信息公开查询。监控功能即从产地到消费进行各个关键环节的跟踪，行业管理部门可以通过互联网、物联网，随时随地对纳入追溯系统的果园环境、果品生产记录、检验检测、营销流通等影响果品质量安全的全部过程和环节进行实时监控，及时发现果品质量问题或隐患，及时采取预防或处置措施，实现超前预防和超前控制，减少和避免果品质量安全事件的发生。

4. 技术创新

一是生产基地、经销商、检测机构多方共同触发生成二维码。系统设置算法，判断生产基地信息是否完善、生产记录是否完整、检测数据是否合格，以及生产者与经销商购销合同是否确立。条件全部满足时，系统自动触发生成追溯信息和追溯码。二是数据压缩。数据采集传感器数量庞大，采集数据频繁，数据存储之前，采用了基于最大误差限定的连续 PLA 数据压缩算法，利用基于 Matlab 和 C 混编的模式进行打包，提高数据压缩和传输效率。三是传感器深度休眠技术，主控制模块或部分传感器内芯片通过自主编写的微内核周期时钟关闭整个电路，只在外界信息输入时唤醒电路。四是果园产地环境及气象数据采集采用矩阵式智能传感控制系统。

（三）应用前景

追溯系统构建坚持边开发、边测试、边示范、边改进的方式，其间选择果品生产典型试验示范基地，安装气象和环境在线监测传感系统，建立了果园、质检机构等用户，模拟了果品质量安全追溯流程，对测试发现的问题，做了进一步改进和完善。2017年2月，河北省林业厅下发了《建设果品质量安全追溯体系、开展"互联网+林果"工作的通知》，明确"同一树种，同一生产模式果树种植规模500亩以上、配有专门的技术负责人员，且法律责任主体和产权、地界明确无纠纷的省级及以上果品生产龙头企业、合作组织、生产大户，可以向当地林业部门申请注册加入系统"，安排部署全省果品质量安全追溯工作。截至目前，已有11个市（包括辛集市）的140多家果品生产基地基础信息录入追溯系统。追溯系统的推广应用，将更好地营造安全果品生产、消费的社会氛围，进一步推进河北省林果产业结构优化调整和提质增效，提升河北省果品质量安全档次水平，将助力打造河北安全、优质果品品牌，推广安全果品文化，让社会大众了解河北安全果品，消费河北安全果品，把河北安全、优质果品的资源优势最有效地转化为市场优势，推进河北林果产业的提档升级，对维护人民群众身体健康和生命安全、建设"食药安全诚信河北"具有十分重要的意义。

（四）改进方向

果品质量安全追溯系统是一项系统工程，涉及影响果品质量安全的诸多过程和环节。当前果品质量安全追溯着重关注的是产地、生产、检验和营销4个环节，有必要对果品质量安全链条的全面监控和追溯展开更为深入细致的研究和系统完善建设。同时，进一步加强大数据挖掘工作，调查果园土壤状况，形成果园土壤状况数据库，综合生产活动和环境监测数据库，利用林业专家的专业知识与深度置信神经网络等技术相结合，对海量的历史监测数据进行深度数据挖掘，整理出严重影响果品质量安全的关键生产要素，并以此为基础，采用信息融合、数据挖掘等人工智能领域的新方法、新原理，预测未来一段时间内果品质量安全及其分布情况，为相关决策部门提供智力支持。

五 果品质量安全工作存在的突出问题

目前，河北省果品质量安全形势总体情况持续平稳向好，经对近年来果品质量安全检测结果分析，河北省果品质量安全状况呈现出"两高、一大"的特点，即"果品检测合格率高，农残检出率高，质量安全风险大"。近五年来，河北省果品总体合格率较高，均达99%上，但大宗果品农药检出率一直居高不下，苹果、梨、葡萄、桃、枣的农药检出率分别为28.21%、48.40%、20.31%、69.55%、67.39%，存在巨大的风险隐患。同时，受检测经费不足、检测人员短缺等方面影响，还存在果品质量安全检测批次少、检测覆盖率低等问题。

（一）涉及面广，影响大

食品质量安全事件"燃点"低，影响面广，破坏力大。河北省环绕京津,地理位置特殊,果品质量安全问题敏感度更高,经济社会影响重大而特殊。河北省果品占京津市场的1/3,京津又是国际化都市,事件发酵快,影响大,如发生果品质量安全事件,其影响将很难预测。全省有1000多万果农,特别在贫困山区,果品是农民的主要收入来源,是农民脱贫致富的重要途径,一旦出现重大质量安全事件,将直接影响1000多万果农的生计,负面影响不可估测。河北又是果品出口大省,梨、板栗的出口量均占全国80%以上,如果出现重大质量安全事件,将直接影响我国的进出口贸易,产生恶劣的国际影响。因此,河北省果品质量安全问题与其他省份相比责任更为重大,风险更高,影响面更广,给果品质量安全监管带来更大压力。

(二)专门管理机构缺失

目前,省林业厅仅在果桑产业处加挂了河北省果品质量安全监督管理办公室牌子,并无专门人员编制,各市县林业部门也均无专门机构和编制,专项经费也无法落实,执法车辆、执法装备更是无从谈起。在日益严峻的果品质量安全形势下,现有的机构、人员、经费已远远不能适应果品质量安全监管工作的需要,各级林业部门均面临越来越重的任务,亟须在人员编制、经费保障、物资条件等方面予以加强,才能有效减少河北省果品质量安全风险隐患。

(三)质检体系不完善

机构不健全、人员短缺、经费不足已成为制约河北省开展果品质量安全监测工作的最大瓶颈。省林果桑花质量监督检验管理中心是承担全省果品质量安全例行监测的唯一省级质检机构，连同家具、板材和林木种子种苗检验人员总编制19人，年检测经费仅160万元，与繁重的检测任务不匹配。市县级林业系统只有石家庄市果花产品质量监督检验站通过"计量认证"，具有较强检测能力，独立开展了果品质量安全监测工作，唐山、廊坊等市林业部门质检机构配备了部分仪器设备，具备一定检测能力，其他市县林业部门只能进行委托检测，不能及时有效全面地对果品进行抽检，准确反映河北省果品质量安全状况，给果品质量安全监测工作带来一定困难。

（四）无公害生产推广难

一是生产环境日益恶化。良好的产地环境是进行果品无公害生产的前提和基础，产地环境的优劣直接影响果品的质量安全水平，然而，随着我国城市化、工业化的快速推进，空气、水和土壤的污染日益加重，给果品的无公害生产带来一定困难。二是果农科技素质低。河北省的果品生产以一家一户分散生产经营为主，使得标准化生产实现的难度很大。果农科技素质低，受长期以来传统的农业生产方式和方法的影响，质量安全意识淡薄，禁用、限用农药还在生产上使用；标准化生产水平低，农药、化肥等过度使用，采果期喷药屡禁不止，造成药残超标，土壤板结，重金属残留；受自身文化素质低影响，果农接受新技术、新模式的积极性不高，也造成了无公害标准化果品生产技术推广普及率较低。三是基层推广机构有待加强。受编制和经费制约，河北省林果技术基层推广服务机构人员严重不足、设施条件落后，给果树无公害标准化生产技术的普及推广造成一定困难。

（五）管理体制不顺畅

国家层面负责农产品（水果）质量安全的是农业部，2000年机构改革时，水果"对口"农业部的管理职能，调整到省农业厅，但全省的果品行业管理职能仍属省林业厅，虽然省政府明确了省林业厅果品质量安全监管职能，但由于省林业厅不再"对口"农业部，致使国家在水果质量安全方面的法律法规和政策措施无法得到贯彻实施，如果品质检体系建设得不到农业部项目资金支持；农药残留超标是影响果品质量安全的主要因素，但对农药的监管职能在农业部和各级农业部门，这都为全省果品质量安全工作带来重大隐患。

六 加强果品质量安全工作的主要对策

（一）成立专门机构，健全质检体系

一是建议省政府协调省农业厅，及时把农业部有关农产品（水果）质量安全的相关政策法规和文件转送省林业厅，省林业厅按照要求抓好果品质量安全监管工作。二是各级林业部门应尽快成立专门负责果品质量安全监督的机构，完善机构职能，增加人员经费，购置仪器设备，提升监管能力。三是增加资金投入，完善质检体系建设。各市县林业部门要积极争取国家、省有关部门和财政资金支持，加强检测机构建设，购置仪器设备，提高检测能力，提升果品质量安全检测能力，在全省11个市和80个重点果品县，尽快

建立起以省站为中心,各市及果品重点县为补充,省市县三级协调联动、相互配合、功能齐全、运行高效的果品质量安全监督检验检测体系。四是紧密围绕业务工作实际,加强检测人员培训,通过举办培训班、专题讲座等多种途径,切实提高检测人员的业务素质。省、市、县三级果品检测机构加强互动,搞好传、帮、带,走出去和请进来相结合,利用出差采样进行交流,对比检测结果,提高检测水平。

（二）出台地方法规,构建长效机制

一是针对河北实际,尽快制定和出台涵盖果品质量安全、标准化生产、产业化经营等全领域的河北省果品业管理《条例》或《办法》等地方法规,完善果品质量安全监测制度、果品标准化包装和产地编码制度、果品生产投入品许可制度、果品生产全程记录制度、果品质量安全追溯制度、果品质量安全信息发布制度等各项配套规章制度,尽快形成部门规章相配套、地方法规为补充的果品质量安全法律法规体系,形成推动林果产业健康发展的长效机制。二是全面推进果品市场准入制度,县级以上销售果品的大型超市、批发市场要建立健全抽查检测、索证索票和台账记录等制度,要全面开展自检或委托检验,不合格产品不准进入市场。三是积极争取省财政资金支持,建立监测预警机制和风险评估机制,对农药残留,环境、土壤、水质污染等有害因素进行监测,建立果品质量安全信息的收集、评价、处置和发布等工作制度,及时向社会发布警示信息。四是建立质量安全追溯体系,积极推进果品包装和标识追溯制度,对问题果品做到追根溯源,查明责任,依法处理生产经营者,切实把监管责任落实到具体的单位和人员。五是扶持龙头企业和合作组织快速发展。制定政策,大力扶持果品龙头企业和合作组织,依靠果品龙头企业和合作组织的组织优势、规模优势,从根本上加强农产品生产源头的质量安全监控与管理,达到优化农户的农业生产行为来实现果品优质安全的目标。

(三)强化科技支撑,推进标准化生产

整合资源,形成科技创新合力,强化基层林果技术推广体系建设,完善林果科技社会化服务体系,大力推广无公害标准化生产技术。一是大力推广树体改造和树形改良技术。降低树高,打开光路,积极推广网架式、棚架式等新型栽培模式,着力提高果品质量。二是大力推广科学施肥技术。改革传统耕作方式方法,加强树下管理,全面推行增施有机肥,积极推广生草栽培,测土平衡施肥,提高土壤有机质含量,减少化肥用量,降低对土壤和环境的污染。三是大力推广物理、生物防治技术。加强病虫害预测预报,大力推广粘虫胶、诱蛾灯等物理防治措施,大力推广生物农药、仿生物农药,充分利用天敌防治主要害虫,引导农民开展病虫害综合防控技术,进一步提高果品质量安全水平。

(四)强化部门合作,注重社会监督

一是果品质量安全工作是一项系统工程,涉及多个行业和部门,因此,省林业厅要密切与省食药、卫生、农业、工商、公安等相关部门联系,建立完善协调工作机制,实现信息资源共享,共同打击违法生产、经营行为，形成果品质量安全监管的长效机制。二是建立健全社会监督机制，公布统一的举报电话，方便群众投诉，实行举报奖励制度，鼓励群众进行举报，广泛聘请新闻媒体、专家学者、人大代表、政协委员和广大消费者为果品质量安全监督员，动员全社会力量参与监督果品质量安全工作。

B.8
2016年河北省食品相关产品质量安全状况及对策

郁 岩*

摘　要： 食品的包装材料、容器、洗涤剂、消毒剂和用于食品生产经营的工具、设备等食品相关产品是食品工业发展的重要链条和食品安全不可分割的组成部分。2016年河北省食品相关产品获证企业805家，开展监督抽检9个大类品种、642批次，总合格率为96.6%。主要是复合膜袋溶剂残留、剥离力不合格，非复合膜袋产品标识不合格，塑料容器跌落性能和蒸发残渣不合格，塑料工具蒸发残渣不合格，纸包装产品吸水性指标不合格，餐具洗涤剂总活性物含量不合格。

关键词： 食品相关产品安全　风险监测　监管措施

一　总体概况

食品相关产品是指用于食品的包装材料、容器、洗涤剂、消毒

---

* 郁岩，河北省环保产品质量监督检验院正高级工程师，研究方向：产品质量检验与实验室管理。

剂和用于食品生产经营的工具、设备。食品相关产品是食品工业发展的重要链条和食品安全不可分割的组成部分。根据《食品安全法》、质检总局的有关规定及中华人民共和国国务院令，对于保证直接关系公共安全、人体健康、生命财产安全的重要工业产品的质量安全实施许可证管理，执行《中华人民共和国工业产品生产许可证管理条例》。食品相关产品中五大类实施生产许可管理，即食品用塑料包装、食品用纸包装、餐具洗涤剂、工业和商用电热食品加工设备以及压力锅。截至2016年12月底统计，河北省共有获得生产许可证的食品相关产品生产企业805家，其中食品用塑料包装占获证企业的86.7%，仍为河北省食品相关产品的主流。

从食品相关产品发证产品分类占比和企业区域分布上，我们可以明确监管的重点和范围。2016年全省食品相关产品获证企业总数805家，其中塑料制品、纸制品、餐具洗涤剂、工业和商用电热食品加工设备获证企业分别为698家、61家、32家和14家，占获证企业总数的86.71%、7.58%、3.98%和1.74%（见图1）。

河北省食品相关产品企业分布区域依次为沧州225家（27.95%）、保定175家（21.74%）、石家庄111家（13.79%）、廊坊81家（10.06%）、邢台52家（6.46%）、唐山50家（6.21%）、邯郸38家（4.72%）、衡水30家（3.73%）、秦皇岛26家（3.23%）、张家口10家（1.24%）、承德7家（0.87%）（见图2）。依据分类产品及区域分布情况，加强区域产品质量整体提升及行业引导才能确保食品相关产品监管到位。2015年12月10

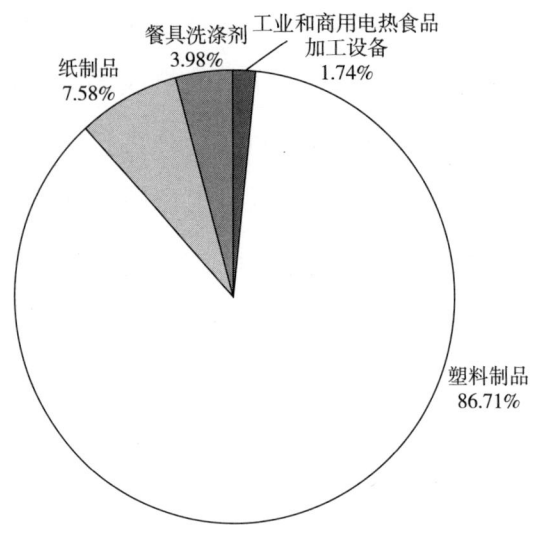

图1　食品相关产品分类占比

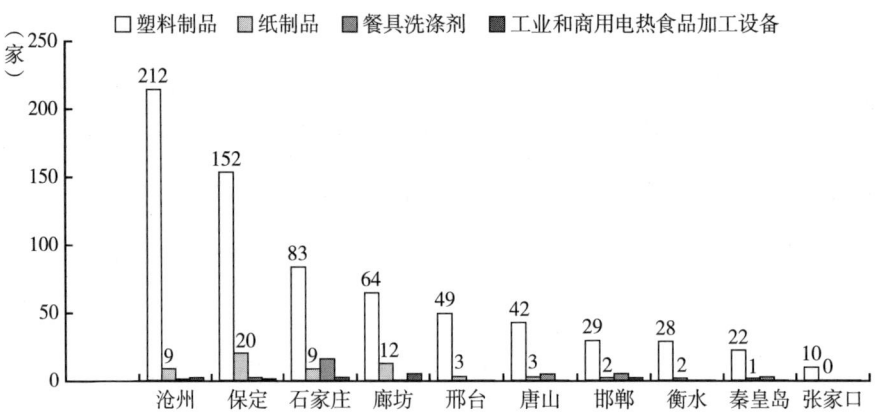

图2　食品相关产品企业分布区域

日质监总局《食品相关产品安全监督管理办法（征求意见稿）2016》中明确指出，食品相关产品安全监督管理应依据生产地常规监管、预防为主、风险管理、全程控制、社会共治的原则。结合全省食品相关产业发展状况，河北省制定了全省《食品相关产品开展质量提升专项行动实施方案》。各市、县局认真抓好工作落实，运用质量技术监管职能服务产业转型升级。积极培育沧州市东光县开展质量提升活动，成功获批质检总局"全国食品塑料包装产业质量提升示范区"创建项目，牵引全省产业发展。从2016年食品相关产品全年省级监督抽查总体情况来看，总合格率为96.6%，与2015年相比略有下降，但对监督出现的质量问题——备案解决落实到位，以保证全省食品相关产品总体质量稳定。

二 2016年行政许可情况

截至2016年12月31日，全省食品相关产品获证企业总数805家，新发证、增项共计146家（其中，新发证115家、增项31家），不予行政许可26家。根据《工业产品生产许可证管理条例》的要求，作为生产许可证主管部门遵循科学公正、公开透明、程序合法、便民高效的原则，依照条例规定负责对获证企业以及核查人员、检验机构及其检验人员的相关活动进行监督检查。同时，不断推进行政审批制度改革，在对生产集中区域实行生产许可上门受理、集中核查、并联审批的基础上，2016年又试行对届时换证企业免于实地核查，取消了法律政策规定没有明确的生产许可审批复查等程序和环节，提高行政审批效率，降低企业生产制度性成本，减轻企业负担。针对以往技术审查只是简单判定符合不符合，监督检查只是简单关停，检验检测只是简单到企业抽样检验出数据，缺乏服务企业意识等倾向，研究建立监督、审查、检验互动互促机制，组织指导全方位为企业服务。

三 2016年监督抽检情况及分析

按照省质监局《全省2016年度生产加工环节食品相关产品质量安全省级监督抽检计划》(冀质监函〔2016〕3号)文件要求,2016年全省开展监督抽查产品9个大类品种、642批次。包括复合膜袋、非复合膜袋、塑料容器、塑料工具、编织袋、餐具洗涤剂、金属罐、纸制品、日用陶瓷。其中生产许可证产品7种、非发证产品2种,总合格率为96.6%(见表1)。

表1 2016年食品相关产品监督抽查合格率统计

单位:%

第一季度	第二季度	第三季度	第四季度	总合格率
96.0	95.5	98.7	96.2	96.6

1. 监督抽查抽样覆盖率有代表性

本着重点产品、重点区域、重点监管的原则,2016年计划开展监督抽查700批次,实际抽取了642批次样品,抽样率为91.7%。样品类别覆盖河北省各食品相关产品生产企业的主要产品,抽检企业的覆盖率较2015年有所上升,一些较偏远地区的小型企业都有所覆盖,因此代表性强,即2016年河北省监督抽查样品采集达到计划要求,检验结果能够表征河北省食品相关产品的产品质量(见图3)。

2. 监督检验结果数据分析

2016年监督抽查642批次样品,22批次样品不合格,不合格率为3.4%。各类产品合格率情况如表2所示。

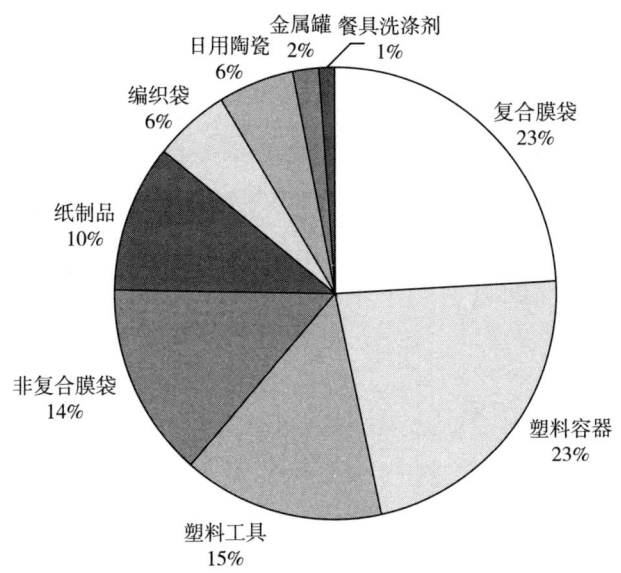

图3 2016年监督抽查产品覆盖率

表2 产品不合格率情况

单位：批次，%

检出率＼产品	复合膜袋	非复合膜袋	塑料容器	塑料工具	编织袋	餐具洗涤剂	金属罐	纸制品	日用陶瓷
检测批次	155	89	145	95	36	8	11	67	36
不合格批次	8	4	6	1	0	2	0	1	0
不合格率	5.2	4.5	4.1	1.1	0	25	0	1.5	0

监督抽查不合格产品集中在复合膜袋、非复合膜袋、塑料容器、塑料工具、餐具洗涤剂、纸制品六类产品。

3. 不合格产品及不合格项目

复合膜袋溶剂残留量、剥离力两项指标不合格；非复合膜袋标识不合格；塑料容器蒸发残渣、跌落性能两项指标不合格；塑料工具蒸发残渣不合格；餐具洗涤剂总活性物含量不合格；纸制品纸张吸水性不合格。

4. 不合格产品（参数）产生原因及影响分析

（1）复合膜袋

复合膜袋产品不合格项目为溶剂残留（包括总量检出、苯类溶剂检出两项）、剥离力两个指标。苯类溶剂检出问题产生的主要原因是企业在生产过程中使用含苯原辅料，总量检出是企业的工艺控制不当。目前，国家允许溶剂残留总量检出，但是标准要求控制在 $5mg/m^2$ 以内，在生产过程中，熟化温度及熟化时间不够，导致产品溶剂残留总量检出。

剥离力指标不合格主要有以下几个原因：一是原料膜质量不合格。在生产原料膜过程中企业添加了一些添加剂，主要为润滑剂，大多数是一些低熔点的蜡及酰胺类物质，容易在表面析出。原料膜越厚，析出现象越会大大增加，因为在同等比表面积下，随着薄膜厚度增加，内部添加剂的量也相应增加，析出的可能性也增大。二是原料膜表面处理不当。在生产复合膜时，一定要确定原料膜的表面张力完全达到要求，必要时，甚至在生产前对原料膜进行电火花处理，蜡质可以在电火花作用下快速挥发。三是胶黏剂选择不当。胶黏剂质量的好坏、产品的包容性会直接影响产品的剥离强度。选用合适的胶黏剂，增强胶水对添加剂析出物的包容性，将会降低对剥离强度的影响。同时，根据基材和复合物的最终用途来选用适当的胶黏剂品种。四是熟化工艺控制不当。熟化工艺的控制对剥离强度影响较大，在生产过程中，应当尽量在低温情况下进行熟化，以避免高温时加剧添加剂析出。同时，应该按照工艺要求达到熟化时间，熟化不完全，还未达到最终的黏接牢度，会降低剥离强度。五是上胶量影响。上胶量的多少会直接影响剥离强度，如果上胶量不足会降低产品的剥离强度。

（2）非复合膜袋

非复合膜袋产品不合格项目是产品标识。标识信息是消费者在使用产品时了解产品信息的首要途径，商品零售包装袋标准要求产品在显眼位置必须有标识信息，内容应包括产品名称、规格、公称承重、安全性说明、材质等内容，以方便消费者使用。不合格原因：一是由于标准的变更，生产厂家不了解新的产品标准要求；二是生产厂家为了降低成本，不愿意更换印版。

（3）塑料容器

塑料容器产品不合格项目是跌落性能和蒸发残渣。跌落性能不合格原因主要有以下几方面：一是企业在生产过程中原材料的牌号选择不当，导致产品耐跌落性能不好；二是企业生产工艺控制不当，如生产过程中温度控制不当会导致螺杆挤压密度不够，产品跌落性能容易不合格。

（4）塑料工具

塑料工具产品不合格项目是蒸发残渣不合格。主要原因：一是生产企业对原材料重视不够，对原材料把控意识不强，企业自身自检自控能力不足；二是为使产品获得更好的性能，在生产过程中加入一些助剂等，这些助剂的加入很容易导致蒸发残渣不合格。

（5）纸包装

纸包装产品不合格项目为吸水性指标。吸水性指标不合格会影响内包食品对空气中水分的吸取，干燥食品吸收水分后直接影响食品的口感,还有可能导致食品发生霉变,大大降低了包装物的保质期。造成吸水性指标不合格的主要原因是包装纸原料不合格,使得纸张纤维致密程度低,或是纸张的施胶度不够,导致吸水性超标。

(6) 餐具洗涤剂

餐具洗涤剂产品不合格项目为总活性物含量。总活性物含量的高低是衡量餐具洗涤剂质量优劣的一个品质指标。一般说来,总活性物含量高的洗涤剂质量相对较好,使用总活性物含量不合格的产品达不到真正的洗涤效果。

总活性物不合格可能由以下几点造成:一是生产企业忽视了对原料的质量把关;二是一些企业为了降低成本,有意使用质次价低的原材料或减少原材料的投入量;三是部分企业生产设备简陋,技术力量薄弱,生产配方不合理或缺乏质量控制措施导致产品质量不稳定。

四 风险监测情况及分析

开展产品质量安全风险监测是国家质检总局在质量监管领域提出的新工作模式,旨在实现产品质量监管从"事后监管"向"事前预防"转变。产品质量安全风险是指产品质量因素的不确定性对消费者、企业、监管机构及社会等各类主体造成的影响,产品质量安全风险监测是通过动态获取和分析风险信息,发现区域性、行业性和系统性的产品质量安全风险,提出预见性的建议和应对措施,防止风险发生或发展蔓延,成为特大质量安全事件。

按国家关于企业规模划分的原则,食品相关企业多数为小微型企业，适应市场的能力较弱，产品质量的稳定性较差。由于市场瞬息万变，产品的原料、工艺都有可能改变，再加上标准的相对滞后，食品相关产品存在生产过程中的变化而未得到安全验证的潜在风险。

质检总局质检监函〔2013〕78号《重点工业产品质量安全风险监测工作规范（试行）》中对各级组织机构及其职责进行了明确的规定：省级质量技术监督局的职责是收集本区域产品质量安全风险信息，加强风险监测能力建设，开展区域性风险监测，组织调查、核实、督促生产企业落实主体责任，化解风险；承检技术机构职责是收集风险信息和相关资料，提出风险监测建议，承担样品采集和检验工作，分析监测数据，提出改进建议，编写监测结果分析报告。因此，根据收集的舆情和历年监督抽查结果，按规范要求分析，省质监局制定了《2016年度生产加工环节食品相关产品质量安全省级风险监测计划》（冀质监函〔2016〕139号），并按计划积极组织实施。

1. 风险监测项目确定及分析

（1）纸包装。风险项目为重金属镉、铬、磷苯二甲酸酯迁移量、双酚A、丙烯酰胺。纸包装产品存在的主要问题为重金属镉、铬检出。问题来源主要是原纸、胶黏剂、油墨等原辅料。由于风险监测的项目不是常规标准中规定的项目，因此企业对原辅料入厂检验制度执行不到位，检验项目缺失，导致产品风险项目检出。

（2）非复合膜袋。风险项目为溶剂残留、磷苯二甲酸酯迁移量。非复合膜袋产品存在的主要问题是溶剂残留-苯检出。问题产生的主要原因是企业生产过程中使用含苯油墨。由于目前非复合膜袋标准未对溶剂残留量指标做出要求，因此企业使用含苯油墨导致产品溶剂残留－苯检出。

（3）复合膜袋。风险项目为溶剂残留、磷苯二甲酸酯迁移量、壬基酚。复合膜袋产品存在的主要问题是溶剂残留检出（包括总量检出、苯类溶剂检出两项）。苯类溶剂检出问题产生的主要原因是企业在生产过程中使用含苯原辅料；总量检出是企业的工艺控制不当。目前，国家允许溶剂残留总量检出，但是标准要求控制在 $5mg/m^2$ 以内，在生产过程中，熟化温度及熟化时间不够，导致产品溶剂残留总量检出。

（4）编织袋。风险项目为荧光性物质。编织袋产品存在的主要问题是荧光性物质检出。问题产生的主要原因是原材料不合格：一是采购了不合格的编丝，二是在生产编丝过程中的聚丙烯原料粉末中含有荧光增白剂。

（5）油墨。风险项目为溶剂残留。油墨产品存在的主要问题是溶剂残留检出（包括溶剂残留总量、苯类溶剂残留两项）。问题产生的主要原因是印刷企业使用的油墨本身不是环保油墨，产品质量较差，油墨在生产过程中由于使用了比较低档的连接料、树脂和颜料，导致油墨的溶剂残留量检出。

2.风险监测结果分析

根据省局风险监测计划和质检总局《规范》要求，2016 年计划开展产品风险监测 448 批次，实际抽取了 438 批次样品，抽样率为 97.8%。其中 72 批次样品检验结果超范围，问题样品检出率为 16.4%。

3. 风险监测分析及预警

原辅料的质量对成品质量影响至关重要，从风险监测结果分析来看，落实原辅料的检验力度有利于产品质量的提升，特别是企业自己不能检测的项目，应该要求供应商提供检测报告或者企业自己送检，省质监局根据风险监测工作程序，已对存在潜在风险的企业和项目进行了技术分析和整改措施，同时强调加强对原辅料入厂检验制度的落实，强化质量提升结果。因此，结合河北省食品相关产品企业生产许可改革的关键时刻，和风险监测结果的技术分析，增加了复合膜袋、聚碳酸酯饮水桶、食品用纸容器、食品包装纸四类产品的生产加工过程监测，对企业实际生产过程的关键控制点进行检查，以确保产品质量安全。同时省局制定了《河北省食品相关产品生产加工环节标准和质量提升措施》等一系列预警措施，推进供给侧提质增效升级。

五　问题与对策

食品相关产品监管工作认真贯彻省质监局突出创新和融入中心抓质量、多元共治保安全、转变职能促发展、顺应大势强质检的总体要求，坚持以新发展理念适应新常态，以质量提升促进食品相关产品供给侧结构性改革，转变职能、强化服务、狠抓落实、依法履行职能，有效保障了质量安全，促进了产业发展。但在监管工作实践中遇到一些问题，突出表现在以下三个方面。

1. 监管工作受体制影响和制约的现象愈加明显

《食品安全法》主要对食用农产品、食品、食品添加剂、食品相关产品的安全做出了规定，按现行各级的三定规定，食用农产品的安全监管职责在农业部门，食品、食品添加剂的安全监管职责在食药部门，食品相关产品生产和加工环节的安全监管职责在质监部门，在监管体制上还没有完全解决"分段监管""九龙治水"的弊端；食品相关产品监管的法律依据是《食品安全法》，但实行的又是工业产品生产许可证管理，全省各级食品相关产品安全监管职能绝大多数与工业产品监管混在一起，食品相关产品监管一直在《食品安全法》《产品质量法》《工业生产许可证管理条例》之间踌躇徘徊；在监管工作中也遇到了一个生产企业一条生产线，要同时获得食药部门和质监部门两个许可证，企业苦不堪言。

2. 食品相关产品安全监管有弱化趋势

从国家层面来看，缺乏顶层设计和工作指导，2015年10月1日已经实施的新《食品安全法》39处直接提到食品相关产品，明确了许多新的规定要求，但至今还没有看到按照法律要求制定出台食品相关产品监管办法，也没有权威部门就新《食品安全法》对食品相关产品做出的规定进行宣贯培训，很多监管人员反映拿不准《食品安全法》哪款哪条适用于食品相关产品；10月底质检总局刚刚制定下发的《工业产品生产许可通则》和60类产品85个细则又明确不含食品相关产品，各级无所适从。从各级食安委办来看，只是在每次召开会商会、检查考核等活动中叫上食品相关产品监管部门，但在工作安排部署中极少提及此项工作，基本没有工作指导；从基层来看，有些市、县政府食品相关产品监督抽查经费等各项政策落实不到位，各级监管部门在改革调整中对食品相关产品领导、监管关注少，底数不清、情况不明，有的主要领导和分管领导没学过《食品安全法》；有些单位监管一线人员多身兼数职，专职专人很少，把食品相关产品监管作为副业，有的甚至认为可有可无，可干可不干；有些单位食品相关产品监管岗位频繁变动，一年多次换人，没有相对固化和专业化，有的基本没有专业知识，监管力量和能力与形势任务不适应的问题逐渐凸显。

3. 食品相关产品生产企业质量安全主体地位亟待强化

市场主体的决定性作用发挥还不明显，在经济下滑形势下，一些企业只为生存维系或上马，加之国家对食品相关产品准入门槛设置比较低，造成河北省食品相关产品行业产业结构不合理，小规模大群体，中小企业占绝大多数；管理粗放，工艺落后，设备陈旧，从业人员文化科技素质低，质量保障基础弱能力差、产品面向中低端等问题，在集中生产区域表现比较突出。检查中也发现有些企业质量诚信和法律意识淡薄，趁行政审批制度改革之机钻空子，存在肆意伪造许可证、提供假检验报告、无证生产、超范围生产、偷工减料等违法行为。尽管河北省食品相关产品没有出现和引发区域性系统性行业性质量安全问题，但安全形势不容乐观，保障安全任重道远。这些问题需要引起各级高度重视并认真研究解决。

当前，贯彻《质量发展纲要》《中国制造2025》《制造业标准和质量提升规划》《消费品标准和质量提升规划》已成为国之要务，落实《食品安全考核办法》《质量考核办法》力度将会加大，执行《食品安全法》及其《实施条例》《食品相关产品监管办法》更加严格，对食品相关产品监管提出更高的标准要求。全面执行《食品安全法》的职责规定，突出服务全省食品相关产业发展和民生民安，把保障产品安全作为服务首责，重点推进以全国质量提升示范区建设为引领的食品相关产品质量提升专项行动,当好推进全省食品相关产品供给侧结构性改革、提升质量和效益的生力军,着力在全省经济社会发展中发挥质监职能作用。主要工作思路与对策有以下几个方面。

(1) 注重顶层设计与工作体系建设。

依据有关法律法规完善食品相关产品安全标准、产品标准、检验标准和监督检查技术规范,建立"标准化+食品相关产品"监管服务机制,构建食品相关产品安全治理体系,确保人民群众舌尖上的安全。推进"双随机"监管模式创新,完善生产许可、监督检查、检验检测、行政执法等各项工作制度体系;梳理《食品安全法》及《实施条例》《产品质量法》及《实施条例》《生产许可证管理条例》等法律法规明确的法律责任,研究整理和编印《食品相关产品违法行为处罚依据汇编》,严厉惩处使用回收料、滥用添加剂、超范围生产、伪造文书、无证生产、掺假制假、假冒伪劣等违法犯罪行为,推进行政执法与司法有效衔接;建立完善食品相关产品监管《权力清单》《责任清单》,明确各级分管领导、监管部门、专职人员,完善责任体系,依法依纪建立食品相关产品监管责任追究办法,确保责任到位、追责到位,坚守食品相关产品安全底线。

(2) 做好新《食品安全法》的贯彻执行。

按照新的《食品安全法》对食品相关产品及其监管职责的界定,结合总局的要求和全省生产加工企业现状,制定《河北省食品相关产品生产加工环节监管产品目录》,建立生产许可证管理产品生产企业、非证管理产品生产企业监管清单,理清新的《食品安全法》对食品相关产品生产企业、政府部门监督管理、检验检测提出的各项要求，结合国家层面即将颁布的《〈食品安全法〉实施条例》《食品相关产品监管办法》，修订生产许可、监督检查、风险检测、日常检查等各项工作制度，编撰《食品相关产品安全法规制度文件汇编》和《食品相关产品监管作业指导书》，逐步完善食品相关产品工作体系。按照总局即将制定的食品相关产品安全监控和生产管理《技术通则》和各种材质的《技术规范》或《细则》，加强对生产许可证管理产品生产企业、非证管理产品生产企业的监管，规范企业严格按照标准进行生产，履行质量安全主体责任。

（3）深入开展食品相关产品供给侧质量提升行动。

国务院《消费品标准和质量提升规划》把食品及相关产品作为重要领域有着重要意义，按照省政府落实《规划》的意见，制定全省《食品相关产品标准和质量提升实施方案》。指导督促各设区市和有食品相关产品生产企业的县级监管部门推动本级政府贯彻《国务院消费品标准和质量提升规划》和省政府关于落实《规划》的意见，把食品相关产品作为质量提升重点领域突出强调，把食品相关产品质量提升工作摆上位，不断提升全省食品相关产品供给侧质量水平。

（4）探索建立质量提升阶段性验收指标体系。

加强对食品相关产品标准和质量提升特点规律的研究，结合质量考核、食品安全考核，探索建立《河北省食品相关产品标准和质量提升阶段性验收指标体系》，主要指标涉及辖区生产许可证管理产品生产企业获证率、非证管理产品生产企业的登统率、产品市场占有率、产品附加值和美誉度增长率、企业产值增长率、辖区生产总值贡献率、财政和税收贡献率、质量安全问题和事故事件发生率、各级监督抽查产品合格率、风险监测和过程监测产品隐患发现率、现场检查质量问题发现率、企业承诺失信率、生产情况瞒报率、生产产品投诉举报率等等，根据对开展质量提升行动进程中产品生产企业阶段性数据统计变化情况的分析和调查，把握质量提升规律，找准工作重点，取得看得见、摸得着的实效，并把质量提升情况纳入食品安全考核和质量考核的重要内容。

（5）加大对监管人员和企业的培训力度。

根据国家层面对食品相关产品安全制定的新政策法规、新标准规范，开展对各级政府监管人员、企业管理人员和一线员工培训诉求的调研，有针对性地分别选择专题，周密制订计划，精准设计内容，采取不同方式组织培训。探索与高校和科研院所协商合作培养食品相关产品产业专业人才的路径。

总之，食品相关产品关系到国计民生，直接与老百姓的生活戚戚相关，责任重大，监管任务繁重艰巨。全面加强队伍建设，强化服务宗旨，依法履行职责，努力提高食品相关产品质量监督水平，为建设质量强省、打赢河北发展翻身仗做出贡献！

B.9
河北省进出口食品农产品质量安全状况分析及问题对策研究

赵占民　师文杰　万顺崇　朱金奁　陈茜　李晓龙 等*

摘　要： 2016年，河北进出口食品农产品安全工作以"抓质量、保安全、促发展、强质检"十二字工作方针为指导，强化风险管理，提升监管水平，食品农产品安全保障能力得到提高，全年未发生食品安全问题。本文对全年进出口肠衣、水产品、进口乳品和粮食及出口蔬菜、干坚果、中药材、水果等主要或敏感进出口食品农产品的质量状况进行了分析，对监管工作进行了研究，对风险监测工作进行了评估，针对存在的问题提出了改进意见和建议。

关键词： 进出口食品农产品　质量安全　河北

2016年，河北检验检疫局（以下简称河北局）全面贯彻落实

---

* 赵占民，河北出入境检验检疫局进出口食品安全监管处处长；师文杰，河北出入境检验检疫局进出口食品安全监管处科长。参与编写的还有万顺崇、朱金奁、陈茜、李晓龙、石磊、刘利辉、杨建立、李树昭、陈柏。

全国进出口食品安全工作会议和河北检验检疫局工作会议精神,牢固树立和贯彻落实创新、协调、绿色、开放、共享的发展理念,扎实推进国家质检总局、河北省委省政府的决策部署,认真践行"抓质量、保安全、促发展、强质检"十二字工作方针,锐意改革、主动作为,全力服务"经济强省、美丽河北"建设,进一步深化风险管理,促进贸易便利化,服务河北经济社会发展,全年未发生食品安全问题。

一 进出口食品农产品状况

2016年检验检疫进出口食品(含进口粮食、进出口食品添加剂)51815批,货值34.15亿美元,同比批次增长23.96%,货值增长2.64%。

(一)进口食品农产品情况

2016年河北辖区检验检疫进口食品农产品1305批,货值12.15亿美元,同比批次增长了6.67%,货值下降了7.49%,主要产品情况如表1所示。

进口食品农产品主要包括粮食、原糖和制糖原料、食用油、乳与乳制品、肉类产品(包括肠衣)、粮食制品、干果、食品添加剂、酒类等,按货值进口量前五位为粮食189批、10.24亿美元,原糖和制糖原料8批、6549.98万美元,食用油148批、6154.45万美元,乳与乳制品111批、1934.27万美元,肉类产品,334批、1111.46万美元。

皮书系列

2017年

智库成果出版与传播平台

社会科学文献出版社
SOCIAL SCIENCES ACADEMIC PRESS (CHINA)

社长致辞

2017年正值皮书品牌专业化二十周年之际,世界每天都在发生着让人眼花缭乱的变化,而唯一不变的,是面向未来无数的可能性。作为个体,如何获取专业信息以备不时之需?作为行政主体或企事业主体,如何提高决策的科学性让这个世界变得更好而不是更糟?原创、实证、专业、前沿、及时、持续,这是1997年"皮书系列"品牌创立的初衷。

1997~2017,从最初一个出版社的学术产品名称到媒体和公众使用频率极高的热点词语,从专业术语到大众话语,从官方文件到独特的出版型态,作为重要的智库成果,"皮书"始终致力于成为海量信息时代的信息过滤器,成为经济社会发展的记录仪,成为政策制定、评估、调整的智力源,社会科学研究的资料集成库。"皮书"的概念不断延展,"皮书"的种类更加丰富,"皮书"的功能日渐完善。

1997~2017,皮书及皮书数据库已成为中国新型智库建设不可或缺的抓手与平台,成为政府、企业和各类社会组织决策的利器,成为人文社科研究最基本的资料库,成为世界系统完整及时认知当代中国的窗口和通道!"皮书"所具有的凝聚力正在形成一种无形的力量,吸引着社会各界关注中国的发展,参与中国的发展。

二十年的"皮书"正值青春,愿每一位皮书人付出的年华与智慧不辜负这个时代!

社会科学文献出版社社长
中国社会学会秘书长

2016年11月

社会科学文献出版社简介

社会科学文献出版社成立于1985年，是直属于中国社会科学院的人文社会科学学术出版机构。成立以来，社科文献出版社依托于中国社会科学院和国内外人文社会科学界丰厚的学术出版和专家学者资源，始终坚持"创社科经典，出传世文献"的出版理念、"权威、前沿、原创"的产品定位以及学术成果和智库成果出版的专业化、数字化、国际化、市场化的经营道路。

社科文献出版社是中国新闻出版业转型与文化体制改革的先行者。积极探索文化体制改革的先进方向和现代企业经营决策机制，社科文献出版社先后荣获"全国文化体制改革工作先进单位"、中国出版政府奖·先进出版单位奖、中国社会科学院先进集体、全国科普工作先进集体等荣誉称号。多人次荣获"第十届韬奋出版奖""全国新闻出版行业领军人才""数字出版先进人物""北京市新闻出版广电行业领军人才"等称号。

社科文献出版社是中国人文社会科学学术出版的大社名社，也是以皮书为代表的智库成果出版的专业强社。年出版图书2000余种，其中皮书350余种，出版新书字数5.5亿字，承印与发行中国社科院院属期刊72种，先后创立了皮书系列、列国志、中国史话、社科文献学术译库、社科文献学术文库、甲骨文书系等一大批既有学术影响又有市场价值的品牌，确立了在社会学、近代史、苏东问题研究等专业学科及领域出版的领先地位。图书多次荣获中国出版政府奖、"三个一百"原创图书出版工程、"五个'一'工程奖"、"大众喜爱的50种图书"等奖项，在中央国家机关"强素质·做表率"读书活动中，入选图书品种数位居各大出版社之首。

社科文献出版社是中国学术出版规范与标准的倡议者与制定者，代表全国50多家出版社发起实施学术著作出版规范的倡议，承担学术著作规范国家标准的起草工作，率先编撰完成《皮书手册》对皮书品牌进行规范化管理，并在此基础上推出中国版芝加哥手册——《SSAP学术出版手册》。

社科文献出版社是中国数字出版的引领者，拥有皮书数据库、列国志数据库、"一带一路"数据库、减贫数据库、集刊数据库等4大产品线11个数据库产品，机构用户达1300余家，海外用户百余家，荣获"数字出版转型示范单位""新闻出版标准化先进单位""专业数字内容资源知识服务模式试点企业标准化示范单位"等称号。

社科文献出版社是中国学术出版走出去的践行者。社科文献出版社海外图书出版与学术合作业务遍及全球40余个国家和地区并于2016年成立俄罗斯分社，累计输出图书500余种，涉及近20个语种，累计获得国家社科基金中华学术外译项目资助76种、"丝路书香工程"项目资助60种、中国图书对外推广计划项目资助71种以及经典中国国际出版工程资助28种，被商务部认定为"2015-2016年度国家文化出口重点企业"。

如今，社科文献出版社拥有固定资产3.6亿元，年收入近3亿元，设置了七大出版分社、六大专业部门，成立了皮书研究院和博士后科研工作站，培养了一支近400人的高素质与高效率的编辑、出版、营销和国际推广队伍，为未来成为学术出版的大社、名社、强社，成为文化体制改革与文化企业转型发展的排头兵奠定了坚实的基础。

经 济 类

经济类皮书涵盖宏观经济、城市经济、大区域经济，提供权威、前沿的分析与预测

经济蓝皮书
2017年中国经济形势分析与预测

李扬/主编　2017年1月出版　定价：89.00元

◆ 本书为总理基金项目，由著名经济学家李扬领衔，联合中国社会科学院等数十家科研机构、国家部委和高等院校的专家共同撰写，系统分析了2016年的中国经济形势并预测2017年中国经济运行情况。

中国省域竞争力蓝皮书
中国省域经济综合竞争力发展报告（2015~2016）

李建平　李闽榕　高燕京/主编　2017年5月出版　定价：198.00元

◆ 本书融多学科的理论为一体，深入追踪研究了省域经济发展与中国国家竞争力的内在关系，为提升中国省域经济综合竞争力提供有价值的决策依据。

城市蓝皮书
中国城市发展报告No.10

潘家华　单菁菁/主编　2017年9月出版　估价：89.00元

◆ 本书是由中国社会科学院城市发展与环境研究中心编著的，多角度、全方位地立体展示了中国城市的发展状况，并对中国城市的未来发展提出了许多建议。该书有强烈的时代感，对中国城市发展实践有重要的参考价值。

皮书系列重点推荐　经济类

人口与劳动绿皮书
中国人口与劳动问题报告 No.18

蔡昉 张车伟 / 主编　2017 年 10 月出版　估价：89.00 元

◆ 本书为中国社会科学院人口与劳动经济研究所主编的年度报告，对当前中国人口与劳动形势做了比较全面和系统的深入讨论，为研究中国人口与劳动问题提供了一个专业性的视角。

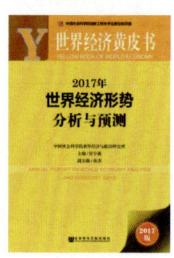

世界经济黄皮书
2017 年世界经济形势分析与预测

张宇燕 / 主编　2017 年 1 月出版　定价：89.00 元

◆ 本书由中国社会科学院世界经济与政治研究所的研究团队撰写，2016 年世界经济增速进一步放缓，就业增长放慢。世界经济面临许多重大挑战同时，地缘政治风险、难民危机、大国政治周期、恐怖主义等问题也仍然在影响世界经济的稳定与发展。预计 2017 年按 PPP 计算的世界 GDP 增长率约为 3.0%。

国际城市蓝皮书
国际城市发展报告（2017）

屠启宇 / 主编　2017 年 2 月出版　定价：79.00 元

◆ 本书作者以上海社会科学院从事国际城市研究的学者团队为核心，汇集同济大学、华东师范大学、复旦大学、上海交通大学、南京大学、浙江大学相关城市研究专业学者。立足动态跟踪介绍国际城市发展时间中，最新出现的重大战略、重大理念、重大项目、重大报告和最佳案例。

金融蓝皮书
中国金融发展报告（2017）

王国刚 / 主编　2017 年 2 月出版　定价：79.00 元

◆ 本书由中国社会科学院金融研究所组织编写，概括和分析了 2016 年中国金融发展和运行中的各方面情况，研讨和评论了 2016 年发生的主要金融事件，有利于读者了解掌握 2016 年中国的金融状况，把握 2017 年中国金融的走势。

经济类 | 皮书系列 重点推荐

农村绿皮书
中国农村经济形势分析与预测（2016～2017）

魏后凯　黄秉信/主编　2017年4月出版　定价：79.00元

◆ 本书描述了2016年中国农业农村经济发展的一些主要指标和变化，并对2017年中国农业农村经济形势的一些展望和预测，提出相应的政策建议。

西部蓝皮书
中国西部发展报告（2017）

徐璋勇/主编　2017年8月出版　定价：89.00元

◆ 本书由西北大学中国西部经济发展研究中心主编，汇集了源自西部本土以及国内研究西部问题的权威专家的第一手资料，对国家实施西部大开发战略进行年度动态跟踪，并对2017年西部经济、社会发展态势进行预测和展望。

经济蓝皮书·夏季号
中国经济增长报告（2016～2017）

李扬/主编　2017年5月出版　定价：98.00元

◆ 中国经济增长报告主要探讨2016~2017年中国经济增长问题，以专业视角解读中国经济增长，力求将其打造成一个研究中国经济增长、服务宏微观各级决策的周期性、权威性读物。

就业蓝皮书
2017年中国本科生就业报告

麦可思研究院/编著　2017年6月出版　定价：98.00元

◆ 本书基于大量的数据和调研，内容翔实，调查独到，分析到位，用数据说话，对中国大学生就业及学校专业设置起到了很好的建言献策作用。

社会政法类

社会政法类

社会政法类皮书聚焦社会发展领域的热点、难点问题，
提供权威、原创的资讯与视点

社会蓝皮书
2017年中国社会形势分析与预测
李培林　陈光金　张翼 / 主编　2016年12月出版　定价：89.00元

◆ 本书由中国社会科学院社会学研究所组织研究机构专家、高校学者和政府研究人员撰写，聚焦当下社会热点，对2016年中国社会发展的各个方面内容进行了权威解读，同时对2017年社会形势发展趋势进行了预测。

法治蓝皮书
中国法治发展报告 No.15（2017）
李林　田禾 / 主编　2017年3月出版　定价：118.00元

◆ 本年度法治蓝皮书回顾总结了2016年度中国法治发展取得的成就和存在的不足，对中国政府、司法、检务透明度进行了跟踪调研，并对2017年中国法治发展形势进行了预测和展望。

社会体制蓝皮书
中国社会体制改革报告 No.5（2017）
龚维斌 / 主编　2017年3月出版　定价：89.00元

◆ 本书由国家行政学院社会治理研究中心和北京师范大学中国社会管理研究院共同组织编写，主要对2016年社会体制改革情况进行回顾和总结，对2017年的改革走向进行分析，提出相关政策建议。

社会政法类 — 皮书系列重点推荐

社会心态蓝皮书
中国社会心态研究报告（2017）

王俊秀　杨宜音 / 主编　2017 年 12 月出版　估价：89.00 元

◆ 本书是中国社会科学院社会学研究所社会心理研究中心"社会心态蓝皮书课题组"的年度研究成果，运用社会心理学、社会学、经济学、传播学等多种学科的方法进行了调查和研究，对于目前中国社会心态状况有较广泛和深入的揭示。

生态城市绿皮书
中国生态城市建设发展报告（2017）

刘举科　孙伟平　胡文臻 / 主编　2017 年 10 月出版　估价：118.00 元

◆ 报告以绿色发展、循环经济、低碳生活、民生宜居为理念，以更新民众观念、提供决策咨询、指导工程实践、引领绿色发展为宗旨，试图探索一条具有中国特色的城市生态文明建设新路。

城市生活质量蓝皮书
中国城市生活质量报告（2017）

中国经济实验研究院 / 主编　2018 年 2 月出版　估价：89.00 元

◆ 本书对全国 35 个城市居民的生活质量主观满意度进行了电话调查，同时对 35 个城市居民的客观生活质量指数进行了计算，为中国城市居民生活质量的提升，提出了针对性的政策建议。

公共服务蓝皮书
中国城市基本公共服务力评价（2017）

钟君　刘志昌　吴正杲 / 主编　2017 年 12 月出版　估价：89.00 元

◆ 中国社会科学院经济与社会建设研究室与华图政信调查组成联合课题组，从 2010 年开始对基本公共服务力进行研究，研创了基本公共服务力评价指标体系，为政府考核公共服务与社会管理工作提供了理论工具。

行业报告类

行业报告类

行业报告类皮书立足重点行业、新兴行业领域，提供及时、前瞻的数据与信息

企业社会责任蓝皮书
中国企业社会责任研究报告（2017）

黄群慧　钟宏武　张蒽　翟利峰 / 著　2017年10月出版　估价：89.00元

◆ 本书剖析了中国企业社会责任在2016～2017年度的最新发展特征，详细解读了省域国有企业在社会责任方面的阶段性特征，生动呈现了国内外优秀企业的社会责任实践。对了解中国企业社会责任履行现状、未来发展，以及推动社会责任建设有重要的参考价值。

新能源汽车蓝皮书
中国新能源汽车产业发展报告（2017）

中国汽车技术研究中心　日产（中国）投资有限公司
东风汽车有限公司 / 编著　2017年8月出版　定价：98.00元

◆ 本书对中国2016年新能源汽车产业发展进行了全面系统的分析，并介绍了国外的发展经验。有助于相关机构、行业和社会公众等了解中国新能源汽车产业发展的最新动态，为政府部门出台新能源汽车产业相关政策法规、企业制定相关战略规划，提供必要的借鉴和参考。

杜仲产业绿皮书
中国杜仲橡胶资源与产业发展报告（2016～2017）

杜红岩　胡文臻　俞锐 / 主编　2017年11月出版　估价：85.00元

◆ 本书对2016年杜仲产业的发展情况、研究团队在杜仲研究方面取得的重要成果、部分地区杜仲产业发展的具体情况、杜仲新标准的制定情况等进行了较为详细的分析与介绍，使广大关心杜仲产业发展的读者能够及时跟踪产业最新进展。

> 行业报告类   皮书系列
                重点推荐

企业蓝皮书
中国企业绿色发展报告 No.2（2017）

李红玉　朱光辉 / 主编　　2017 年 11 月出版　　估价：89.00 元

◆ 本书深入分析中国企业能源消费、资源利用、绿色金融、绿色产品、绿色管理、信息化、绿色发展政策及绿色文化方面的现状，并对目前存在的问题进行研究，剖析因果，谋划对策，为企业绿色发展提供借鉴，为中国生态文明建设提供支撑。

中国上市公司蓝皮书
中国上市公司发展报告（2017）

张平　王宏淼 / 主编　　2017 年 9 月出版　　定价：98.00 元

◆ 本书由中国社会科学院上市公司研究中心组织编写的，着力于全面、真实、客观反映当前中国上市公司财务状况和价值评估的综合性年度报告。本书详尽分析了 2016 年中国上市公司情况，特别是现实中暴露出的制度性、基础性问题，并对资本市场改革进行了探讨。

资产管理蓝皮书
中国资产管理行业发展报告（2017）

智信资产管理研究院 / 编著　　2017 年 7 月出版　　定价：98.00 元

◆ 中国资产管理行业刚刚兴起，未来将成为中国金融市场最有看点的行业。本书主要分析了 2016 年度资产管理行业的发展情况，同时对资产管理行业的未来发展做出科学的预测。

体育蓝皮书
中国体育产业发展报告（2017）

阮伟　钟秉枢 / 主编　　2017 年 12 月出版　　估价：89.00 元

◆ 本书运用多种研究方法，在体育竞赛业、体育用品业、体育场馆业、体育传媒业等传统产业研究的基础上，并对 2016 年体育领域内的各种热点事件进行研究和梳理，进一步拓宽了研究的广度、提升了研究的高度、挖掘了研究的深度。

国际问题类

国际问题类皮书关注全球重点国家与地区，提供全面、独特的解读与研究

美国蓝皮书
美国研究报告（2017）

郑秉文 黄平 / 主编　2017年5月出版　定价：89.00元

◆ 本书是由中国社会科学院美国研究所主持完成的研究成果，它回顾了美国2016年的经济、政治形势与外交战略，对2017年以来美国内政外交发生的重大事件及重要政策进行了较为全面的回顾和梳理。

日本蓝皮书
日本研究报告（2017）

杨伯江 / 主编　2017年6月出版　定价：89.00元

◆ 本书对2016年日本的政治、经济、社会、外交等方面的发展情况做了系统介绍，对日本的热点及焦点问题进行了总结和分析，并在此基础上对该国2017年的发展前景做出预测。

亚太蓝皮书
亚太地区发展报告（2017）

李向阳 / 主编　2017年5月出版　定价：79.00元

◆ 本书是中国社会科学院亚太与全球战略研究院的集体研究成果。2017年的"亚太蓝皮书"继续关注中国周边环境的变化。该书盘点了2016年亚太地区的焦点和热点问题，为深入了解2016年及未来中国与周边环境的复杂形势提供了重要参考。

德国蓝皮书

德国发展报告（2017）

郑春荣 / 主编　2017 年 6 月出版　定价：79.00 元

◆ 本报告由同济大学德国研究所组织编撰，由该领域的专家学者对德国的政治、经济、社会文化、外交等方面的形势发展情况，进行全面的阐述与分析。

日本经济蓝皮书

日本经济与中日经贸关系研究报告（2017）

张季风 / 编著　2017 年 6 月出版　定价：89.00 元

◆ 本书系统、详细地介绍了 2016 年日本经济以及中日经贸关系发展情况，在进行了大量数据分析的基础上，对 2017 年日本经济以及中日经贸关系的大致发展趋势进行了分析与预测。

俄罗斯黄皮书

俄罗斯发展报告（2017）

李永全 / 编著　2017 年 6 月出版　定价：89.00 元

◆ 本书系统介绍了 2016 年俄罗斯经济政治情况，并对 2016 年该地区发生的焦点、热点问题进行了分析与回顾；在此基础上，对该地区 2017 年的发展前景进行了预测。

非洲黄皮书

非洲发展报告 No.19（2016～2017）

张宏明 / 主编　2017 年 7 月出版　定价：89.00 元

◆ 本书是由中国社会科学院西亚非洲研究所组织编撰的非洲形势年度报告，比较全面、系统地分析了 2016 年非洲政治形势和热点问题，探讨了非洲经济形势和市场走向，剖析了大国对非洲关系的新动向；此外，还介绍了国内非洲研究的新成果。

皮书系列
重点推荐   地方发展类

地方发展类

地方发展类皮书关注中国各省份、经济区域，
提供科学、多元的预判与资政信息

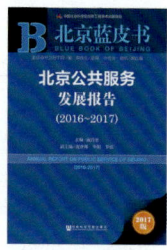

北京蓝皮书
北京公共服务发展报告（2016~2017）

施昌奎/主编　2017年3月出版　定价：79.00元

◆ 本书是由北京市政府职能部门的领导、首都著名高校的教授、知名研究机构的专家共同完成的关于北京市公共服务发展与创新的研究成果。

河南蓝皮书
河南经济发展报告（2017）

张占仓　完世伟/主编　2017年4月出版　定价：79.00元

◆ 本书以国内外经济发展环境和走向为背景，主要分析当前河南经济形势，预测未来发展趋势，全面反映河南经济发展的最新动态、热点和问题，为地方经济发展和领导决策提供参考。

广州蓝皮书
2017年中国广州经济形势分析与预测

魏明海　谢博能　李华/主编　2017年6月出版　定价：85.00元

◆ 本书由广州大学与广州市委政策研究室、广州市统计局联合主编，汇集了广州科研团体、高等院校和政府部门诸多经济问题研究专家、学者和实际部门工作者的最新研究成果，是关于广州经济运行情况和相关专题分析、预测的重要参考资料。

 文化传媒类 皮书系列 重点推荐

文化传媒类

文化传媒类皮书透视文化领域、文化产业，
探索文化大繁荣、大发展的路径

新媒体蓝皮书
中国新媒体发展报告 No.8（2017）

唐绪军 / 主编　2017 年 6 月出版　定价：79.00 元

◆ 本书是由中国社会科学院新闻与传播研究所组织编写的关于新媒体发展的最新年度报告，旨在全面分析中国新媒体的发展现状，解读新媒体的发展趋势，探析新媒体的深刻影响。

移动互联网蓝皮书
中国移动互联网发展报告（2017）

余清楚 / 主编　2017 年 6 月出版　定价：98.00 元

◆ 本书着眼于对 2016 年度中国移动互联网的发展情况做深入解析，对未来发展趋势进行预测，力求从不同视角、不同层面全面剖析中国移动互联网发展的现状、年度突破及热点趋势等。

传媒蓝皮书
中国传媒产业发展报告（2017）

崔保国 / 主编　2017 年 5 月出版　定价：98.00 元

◆ "传媒蓝皮书"连续十多年跟踪观察和系统研究中国传媒产业发展。本报告在对传媒产业总体以及各细分行业发展状况与趋势进行深入分析基础上，对年度发展热点进行跟踪，剖析新技术引领下的商业模式，对传媒各领域发展趋势、内体经营、传媒投资进行解析，为中国传媒产业正在发生的变革提供前瞻性参考。

经济类

"三农"互联网金融蓝皮书
中国"三农"互联网金融发展报告(2017)
著(编)者:李勇坚 王弢　2017年8月出版 / 估价:98.00元
PSN B-2016-561-1/1

"一带一路"投资安全蓝皮书
中国"一带一路"投资与安全研究报告(2017)
著(编)者:邹统钎 梁昊光　2017年4月出版 / 定价:89.00元
PSN B-2017-612-1/1

G20国家创新竞争力黄皮书
二十国集团(G20)国家创新竞争力发展报告(2016~2017)
著(编)者:李建平 李闽榕 赵新力 周天勇
2017年8月出版 / 估价:158.00元
PSN Y-2011-229-1/1

产业蓝皮书
中国产业竞争力报告(2017)No.7
著(编)者:张其仔　2017年12月出版 / 估价:98.00元
PSN B-2010-175-1/1

城市创新蓝皮书
中国城市创新报告(2017)
著(编)者:周天勇 旷建伟　2017年11月出版 / 估价:89.00元
PSN B-2013-340-1/1

城市蓝皮书
中国城市发展报告 No.10
著(编)者:潘家华 单菁菁　2017年9月出版 / 估价:89.00元
PSN B-2007-091-1/1

城乡一体化蓝皮书
中国城乡一体化发展报告(2016~2017)
著(编)者:汝信 付崇兰　2017年7月出版 / 估价:85.00元
PSN B-2011-226-1/2

城镇化蓝皮书
中国新型城镇化健康发展报告(2017)
著(编)者:张占斌　2017年11月出版 / 估价:89.00元
PSN B-2014-396-1/1

创新蓝皮书
创新型国家建设报告(2016~2017)
著(编)者:詹正茂　2017年12月出版 / 估价:89.00元
PSN B-2009-140-1/1

创业蓝皮书
中国创业发展报告(2016~2017)
著(编)者:黄群慧 赵卫星 钟宏武 等
2017年11月出版 / 估价:89.00元
PSN B-2016-578-1/1

低碳发展蓝皮书
中国低碳发展报告(2017)
著(编)者:张希良 齐晔　2017年6月出版 / 定价:79.00元
PSN B-2011-223-1/1

低碳经济蓝皮书
中国低碳经济发展报告(2017)
著(编)者:薛进军 赵忠秀　2017年7月出版 / 估价:85.00元
PSN B-2011-194-1/1

东北蓝皮书
中国东北地区发展报告(2017)
著(编)者:姜晓秋　2017年2月出版 / 定价:79.00元
PSN B-2006-067-1/1

发展与改革蓝皮书
中国经济发展和体制改革报告No.8
著(编)者:邹东涛 王再文　2017年7月出版 / 估价:98.00元
PSN B-2008-122-1/1

工业化蓝皮书
中国工业化进程报告(1999~2015)
著(编)者:黄群慧 李芳芳 等
2017年5月出版 / 定价:158.00元
PSN B-2007-095-1/1

管理蓝皮书
中国管理发展报告(2017)
著(编)者:张晓东　2017年10月出版 / 估价:98.00元
PSN B-2014-416-1/1

国际城市蓝皮书
国际城市发展报告(2017)
著(编)者:屠启宇　2017年2月出版 / 定价:79.00元
PSN B-2012-260-1/1

国家创新蓝皮书
中国创新发展报告(2017)
著(编)者:陈劲　2018年3月出版 / 估价:89.00元
PSN B-2014-370-1/1

金融蓝皮书
中国金融发展报告(2017)
著(编)者:王国刚　2017年2月出版 / 定价:79.00元
PSN B-2004-031-1/6

京津冀金融蓝皮书
京津冀金融发展报告(2017)
著(编)者:王爱俭 李向前
2017年7月出版 / 估价:89.00元
PSN B-2016-528-1/1

京津冀蓝皮书
京津冀发展报告(2017)
著(编)者:祝合良 叶堂林 张贵祥 等
2017年4月出版 / 估价:89.00元
PSN B-2012-262-1/1

经济蓝皮书
2017年中国经济形势分析与预测
著(编)者:李扬　2017年1月出版 / 定价:89.00元
PSN B-1996-001-1/1

经济蓝皮书·春季号
2017年中国经济前景分析
著(编)者:李扬　2017年5月出版 / 定价:79.00元
PSN B-1999-008-1/1

经济蓝皮书·夏季号
中国经济增长报告(2016~2017)
著(编)者:李扬　2017年9月出版 / 估价:98.00元
PSN B-2010-176-1/1

经济信息绿皮书
中国与世界经济发展报告(2017)
著(编)者:杜平　2017年12月出版 / 估价:89.00元
PSN G-2003-023-1/1

就业蓝皮书
2017年中国本科生就业报告
著(编)者:麦可思研究院　2017年6月出版 / 估价:98.00元
PSN B-2009-146-1/2

皮书系列 2017全品种

经济类

就业蓝皮书
2017年中国高职高专生就业报告
著(编)者：麦可思研究院　2017年6月出版 / 定价：98.00元
PSN B-2015-472-2/2

科普能力蓝皮书
中国科普能力评价报告（2017）
著(编)者：李富　强李群　2017年8月出版 / 估价：89.00元
PSN B-2016-556-1/1

临空经济蓝皮书
中国临空经济发展报告（2017）
著(编)者：连玉明　2017年9月出版 / 估价：89.00元
PSN B-2014-421-1/1

农村绿皮书
中国农村经济形势分析与预测（2016～2017）
著(编)者：魏后凯　黄秉信
2017年4月出版 / 定价：79.00元
PSN G-1998-003-1/1

农业应对气候变化蓝皮书
气候变化对中国农业影响评估报告 No.3
著(编)者：矫梅燕　2017年8月出版 / 估价：98.00元
PSN B-2014-413-1/1

气候变化绿皮书
应对气候变化报告（2017）
著(编)者：王伟光　郑国光　2017年11月出版 / 估价：89.00元
PSN G-2009-144-1/1

区域蓝皮书
中国区域经济发展报告（2016～2017）
著(编)者：赵弘　2017年5月出版 / 定价：79.00元
PSN B-2004-034-1/1

全球环境竞争力绿皮书
全球环境竞争力报告（2017）
著(编)者：李建平　李闽榕　王金南
2017年12月出版 / 定价：198.00元
PSN G-2013-363-1/1

人口与劳动绿皮书
中国人口与劳动问题报告 No.18
著(编)者：蔡昉　张车伟　2017年11月出版 / 估价：89.00元
PSN G-2000-012-1/1

商务中心区蓝皮书
中国商务中心区发展报告 No.3（2016）
著(编)者：李国红　单菁菁　2017年9月出版 / 估价：98.00元
PSN B-2015-444-1/1

世界经济黄皮书
2017年世界经济形势分析与预测
著(编)者：张宇燕　2017年1月出版 / 估价：89.00元
PSN Y-1999-006-1/1

世界旅游城市绿皮书
世界旅游城市发展报告（2017）
著(编)者：宋宇　2017年7月出版 / 估价：128.00元
PSN G-2014-400-1/1

土地市场蓝皮书
中国农村土地市场发展报告（2016～2017）
著(编)者：李光荣　2017年7月出版 / 估价：89.00元
PSN B-2016-527-1/1

西北蓝皮书
中国西北发展报告（2017）
著(编)者：任宗哲　白宽犁　王建康
2017年4月出版 / 估价：88.00元
PSN B-2012-261-1/1

西部蓝皮书
中国西部发展报告（2017）
著(编)者：徐璋勇　2017年8月出版 / 估价：89.00元
PSN B-2005-039-1/1

新型城镇化蓝皮书
新型城镇化发展报告（2017）
著(编)者：李伟　宋敏　沈体雁　2018年7月出版 / 估价：98.00元
PSN B-2014-431-1/1

新兴经济体蓝皮书
金砖国家发展报告（2017）
著(编)者：林跃勤　周文　2017年12月出版 / 估价：89.00元
PSN B-2011-195-1/1

长三角蓝皮书
2017年创新融合发展的长三角
著(编)者：王庆五　2018年3月出版 / 估价：88.00元
PSN B-2005-038-1/1

中部竞争力蓝皮书
中国中部经济社会竞争力报告（2017）
著(编)者：教育部人文社会科学重点研究基地
南昌大学中国中部经济社会发展研究中心
2017年12月出版 / 估价：89.00元
PSN B-2012-276-1/1

中部蓝皮书
中国中部地区发展报告（2017）
著(编)者：宋亚平　2017年12月出版 / 估价：88.00元
PSN B-2007-089-1/1

中国省域竞争力蓝皮书
中国省域经济综合竞争力发展报告（2017）
著(编)者：李建平　李闽榕　高燕京
2017年2月出版 / 定价：198.00元
PSN B-2007-088-1/1

中三角蓝皮书
长江中游城市群发展报告（2017）
著(编)者：秦尊文　2017年9月出版 / 估价：89.00元
PSN B-2014-417-1/1

中小城市绿皮书
中国中小城市发展报告（2017）
著(编)者：中国城市经济学会中小城市经济发展委员会
中国城镇化促进会中小城市发展委员会
《中国中小城市发展报告》编纂委员会
中小城市发展战略研究院
2017年11月出版 / 估价：128.00元
PSN G-2010-161-1/1

中原蓝皮书
中原经济区发展报告（2017）
著(编)者：李英杰　2017年7月出版 / 估价：88.00元
PSN B-2011-192-1/1

自贸区蓝皮书
中国自贸区发展报告（2017）
著(编)者：王力　黄育华　2017年6月出版 / 定价：89.00元
PSN B-2016-559-1/1

皮书系列 2017全品种　社会政法类

社会政法类

北京蓝皮书
中国社区发展报告（2017）
著(编)者：于燕燕　2018年4月出版／估价：89.00元
PSN B-2007-083-5/8

殡葬绿皮书
中国殡葬事业发展报告（2017）
著(编)者：李伯森　2017年11月出版／估价：158.00元
PSN G-2010-180-1/1

城市管理蓝皮书
中国城市管理报告（2016~2017）
著(编)者：刘林　刘承水　2017年7月出版／估价：158.00元
PSN B-2013-336-1/1

城市生活质量蓝皮书
中国城市生活质量报告（2017）
著(编)者：中国经济实验研究院
2018年2月出版／估价：89.00元
PSN B-2013-326-1/1

城市政府能力蓝皮书
中国城市政府公共服务能力评估报告（2017）
著(编)者：何艳玲　2017年7月出版／估价：89.00元
PSN B-2013-338-1/1

慈善蓝皮书
中国慈善发展报告（2017）
著(编)者：杨团　2017年6月出版／定价：98.00元
PSN B-2009-142-1/1

党建蓝皮书
党的建设研究报告 No.2（2017）
著(编)者：崔建民　陈东平　2017年7月出版／估价：89.00元
PSN B-2016-524-1/1

地方法治蓝皮书
中国地方法治发展报告 No.3（2017）
著(编)者：李林　田禾　2017年7月出版／估价：108.00元
PSN B-2015-442-1/1

法治蓝皮书
中国法治发展报告 No.15（2017）
著(编)者：李林　田禾　2017年3月出版／定价：118.00元
PSN B-2004-027-1/1

法治政府蓝皮书
中国法治政府发展报告（2017）
著(编)者：中国政法大学法治政府研究院
2018年4月出版／估价：98.00元
PSN B-2015-502-1/2

法治政府蓝皮书
中国法治政府评估报告（2017）
著(编)者：中国政法大学法治政府研究院
2017年11月出版／估价：98.00元
PSN B-2016-577-2/2

法治蓝皮书
中国法院信息化发展报告 No.1（2017）
著(编)者：李林　田禾　2017年2月出版／估价：108.00元
PSN B-2017-604-3/5

反腐倡廉蓝皮书
中国反腐倡廉建设报告 No.7
著(编)者：张英伟　2017年12月出版／估价：89.00元
PSN B-2012-259-1/1

非传统安全蓝皮书
中国非传统安全研究报告（2016~2017）
著(编)者：余潇枫　魏志江　2017年7月出版／估价：89.00元
PSN B-2012-273-1/1

妇女发展蓝皮书
中国妇女发展报告 No.7
著(编)者：王金玲　2017年9月出版／估价：148.00元
PSN B-2006-069-1/1

妇女教育蓝皮书
中国妇女教育发展报告 No.4
著(编)者：张李玺　2017年10月出版／估价：78.00元
PSN B-2008-121-1/1

妇女绿皮书
中国性别平等与妇女发展报告（2017）
著(编)者：谭琳　2017年12月出版／估价：99.00元
PSN G-2006-073-1/1

公共服务蓝皮书
中国城市基本公共服务力评价（2017）
著(编)者：钟君　刘志昌　吴正杲　2017年12月出版／估价：89.00元
PSN B-2011-214-1/1

公民科学素质蓝皮书
中国公民科学素质报告（2016~2017）
著(编)者：李群　陈雄　马宗文
2017年7月出版／估价：89.00元
PSN B-2014-379-1/1

公共关系蓝皮书
中国公共关系发展报告（2017）
著(编)者：柳斌杰　2017年11月出版／估价：89.00元
PSN B-2016-580-1/1

公益蓝皮书
中国公益慈善发展报告（2017）
著(编)者：朱健刚　2018年4月出版／估价：118.00元
PSN B-2012-283-1/1

国际人才蓝皮书
中国国际移民报告（2017）
著(编)者：王辉耀　2017年7月出版／估价：89.00元
PSN B-2012-304-3/4

国际人才蓝皮书
中国留学发展报告（2017）No.5
著(编)者：王辉耀　苗绿　2017年10月出版／估价：89.00元
PSN B-2012-244-2/4

海关发展蓝皮书
中国海关发展前沿报告
著(编)者：于春晖　2017年6月出版／定价：89.00元
PSN B-2017-616-1/1

社会政法类 — 皮书系列 2017全品种

海洋社会蓝皮书
中国海洋社会发展报告（2017）
著(编)者：崔凤 宋宁而 2018年3月出版 / 估价：89.00元
PSN B-2015-478-1/1

行政改革蓝皮书
中国行政体制改革报告（2017）No.6
著(编)者：魏礼群 2017年7月出版 / 估价：98.00元
PSN B-2011-231-1/1

华侨华人蓝皮书
华侨华人研究报告（2017）
著(编)者：贾益民 2017年12月出版 / 估价：128.00元
PSN B-2011-204-1/1

环境竞争力绿皮书
中国省域环境竞争力发展报告（2017）
著(编)者：李建平 李闽榕 王金南
2017年11月出版 / 估价：198.00元
PSN G-2010-165-1/1

环境绿皮书
中国环境发展报告（2016~2017）
著(编)者：李波 2017年4月出版 / 定价：89.00元
PSN G-2006-048-1/1

基金会蓝皮书
中国基金会发展报告（2016~2017）
著(编)者：中国基金会发展报告课题组
2017年7月出版 / 估价：85.00元
PSN B-2013-368-1/1

基金会绿皮书
中国基金会发展独立研究报告（2017）
著(编)者：基金会中心网 中央民族大学基金会研究中心
2017年7月出版 / 估价：88.00元
PSN G-2011-213-1/1

基金会透明度蓝皮书
中国基金会透明度发展研究报告（2017）
著(编)者：基金会中心网 清华大学廉政与治理研究中心
2017年12月出版 / 估价：89.00元
PSN B-2015-509-1/1

家庭蓝皮书
中国"创建幸福家庭活动"评估报告（2017）
国务院发展研究中心"创建幸福家庭活动评估"课题组著
2017年8月出版 / 估价：89.00元
PSN B-2015-508-1/1

健康城市蓝皮书
中国健康城市建设研究报告（2017）
著(编)者：王鸿春 解树江 盛继洪
2017年9月出版 / 估价：89.00元
PSN B-2016-565-2/2

健康中国蓝皮书
社区首诊与健康中国分析报告（2017）
著(编)者：高和荣 韩叔禹 姜杰
2017年4月出版 / 定价：99.00元
PSN B-2017-611-1/1

教师蓝皮书
中国中小学教师发展报告（2017）
著(编)者：曾晓东 鱼霞 2017年7月出版 / 估价：89.00元
PSN B-2012-289-1/1

教育蓝皮书
中国教育发展报告（2017）
著(编)者：杨东平 2017年4月出版 / 定价：89.00元
PSN B-2006-047-1/1

京津冀教育蓝皮书
京津冀教育发展研究报告（2016~2017）
著(编)者：方中雄 2017年4月出版 / 估价：98.00元
PSN B-2017-608-1/1

科普蓝皮书
国家科普能力发展报告（2016~2017）
著(编)者：王康友 2017年5月出版 / 估价：128.00元
PSN B-2017-631-1/1

科普蓝皮书
中国基层科普发展报告（2016~2017）
著(编)者：赵立 新陈玲 2017年9月出版 / 估价：89.00元
PSN B-2016-569-3/3

科普蓝皮书
中国科普基础设施发展报告（2017）
著(编)者：任福君 2017年7月出版 / 估价：89.00元
PSN B-2010-174-1/3

科普蓝皮书
中国科普人才发展报告（2017）
著(编)者：郑念 任嵘嵘 2017年7月出版 / 估价：98.00元
PSN B-2015-512-2/3

科学教育蓝皮书
中国科学教育发展报告（2017）
著(编)者：罗晖 王康友 2017年10月出版 / 估价：89.00元
PSN B-2015-487-1/1

劳动保障蓝皮书
中国劳动保障发展报告（2017）
著(编)者：刘燕斌 2017年9月出版 / 估价：188.00元
PSN B-2014-415-1/1

老龄蓝皮书
中国老年宜居环境发展报告（2017）
著(编)者：党俊武 周燕珉 2017年11月出版 / 估价：89.00元
PSN B-2013-320-1/1

连片特困区蓝皮书
中国连片特困区发展报告（2016~2017）
著(编)者：游俊 冷志明 丁建军
2017年4月出版 / 定价：98.00元
PSN B-2013-321-1/1

流动儿童蓝皮书
中国流动儿童教育发展报告（2016）
著(编)者：杨东平 2017年1月出版 / 定价：79.00元
PSN B-2017-600-1/1

皮书系列 2017全品种 — 社会政法类

民调蓝皮书
中国民生调查报告（2017）
著(编)者：谢耘耕　2017年12月出版／估价：98.00元
PSN B-2014-398-1/1

民族发展蓝皮书
中国民族发展报告（2017）
著(编)者：郝时远　王延中　王希恩
2017年4月出版／估价：98.00元
PSN B-2006-070-1/1

女性生活蓝皮书
中国女性生活状况报告 No.11（2017）
著(编)者：韩湘景　2017年10月出版／估价：98.00元
PSN B-2006-071-1/1

汽车社会蓝皮书
中国汽车社会发展报告（2017）
著(编)者：王俊秀　2017年12月出版／估价：89.00元
PSN B-2011-224-1/1

青年蓝皮书
中国青年发展报告（2017）No.3
著(编)者：廉思 等　2017年12月出版／估价：89.00元
PSN B-2013-333-1/1

青少年蓝皮书
中国未成年人互联网运用报告（2017）
著(编)者：李文革　沈洁　季为民
2017年11月出版／估价：89.00元
PSN B-2010-165-1/1

青少年体育蓝皮书
中国青少年体育发展报告（2017）
著(编)者：郭建军　戴健　2017年9月出版／估价：89.00元
PSN B-2015-482-1/1

群众体育蓝皮书
中国群众体育发展报告（2017）
著(编)者：刘国永　杨桦　2017年12月出版／估价：89.00元
PSN B-2016-519-2/3

人权蓝皮书
中国人权事业发展报告 No.7（2017）
著(编)者：李君如　2017年9月出版／估价：98.00元
PSN B-2011-215-1/1

社会保障绿皮书
中国社会保障发展报告（2017）No.8
著(编)者：王延中　2017年7月出版／估价：98.00元
PSN G-2001-014-1/1

社会风险评估蓝皮书
风险评估与危机预警评估报告（2017）
著(编)者：唐钧　2017年11月出版／估价：85.00元
PSN B-2016-521-1/1

社会管理蓝皮书
中国社会管理创新报告 No.5
著(编)者：连玉明　2017年11月出版／估价：89.00元
PSN B-2012-300-1/1

社会蓝皮书
2017年中国社会形势分析与预测
著(编)者：李培林　陈光金　张翼
2016年12月出版／定价：89.00元
PSN B-1998-002-1/1

社会体制蓝皮书
中国社会体制改革报告 No.5（2017）
著(编)者：龚维斌　2017年3月出版／定价：89.00元
PSN B-2013-330-1/1

社会心态蓝皮书
中国社会心态研究报告（2017）
著(编)者：王俊秀　杨宜音　2017年12月出版／定价：89.00元
PSN B-2011-199-1/1

社会组织蓝皮书
中国社会组织发展报告（2016~2017）
著(编)者：黄晓勇　2017年1月出版／定价：89.00元
PSN B-2008-118-1/2

社会组织蓝皮书
中国社会组织评估发展报告（2017）
著(编)者：徐家良　廖鸿　2017年12月出版／定价：89.00元
PSN B-2013-366-1/1

生态城市绿皮书
中国生态城市建设发展报告（2017）
著(编)者：刘举科　孙伟平　胡文臻
2017年9月出版／定价：118.00元
PSN G-2012-269-1/1

生态文明绿皮书
中国省域生态文明建设评价报告（ECI 2017）
著(编)者：严耕　2017年12月出版／定价：98.00元
PSN G-2010-170-1/1

土地整治蓝皮书
中国土地整治发展研究报告 No.4
著(编)者：国土资源部土地整治中心
2017年7月出版／定价：89.00元
PSN B-2014-401-1/1

土地政策蓝皮书
中国土地政策研究报告（2017）
著(编)者：高延利　李宪文
2017年12月出版／定价：89.00元
PSN B-2015-506-1/1

退休生活蓝皮书
中国城市居民退休生活质量指数报告（2016）
著(编)者：杨一凡　2017年5月出版／定价：79.00元
PSN B-2017-618-1/1

遥感监测绿皮书
中国可持续发展遥感监测报告（2016）
著(编)者：顾行发　李闽榕　徐东华
2017年6月出版／定价：298.00元
PSN B-2017-629-1/1

医改蓝皮书
中国医药卫生体制改革报告（2017）
著(编)者：文学国 房志武 2017年11月出版 / 估价：98.00元
PSN B-2014-432-1/1

医疗卫生绿皮书
中国医疗卫生发展报告 No.7（2017）
著(编)者：申宝忠 韩玉珍 2017年11月出版 / 估价：85.00元
PSN G-2004-033-1/1

应急管理蓝皮书
中国应急管理报告（2017）
著(编)者：宋英华 2017年9月出版 / 估价：98.00元
PSN B-2016-563-1/1

政治参与蓝皮书
中国政治参与报告（2017）
著(编)者：房宁 2017年8月出版 / 定价：118.00元
PSN B-2011-200-1/1

宗教蓝皮书
中国宗教报告（2016）
著(编)者：邱永辉 2017年8月出版 / 定价：79.00元
PSN B-2008-117-1/1

行业报告类

SUV蓝皮书
中国SUV市场发展报告（2016~2017）
著(编)者：新军 2017年9月出版 / 估价：89.00元
PSN B-2016-572-1/1

保健蓝皮书
中国保健服务产业发展报告 No.2
著(编)者：中国保健协会 中共中央党校
2017年7月出版 / 估价：198.00元
PSN B-2012-272-3/3

保健蓝皮书
中国保健食品产业发展报告 No.2
著(编)者：中国保健协会
　　　　中国社会科学院食品药品产业发展与监管研究中心
2017年7月出版 / 估价：198.00元
PSN B-2012-271-2/3

保健蓝皮书
中国保健用品产业发展报告 No.2
著(编)者：中国保健协会
　　　　国务院国有资产监督管理委员会研究中心
2017年7月出版 / 估价：198.00元
PSN B-2012-270-1/3

保险蓝皮书
中国保险业竞争力报告（2017）
著(编)者：保监会 2017年12月出版 / 估价：99.00元
PSN B-2013-311-1/1

冰雪蓝皮书
中国滑雪产业发展报告（2017）
著(编)者：孙承华 伍斌 魏庆华 张鸿俊
2017年9月出版 / 估价：79.00元
PSN B-2016-560-1/1

彩票蓝皮书
中国彩票发展报告（2017）
著(编)者：益彩基金 2017年7月出版 / 估价：98.00元
PSN B-2015-462-1/1

餐饮产业蓝皮书
中国餐饮产业发展报告（2017）
著(编)者：邢颖 2017年6月出版 / 定价：98.00元
PSN B-2009-151-1/1

测绘地理信息蓝皮书
新常态下的测绘地理信息研究报告（2017）
著(编)者：库热西·买合苏提
2017年12月出版 / 估价：118.00元
PSN B-2009-145-1/1

茶业蓝皮书
中国茶产业发展报告（2017）
著(编)者：杨江帆 李闽榕 2017年10月出版 / 估价：88.00元
PSN B-2010-164-1/1

产权市场蓝皮书
中国产权市场发展报告（2016~2017）
著(编)者：曹和平 2017年5月出版 / 估价：89.00元
PSN B-2009-147-1/1

产业安全蓝皮书
中国出版传媒产业安全报告（2016~2017）
著(编)者：北京印刷学院文化产业安全研究院
2017年7月出版 / 估价：89.00元
PSN B-2014-384-13/14

产业安全蓝皮书
中国文化产业安全报告（2017）
著(编)者：北京印刷学院文化产业安全研究院
2017年12月出版 / 估价：89.00元
PSN B-2014-378-12/14

皮书系列 2017全品种 行业报告类

产业安全蓝皮书
中国新媒体产业安全报告（2017）
著(编)者：肖丽
2018年6月出版 / 估价：89.00元
PSN B-2015-500-14/14

城投蓝皮书
中国城投行业发展报告（2017）
著(编)者：王晨艳 丁伯康 2017年9月出版 / 定价：300.00元
PSN B-2016-514-1/1

电子政务蓝皮书
中国电子政务发展报告（2016~2017）
著(编)者：李季 杜平 2017年7月出版 / 估价：89.00元
PSN B-2003-022-1/1

大数据蓝皮书
中国大数据发展报告No.1
著(编)者：连玉明 2017年5月出版 / 定价：79.00元
PSN B-2017-620-1/1

杜仲产业绿皮书
中国杜仲橡胶资源与产业发展报告（2016~2017）
著(编)者：杜红岩 胡文臻 俞锐
2017年11月出版 / 估价：85.00元
PSN G-2013-350-1/1

对外投资与风险蓝皮书
中国对外直接投资与国家风险报告（2017）
著(编)者：中债资信评估有限公司
中国社科院世界经济与政治研究所
2017年4月出版 / 定价：189.00元
PSN B-2017-606-1/1

房地产蓝皮书
中国房地产发展报告No.14（2017）
著(编)者：李春华 王业强 2017年5月出版 / 定价：89.00元
PSN B-2004-028-1/1

服务外包蓝皮书
中国服务外包产业发展报告（2017）
著(编)者：王晓红 刘德军
2017年7月出版 / 估价：89.00元
PSN B-2013-331-2/2

服务外包蓝皮书
中国服务外包竞争力报告（2017）
著(编)者：王力 刘春生 黄育华
2017年11月出版 / 估价：85.00元
PSN B-2011-216-1/2

工业和信息化蓝皮书
世界网络安全发展报告（2016~2017）
著(编)者：尹丽波 2017年6月出版 / 定价：89.00元
PSN B-2015-452-5/6

工业和信息化蓝皮书
世界信息化发展报告（2016~2017）
著(编)者：尹丽波 2017年6月出版 / 定价：89.00元
PSN B-2015-451-4/6

工业和信息化蓝皮书
世界信息技术产业发展报告（2016~2017）
著(编)者：尹丽波 2017年6月出版 / 定价：89.00元
PSN B-2015-449-2/6

工业和信息化蓝皮书
移动互联网产业发展报告（2016~2017）
著(编)者：尹丽波 2017年6月出版 / 定价：89.00元
PSN B-2015-448-1/6

工业和信息化蓝皮书
战略性新兴产业发展报告（2016~2017）
著(编)者：尹丽波 2017年6月出版 / 定价：89.00元
PSN B-2015-450-3/6

工业和信息化蓝皮书
世界智慧城市发展报告（2016~2017）
著(编)者：尹丽波 2017年6月出版 / 定价：89.00元
PSN B-2017-624-6/6

工业和信息化蓝皮书
人工智能发展报告（2016~2017）
著(编)者：尹丽波 2017年6月出版 / 定价：89.00元
PSN B-2015-448-1/6

工业设计蓝皮书
中国工业设计发展报告（2017）
著(编)者：王晓红 于炜 张立群
2017年9月出版 / 定价：138.00元
PSN B-2014-420-1/1

黄金市场蓝皮书
中国商业银行黄金业务发展报告（2016~2017）
著(编)者：平安银行 2017年7月出版 / 定价：98.00元
PSN B-2016-525-1/1

互联网金融蓝皮书
中国互联网金融发展报告（2017）
著(编)者：李东荣 2017年9月出版 / 定价：128.00元
PSN B-2014-374-1/1

互联网医疗蓝皮书
中国互联网健康医疗发展报告（2017）
著(编)者：芮晓武 2017年6月出版 / 定价：89.00元
PSN B-2016-568-1/1

会展蓝皮书
中外会展业动态评估年度报告（2017）
著(编)者：张敏 2017年7月出版 / 定价：88.00元
PSN B-2013-327-1/1

金融监管蓝皮书
中国金融监管报告（2017）
著(编)者：胡滨 2017年5月出版 / 定价：89.00元
PSN B-2012-281-1/1

金融信息服务蓝皮书
中国金融信息服务发展报告（2017）
著(编)者：李平 2017年5月出版 / 定价：79.00元
PSN B-2017-621-1/1

金融蓝皮书
中国金融中心发展报告（2017）
著(编)者：王力 黄育华 2017年11月出版 / 估价：85.00元
PSN B-2011-186-6/6

建筑装饰蓝皮书
中国建筑装饰行业发展报告（2017）
著(编)者：刘晓一 葛道顺 2017年11月出版 / 估价：198.00元
PSN B-2016-554-1/1

 行业报告类

皮书系列 2017全品种

客车蓝皮书
中国客车产业发展报告（2016~2017）
著（编）者：姚蔚　2017年10月出版 / 估价：85.00元
PSN B-2013-361-1/1

旅游安全蓝皮书
中国旅游安全报告（2017）
著（编）者：郑向敏 谢朝武　2017年5月出版 / 定价：128.00元
PSN B-2012-280-1/1

旅游绿皮书
2016~2017年中国旅游发展分析与预测
著（编）者：宋瑞　2017年2月出版 / 定价：89.00元
PSN G-2002-018-1/1

煤炭蓝皮书
中国煤炭工业发展报告（2017）
著（编）者：岳福斌　2017年12月出版 / 估价：85.00元
PSN B-2008-123-1/1

民营企业社会责任蓝皮书
中国民营企业社会责任报告（2017）
著（编）者：中华全国工商业联合会
2017年12月出版 / 估价：89.00元
PSN B-2015-510-1/1

民营医院蓝皮书
中国民营医院发展报告（2017）
著（编）者：庄一强　2017年10月出版 / 估价：85.00元
PSN B-2012-299-1/1

闽商蓝皮书
闽商发展报告（2017）
著（编）者：李闽榕 王日根 林琛
2017年12月出版 / 估价：89.00元
PSN B-2012-298-1/1

能源蓝皮书
中国能源发展报告（2017）
著（编）者：崔民选 王军生 陈义和
2017年10月出版 / 估价：98.00元
PSN B-2006-049-1/1

农产品流通蓝皮书
中国农产品流通产业发展报告（2017）
著（编）者：贾敬敦 张东科 张玉玺 张鹏毅 周伟
2017年7月出版 / 估价：89.00元
PSN B-2012-288-1/1

企业公益蓝皮书
中国企业公益研究报告（2017）
著（编）者：钟宏武 汪杰 顾一 黄晓娟 等
2017年12月出版 / 估价：89.00元
PSN B-2015-501-1/1

企业国际化蓝皮书
中国企业国际化报告（2017）
著（编）者：王辉耀　2017年11月出版 / 估价：98.00元
PSN B-2014-427-1/1

企业蓝皮书
中国企业绿色发展报告No.2（2017）
著（编）者：李红玉 朱光辉　2017年11月出版 / 估价：89.00元
PSN B-2015-481-2/2

企业社会责任蓝皮书
中国企业社会责任研究报告（2017）
著（编）者：黄群慧 钟宏武 张蒽 翟利峰
2017年11月出版 / 估价：89.00元
PSN B-2009-149-1/1

企业社会责任蓝皮书
中资企业海外社会责任研究报告（2016~2017）
著（编）者：钟宏武 叶柳红 张蒽
2017年1月出版 / 定价：79.00元
PSN B-2017-603-2/2

汽车安全蓝皮书
中国汽车安全发展报告（2017）
著（编）者：中国汽车技术研究中心
2017年7月出版 / 估价：89.00元
PSN B-2014-385-1/1

汽车电子商务蓝皮书
中国汽车电子商务发展报告（2017）
著（编）者：中华全国工商业联合会汽车经销商商会
　　　　　北京易观智库网络科技有限公司
2017年10月出版 / 估价：128.00元
PSN B-2015-485-1/1

汽车工业蓝皮书
中国汽车工业发展年度报告（2017）
著（编）者：中国汽车工业协会 中国汽车技术研究中心
　　　　　丰田汽车（中国）投资有限公司
2017年5月出版 / 定价：128.00元
PSN B-2015-463-1/2

汽车工业蓝皮书
中国汽车零部件产业发展报告（2017）
著（编）者：中国汽车工业协会 中国汽车工程研究院
2017年月出版 / 估价：98.00元
PSN B-2016-515-2/2

汽车蓝皮书
中国汽车产业发展报告（2017）
著（编）者：国务院发展研究中心产业经济研究部
　　　　　中国汽车工程学会 大众汽车集团（中国）
2017年8月出版 / 估价：98.00元
PSN B-2008-124-1/1

人力资源蓝皮书
中国人力资源发展报告（2017）
著（编）者：余兴安　2017年11月出版 / 估价：89.00元
PSN B-2012-287-1/1

融资租赁蓝皮书
中国融资租赁业发展报告（2016~2017）
著（编）者：李光荣 王力　2017年11月出版 / 估价：89.00元
PSN B-2015-443-1/1

商会蓝皮书
中国商会发展报告No.5（2017）
著（编）者：王钦敏　2017年7月出版 / 估价：89.00元
PSN B-2008-125-1/1

输血服务蓝皮书
中国输血行业发展报告（2017）
著（编）者：朱永明 耿鸿武　2016年12月出版 / 估价：89.00元
PSN B-2016-583-1/1

社会责任管理蓝皮书
中国上市公司社会责任能力成熟度报告（2017）No.2
著(编)者：肖红军 王晓光 李伟阳
2017年12月出版 / 估价：98.00元
PSN B-2015-507-2/2

社会责任管理蓝皮书
中国企业公众透明度报告(2017)No.3
著(编)者：黄速建 熊梦 王晓光 肖红军
2017年4月出版 / 估价：98.00元
PSN B-2015-440-1/2

食品药品蓝皮书
食品药品安全与监管政策研究报告（2016~2017）
著(编)者：唐民皓 2017年7月出版 / 估价：89.00元
PSN B-2009-129-1/1

世界茶业蓝皮书
世界茶业发展报告（2017）
著(编)者：李闽榕 冯廷栓 2017年5月出版 / 定价：118.00元
PSN B-2017-619-1/1

世界能源蓝皮书
世界能源发展报告（2017）
著(编)者：黄晓勇 2017年6月出版 / 定价：99.00元
PSN B-2013-349-1/1

水利风景区蓝皮书
中国水利风景区发展报告（2017）
著(编)者：谢婵才 兰思仁 2017年7月出版 / 估价：89.00元
PSN B-2015-480-1/1

碳市场蓝皮书
中国碳市场报告（2017）
著(编)者：定金彪 2017年11月出版 / 估价：89.00元
PSN B-2014-430-1/1

体育蓝皮书
中国体育产业发展报告（2017）
著(编)者：阮伟 钟秉枢 2017年12月出版 / 估价：89.00元
PSN B-2010-179-1/5

体育蓝皮书
中国体育产业基地发展报告（2015~2016）
著(编)者：李颖川 2017年4月出版 / 定价：89.00元
PSN B-2017-609-5/5

网络空间安全蓝皮书
中国网络空间安全发展报告（2017）
著(编)者：惠志斌 唐涛 2017年7月出版 / 估价：89.00元
PSN B-2015-466-1/1

西部金融蓝皮书
中国西部金融发展报告（2017）
著(编)者：李忠民 2017年8月出版 / 估价：85.00元
PSN B-2010-160-1/1

协会商会蓝皮书
中国行业协会商会发展报告（2017）
著(编)者：景朝阳 李勇 2017年7月出版 / 估价：99.00元
PSN B-2015-461-1/1

新能源汽车蓝皮书
中国新能源汽车产业发展报告（2017）
著(编)者：中国汽车技术研究中心
日产（中国）投资有限公司 东风汽车有限公司
2017年7月出版 / 估价：98.00元
PSN B-2013-347-1/1

新三板蓝皮书
中国新三板市场发展报告（2017）
著(编)者：王力 2017年7月出版 / 估价：89.00元
PSN B-2016-534-1/1

信托市场蓝皮书
中国信托业市场报告（2016~2017）
著(编)者：用益信托研究院
2017年1月出版 / 定价：198.00元
PSN B-2014-371-1/1

信息化蓝皮书
中国信息化形势分析与预测（2016~2017）
著(编)者：周宏仁 2017年8月出版 / 估价：98.00元
PSN B-2010-168-1/1

信用蓝皮书
中国信用发展报告（2017）
著(编)者：章政 田侃 2017年7月出版 / 估价：99.00元
PSN B-2013-328-1/1

休闲绿皮书
2017年中国休闲发展报告
著(编)者：宋瑞 2017年10月出版 / 估价：89.00元
PSN G-2010-158-1/1

休闲体育蓝皮书
中国休闲体育发展报告（2016~2017）
著(编)者：李相如 钟炳枢 2017年10月出版 / 估价：89.00元
PSN G-2016-516-1/1

养老金融蓝皮书
中国养老金融发展报告（2017）
著(编)者：董克用 姚余栋
2017年9月出版 / 定价：89.00元
PSN B-2016-584-1/1

药品流通蓝皮书
中国药品流通行业发展报告（2017）
著(编)者：佘鲁林 温再兴 2017年8月出版 / 估价：158.00元
PSN B-2014-429-1/1

医院蓝皮书
中国医院竞争力报告（2017）
著(编)者：庄一强 曾益新 2017年3月出版 / 定价：108.00元
PSN B-2016-529-1/1

瑜伽蓝皮书
中国瑜伽业发展报告（2016~2017）
著(编)者：张永建 徐华锋 朱泰余
2017年3月出版 / 定价：108.00元
PSN B-2017-675-1/1

文化传媒类 皮书系列 2017全品种

邮轮绿皮书
中国邮轮产业发展报告（2017）
著（编）者：汪泓　2017年10月出版／估价：89.00元
PSN G-2014-419-1/1

智能养老蓝皮书
中国智能养老产业发展报告（2017）
著（编）者：朱勇　2017年10月出版／估价：89.00元
PSN B-2015-488-1/1

债券市场蓝皮书
中国债券市场发展报告（2016~2017）
著（编）者：杨农　2017年10月出版／估价：89.00元
PSN B-2016-573-1/1

中国节能汽车蓝皮书
中国节能汽车发展报告（2016~2017）
著（编）者：中国汽车工程研究院股份有限公司
2017年9月出版／估价：98.00元
PSN B-2016-566-1/1

中国上市公司蓝皮书
中国上市公司发展报告（2017）
著（编）者：张平　王宏淼
2017年9月出版／定价：98.00元
PSN B-2014-414-1/1

中国陶瓷产业蓝皮书
中国陶瓷产业发展报告（2017）
著（编）者：左和平　黄速建　2017年10月出版／估价：98.00元
PSN B-2016-574-1/1

中医药蓝皮书
中国中医药知识产权发展报告No.1
著（编）者：汪红　屠志涛　2017年4月出版／定价：158.00元
PSN B-2016-574-1/1

中国总部经济蓝皮书
中国总部经济发展报告（2016~2017）
著（编）者：赵弘　2017年9月出版／估价：89.00元
PSN B-2005-036-1/1

中医文化蓝皮书
中国中医药文化传播发展报告（2017）
著（编）者：毛嘉陵　2017年7月出版／估价：89.00元
PSN B-2015-468-1/1

装备制造业蓝皮书
中国装备制造业发展报告（2017）
著（编）者：徐东华　2017年12月出版／估价：148.00元
PSN B-2015-505-1/1

资本市场蓝皮书
中国场外交易市场发展报告（2016~2017）
著（编）者：高峦　2017年7月出版／估价：89.00元
PSN B-2009-153-1/1

资产管理蓝皮书
中国资产管理行业发展报告（2017）
著（编）者：智信资产管理研究院
2017年7月出版／定价：98.00元
PSN B-2014-407-2/2

文化传媒类

传媒竞争力蓝皮书
中国传媒国际竞争力研究报告（2017）
著（编）者：李本乾　刘强
2017年11月出版／估价：148.00元
PSN B-2013-356-1/1

传媒蓝皮书
中国传媒产业发展报告（2017）
著（编）者：崔保国　2017年5月出版／定价：98.00元
PSN B-2005-035-1/1

传媒投资蓝皮书
中国传媒投资发展报告（2017）
著（编）者：张向东　谭云明
2017年7月出版／估价：128.00元
PSN B-2015-474-1/1

动漫蓝皮书
中国动漫产业发展报告（2017）
著（编）者：卢斌　郑玉明　牛兴侦
2017年9月出版／估价：89.00元
PSN B-2011-198-1/1

非物质文化遗产蓝皮书
中国非物质文化遗产发展报告（2017）
著（编）者：陈平　2017年7月出版／估价：98.00元
PSN B-2015-469-1/1

广电蓝皮书
中国广播电影电视发展报告（2017）
著（编）者：国家新闻出版广电总局发展研究中心
2017年7月出版／估价：98.00元
PSN B-2006-072-1/1

广告主蓝皮书
中国广告主营销传播趋势报告No.9
著（编）者：黄升民　杜国清　邵华冬 等
2017年10月出版／估价：148.00元
PSN B-2005-041-1/1

国际传播蓝皮书
中国国际传播发展报告（2017）
著（编）者：胡正荣　李继东　姬德强
2017年11月出版／估价：89.00元
PSN B-2014-408-1/1

皮书系列 2017全品种
文化传媒类·地方发展类

国家形象蓝皮书
中国国家形象传播报告（2016）
著(编)者：张昆　2017年3月出版 / 定价：98.00元
PSN B-2017-605-1/1

纪录片蓝皮书
中国纪录片发展报告（2017）
著(编)者：何苏六　2017年9月出版 / 估价：89.00元
PSN B-2011-222-1/1

科学传播蓝皮书
中国科学传播报告（2017）
著(编)者：詹正茂　2017年7月出版 / 估价：89.00元
PSN B-2008-120-1/1

两岸创意经济蓝皮书
两岸创意经济研究报告（2017）
著(编)者：罗昌智　林咏能
2017年10月出版 / 估价：98.00元
PSN B-2014-437-1/1

媒介与女性蓝皮书
中国媒介与女性发展报告(2016~2017)
著(编)者：刘利群　2018年5月出版 / 估价：118.00元
PSN B-2013-345-1/1

媒体融合蓝皮书
中国媒体融合发展报告（2017）
著(编)者：梅宁华　宋建武　2017年7月出版 / 估价：89.00元
PSN B-2015-479-1/1

全球传媒蓝皮书
全球传媒发展报告（2016~2017）
著(编)者：胡正荣　李继东
2017年6月出版 / 定价：89.00元
PSN B-2012-237-1/1

少数民族非遗蓝皮书
中国少数民族非物质文化遗产发展报告（2017）
著(编)者：肖远平（彝）　柴立（满）
2017年8月出版 / 估价：98.00元
PSN B-2015-467-1/1

视听新媒体蓝皮书
中国视听新媒体发展报告（2017）
著(编)者：国家新闻出版广电总局发展研究中心
2017年11月出版 / 估价：98.00元
PSN B-2011-184-1/1

文化创新蓝皮书
中国文化创新报告（2016）No.7
著(编)者：于平　傅才武　2017年4月出版 / 定价：89.00元
PSN B-2009-143-1/1

文化建设蓝皮书
中国文化发展报告（2017）
著(编)者：江畅　孙伟平　戴茂堂
2017年5月出版 / 定价：98.00元
PSN B-2014-392-1/1

文化金融蓝皮书
中国文化金融发展报告（2017）
著(编)者：杨涛　余巍　2017年5月出版 / 估价：98.00元
PSN B-2017-610-1/1

文化科技蓝皮书
文化科技创新发展报告（2017）
著(编)者：于平　李凤亮　2017年11月出版 / 估价：89.00元
PSN B-2013-342-1/1

文化蓝皮书
中国公共文化服务发展报告（2017）
著(编)者：刘新成　张永新　张旭
2017年12月出版 / 估价：98.00元
PSN B-2007-093-2/10

文化蓝皮书
中国公共文化投入增长测评报告（2017）
著(编)者：王亚南　2017年2月出版 / 定价：79.00元
PSN B-2014-435-10/10

文化蓝皮书
中国少数民族文化发展报告（2016~2017）
著(编)者：武翠英　张晓明　任乌晶
2017年9月出版 / 估价：89.00元
PSN B-2013-369-9/10

文化蓝皮书
中国文化产业发展报告（2016~2017）
著(编)者：张晓明　王家新　章建刚
2017年7月出版 / 估价：89.00元
PSN B-2002-019-1/10

文化蓝皮书
中国文化产业供需协调检测报告（2017）
著(编)者：王亚南　2017年2月出版 / 估价：79.00元
PSN B-2013-323-8/10

文化蓝皮书
中国文化消费需求景气评价报告（2017）
著(编)者：王亚南　2017年2月出版 / 估价：79.00元
PSN B-2011-236-4/10

文化品牌蓝皮书
中国文化品牌发展报告（2017）
著(编)者：欧阳友权　2017年7月出版 / 估价：98.00元
PSN B-2012-277-1/1

文化遗产蓝皮书
中国文化遗产事业发展报告（2017）
著(编)者：苏杨　张颖岚　王宇飞
2017年8月出版 / 估价：98.00元
PSN B-2008-119-1/1

文学蓝皮书
中国文情报告（2016~2017）
著(编)者：白烨　2017年5月出版 / 定价：69.00元
PSN B-2011-221-1/1

新媒体蓝皮书
中国新媒体发展报告No.8（2017）
著(编)者：唐绪军　2017年7月出版 / 估价：79.00元
PSN B-2010-169-1/1

新媒体社会责任蓝皮书
中国新媒体社会责任研究报告（2017）
著(编)者：钟瑛　2017年11月出版 / 估价：89.00元
PSN B-2014-423-1/1

移动互联网蓝皮书
中国移动互联网发展报告（2017）
著(编)者：余清楚　2017年6月出版 / 定价：98.00元
PSN B-2012-282-1/1

舆情蓝皮书
中国社会舆情与危机管理报告（2017）
著(编)者：谢耘耕　2017年9月出版 / 估价：128.00元
PSN B-2011-235-1/1

影视蓝皮书
中国影视产业发展报告（2017）
著(编)者：司若　2017年4月出版 / 定价：98.00元
PSN B-2016-530-1/1

地方发展类

安徽经济蓝皮书
合芜蚌国家自主创新综合示范区研究报告（2016～2017）
著(编)者：黄家海　王开玉　蔡宪
2017年7月出版 / 定价：89.00元
PSN B-2014-383-1/1

安徽蓝皮书
安徽社会发展报告（2017）
著(编)者：程桦　2017年5月出版 / 定价：89.00元
PSN B-2013-325-1/1

澳门蓝皮书
澳门经济社会发展报告（2016～2017）
著(编)者：吴志良　郝雨凡　2017年7月出版 / 定价：98.00元
PSN B-2009-138-1/1

澳门绿皮书
澳门旅游休闲发展报告（2016～2017）
著(编)者：郝雨凡　林广志　2017年5月出版 / 定价：88.00元
PSN G-2017-617-1/1

北京蓝皮书
北京公共服务发展报告（2016～2017）
著(编)者：施昌奎　2017年3月出版 / 定价：79.00元
PSN B-2008-103-7/8

北京蓝皮书
北京经济发展报告（2016～2017）
著(编)者：杨松　2017年6月出版 / 定价：89.00元
PSN B-2006-054-2/8

北京蓝皮书
北京社会发展报告（2016～2017）
著(编)者：李伟东　2017年7月出版 / 定价：79.00元
PSN B-2006-055-3/8

北京蓝皮书
北京社会治理发展报告（2016～2017）
著(编)者：殷星辰　2017年7月出版 / 定价：79.00元
PSN B-2014-391-8/8

北京蓝皮书
北京文化发展报告（2016～2017）
著(编)者：李建盛　2017年5月出版 / 定价：79.00元
PSN B-2007-082-4/8

北京律师绿皮书
北京律师发展报告No.3（2017）
著(编)者：王隽　2017年7月出版 / 估价：88.00元
PSN G-2012-301-1/1

北京旅游绿皮书
北京旅游发展报告（2017）
著(编)者：北京旅游学会　2017年7月出版 / 估价：88.00元
PSN B-2011-217-1/1

北京人才蓝皮书
北京人才发展报告（2017）
著(编)者：于淼　2017年12月出版 / 估价：128.00元
PSN B-2011-201-1/1

北京社会心态蓝皮书
北京社会心态分析报告（2016～2017）
著(编)者：北京社会心理研究所
2017年11月出版 / 估价：89.00元
PSN B-2014-422-1/1

北京社会组织管理蓝皮书
北京社会组织发展与管理（2016～2017）
著(编)者：黄江松　2017年7月出版 / 估价：88.00元
PSN B-2015-446-1/1

北京体育蓝皮书
北京体育产业发展报告（2016～2017）
著(编)者：钟秉枢　陈杰　杨铁黎
2017年9月出版 / 估价：89.00元
PSN B-2015-475-1/1

北京养老产业蓝皮书
北京养老产业发展报告（2017）
著(编)者：周明明　冯喜良　2017年11月出版 / 估价：89.00元
PSN B-2015-465-1/1

非公有制企业社会责任蓝皮书
北京非公有制企业社会责任报告（2017）
著(编)者：宗贵伦　冯培　2017年6月出版 / 估价：89.00元
PSN B-2017-613-1/1

滨海金融蓝皮书
滨海新区金融发展报告（2017）
著(编)者：王爱俭　张锐钢　2018年4月出版 / 估价：89.00元
PSN B-2014-424-1/1

皮书系列 2017全品种 — 地方发展类

城乡一体化蓝皮书
北京城乡一体化发展报告（2016~2017）
著(编)者：吴宝新 张宝秀 黄序
2017年5月出版 / 定价：85.00元
PSN B-2012-258-2/2

创意城市蓝皮书
北京文化创意产业发展报告（2017）
著(编)者：张京成 王国华　2017年10月出版 / 估价：89.00元
PSN B-2012-263-1/7

创意城市蓝皮书
天津文化创意产业发展报告（2016~2017）
著(编)者：谢思全　2017年11月出版 / 估价：89.00元
PSN B-2016-537-7/7

创意城市蓝皮书
武汉文化创意产业发展报告（2017）
著(编)者：黄永林 陈汉桥　2017年11月出版 / 估价：99.00元
PSN B-2013-354-4/7

创意上海蓝皮书
上海文化创意产业发展报告（2016~2017）
著(编)者：王慧敏 王兴全　2017年11月出版 / 估价：89.00元
PSN B-2016-562-1/1

福建妇女发展蓝皮书
福建省妇女发展报告（2017）
著(编)者：刘群英　2017年11月出版 / 估价：88.00元
PSN B-2011-220-1/1

福建自贸区蓝皮书
中国（福建）自由贸易试验区发展报告（2016~2017）
著(编)者：黄茂兴　2017年4月出版 / 定价：108.00元
PSN B-2017-532-1/1

甘肃蓝皮书
甘肃经济发展分析与预测（2017）
著(编)者：安文华 罗哲　2017年1月出版 / 定价：79.00元
PSN B-2013-312-1/6

甘肃蓝皮书
甘肃社会发展分析与预测（2017）
著(编)者：安文华 包晓霞 谢增虎
2017年1月出版 / 定价：79.00元
PSN B-2013-313-2/6

甘肃蓝皮书
甘肃文化发展分析与预测（2017）
著(编)者：王俊莲 周小华　2017年1月出版 / 定价：79.00元
PSN B-2013-314-3/6

甘肃蓝皮书
甘肃县域和农村发展报告（2017）
著(编)者：朱智文 包东红 王建兵
2017年1月出版 / 定价：79.00元
PSN B-2013-316-5/6

甘肃蓝皮书
甘肃舆情分析与预测（2017）
著(编)者：陈双梅 张谦元　2017年1月出版 / 定价：79.00元
PSN B-2013-315-4/6

甘肃蓝皮书
甘肃商贸流通发展报告（2017）
著(编)者：张应华 王福生 王晓芳
2017年1月出版 / 定价：79.00元
PSN B-2016-523-6/6

广东蓝皮书
广东全面深化改革发展报告（2017）
著(编)者：周林生 涂成林　2017年12月出版 / 估价：89.00元
PSN B-2015-504-3/3

广东蓝皮书
广东社会工作发展报告（2017）
著(编)者：罗观翠　2017年7月出版 / 估价：89.00元
PSN B-2014-402-2/3

广东外经贸蓝皮书
广东对外经济贸易发展研究报告（2016~2017）
著(编)者：陈万灵　2017年6月出版 / 定价：89.00元
PSN B-2012-286-1/1

广西北部湾经济区蓝皮书
广西北部湾经济区开放开发报告（2017）
著(编)者：广西北部湾经济区规划建设管理委员会办公室
　　　　广西社会科学院 广西北部湾发展研究院
2017年7月出版 / 估价：89.00元
PSN B-2010-181-1/1

巩义蓝皮书
巩义经济社会发展报告（2017）
著(编)者：丁同民 朱军　2017年7月出版 / 估价：58.00元
PSN B-2016-533-1/1

广州蓝皮书
2017年中国广州经济形势分析与预测
著(编)者：魏明海 谢博能 李华
2017年6月出版 / 定价：85.00元
PSN B-2011-185-9/14

广州蓝皮书
2017年中国广州社会形势分析与预测
著(编)者：张强 何镜清
2017年6月出版 / 定价：88.00元
PSN B-2008-110-5/14

广州蓝皮书
广州城市国际化发展报告（2017）
著(编)者：朱名宏　2017年8月出版 / 估价：79.00元
PSN B-2012-246-11/14

广州蓝皮书
广州创新型城市发展报告（2017）
著(编)者：尹涛　2017年6月出版 / 估价：79.00元
PSN B-2012-247-12/14

广州蓝皮书
广州经济发展报告（2017）
著(编)者：朱名宏　2017年7月出版 / 估价：79.00元
PSN B-2005-040-1/14

广州蓝皮书
广州农村发展报告（2017）
著(编)者：朱名宏　2017年8月出版 / 估价：79.00元
PSN B-2010-167-8/14

地方发展类 | 皮书系列 2017全品种

广州蓝皮书
广州汽车产业发展报告（2017）
著（编）者：杨再高 冯兴亚　2017年7月出版 / 估价：79.00元
PSN B-2006-066-3/14

广州蓝皮书
广州青年发展报告（2016~2017）
著（编）者：徐柳 张强　2017年9月出版 / 估价：79.00元
PSN B-2013-352-13/14

广州蓝皮书
广州商贸业发展报告（2017）
著（编）者：李江涛 肖振宇 荀振英
2017年7月出版 / 定价：79.00元
PSN B-2012-245-10/14

广州蓝皮书
广州社会保障发展报告（2017）
著（编）者：蔡国萱　2017年8月出版 / 定价：79.00元
PSN B-2014-425-14/14

广州蓝皮书
广州文化创意产业发展报告（2017）
著（编）者：徐咏虹　2017年7月出版 / 定价：79.00元
PSN B-2008-111-6/14

广州蓝皮书
中国广州城市建设与管理发展报告（2017）
著（编）者：董皞 陈小钢 李江涛
2017年11月出版 / 定价：85.00元
PSN B-2007-087-4/14

广州蓝皮书
中国广州科技创新发展报告（2017）
著（编）者：邹采荣 马正勇 陈爽
2017年8月出版 / 定价：85.00元
PSN B-2006-065-2/14

广州蓝皮书
中国广州文化发展报告（2017）
著（编）者：屈哨兵 陆志强
2017年6月出版 / 定价：79.00元
PSN B-2009-134-7/14

贵阳蓝皮书
贵阳城市创新发展报告No.2（白云篇）
著（编）者：连玉明　2017年5月出版 / 定价：98.00元
PSN B-2015-491-3/10

贵阳蓝皮书
贵阳城市创新发展报告No.2（观山湖篇）
著（编）者：连玉明　2017年5月出版 / 定价：98.00元
PSN B-2011-235-1/1

贵阳蓝皮书
贵阳城市创新发展报告No.2（花溪篇）
著（编）者：连玉明　2017年5月出版 / 定价：98.00元
PSN B-2015-490-2/10

贵阳蓝皮书
贵阳城市创新发展报告No.2（开阳篇）
著（编）者：连玉明　2017年5月出版 / 定价：98.00元
PSN B-2015-492-4/10

贵阳蓝皮书
贵阳城市创新发展报告No.2（南明篇）
著（编）者：连玉明　2017年5月出版 / 定价：98.00元
PSN B-2015-496-8/10

贵阳蓝皮书
贵阳城市创新发展报告No.2（清镇篇）
著（编）者：连玉明　2017年5月出版 / 定价：98.00元
PSN B-2015-489-1/10

贵阳蓝皮书
贵阳城市创新发展报告No.2（乌当篇）
著（编）者：连玉明　2017年5月出版 / 定价：98.00元
PSN B-2015-495-7/10

贵阳蓝皮书
贵阳城市创新发展报告No.2（息烽篇）
著（编）者：连玉明　2017年5月出版 / 定价：98.00元
PSN B-2015-493-5/10

贵阳蓝皮书
贵阳城市创新发展报告No.2（修文篇）
著（编）者：连玉明　2017年5月出版 / 定价：98.00元
PSN B-2015-494-6/10

贵阳蓝皮书
贵阳城市创新发展报告No.2（云岩篇）
著（编）者：连玉明　2017年5月出版 / 定价：98.00元
PSN B-2015-498-10/10

贵州房地产蓝皮书
贵州房地产发展报告No.4（2017）
著（编）者：武廷方　2017年7月出版 / 定价：89.00元
PSN B-2014-426-1/1

贵州蓝皮书
贵州册亨经济社会发展报告(2017)
著（编）者：黄德林　2017年11月出版 / 估价：89.00元
PSN B-2016-526-8/9

贵州蓝皮书
贵安新区发展报告（2016~2017）
著（编）者：马长青 吴大华　2017年11月出版 / 估价：89.00元
PSN B-2015-459-4/9

贵州蓝皮书
贵州法治发展报告（2017）
著（编）者：吴大华　2017年5月出版 / 定价：89.00元
PSN B-2012-254-2/9

贵州蓝皮书
贵州国有企业社会责任发展报告（2016~2017）
著（编）者：郭丽 周航 万强
2017年12月出版 / 估价：89.00元
PSN B-2015-511-6/9

贵州蓝皮书
贵州民航业发展报告（2017）
著（编）者：申振东 吴大华　2017年10月出版 / 估价：89.00元
PSN B-2015-471-5/9

贵州蓝皮书
贵州民营经济发展报告（2017）
著（编）者：杨静 吴大华　2017年11月出版 / 估价：89.00元
PSN B-2016-531-9/9

皮书系列重点推荐 — 地方发展类

贵州蓝皮书
贵州人才发展报告(2017)
著(编)者：于杰 吴大华　2017年11月出版 / 估价：89.00元
PSN B-2014-382-3/9

贵州蓝皮书
贵州社会发展报告(2017)
著(编)者：王兴骥　2017年3月出版 / 定价：98.00元
PSN B-2010-166-1/9

贵州蓝皮书
贵州国家级开放创新平台发展报告(2017)
著(编)者：申晓庆 吴大华 李泓
2017年7月出版 / 估价：89.00元
PSN B-2016-518-1/9

海淀蓝皮书
海淀区文化和科技融合发展报告(2017)
著(编)者：陈名杰 孟景伟　2017年11月出版 / 估价：85.00元
PSN B-2013-329-1/1

杭州都市圈蓝皮书
杭州都市圈发展报告(2017)
著(编)者：沈翔 戚建国　2017年11月出版 / 估价：128.00元
PSN B-2012-302-1/1

杭州蓝皮书
杭州妇女发展报告(2017)
著(编)者：魏颖　2017年11月出版 / 估价：89.00元
PSN B-2014-403-1/1

河北经济蓝皮书
河北省经济发展报告(2017)
著(编)者：马树强 金浩 张贵
2017年7月出版 / 估价：89.00元
PSN B-2014-380-1/1

河北蓝皮书
河北经济社会发展报告(2017)
著(编)者：郭金平　2017年1月出版 / 定价：79.00元
PSN B-2014-372-1/3

河北蓝皮书
河北法治发展报告(2017)
著(编)者：郭金平 李永君　2017年1月出版 / 定价：79.00元
PSN B-2017-622-3/3

河北蓝皮书
京津冀协同发展报告(2017)
著(编)者：陈路　2017年1月出版 / 定价：79.00元
PSN B-2017-601-2/3

河北食品药品安全蓝皮书
河北食品药品安全研究报告(2017)
著(编)者：丁锦霞　2017年11月出版 / 估价：89.00元
PSN B-2015-473-1/1

河南经济蓝皮书
2017年河南经济形势分析与预测
著(编)者：王世炎　2017年3月出版 / 定价：79.00元
PSN B-2007-086-1/1

河南蓝皮书
2017年河南社会形势分析与预测
著(编)者：牛苏林　2017年5月出版 / 定价：79.00元
PSN B-2005-043-1/9

河南蓝皮书
河南城市发展报告(2017)
著(编)者：张占仓 王建国　2017年5月出版 / 定价：79.00元
PSN B-2009-131-3/9

河南蓝皮书
河南法治发展报告(2017)
著(编)者：丁同民 张林海　2017年7月出版 / 估价：89.00元
PSN B-2014-376-6/9

河南蓝皮书
河南工业发展报告(2017)
著(编)者：张占仓　2017年5月出版 / 定价：89.00元
PSN B-2013-317-5/9

河南蓝皮书
河南金融发展报告(2017)
著(编)者：河南省社会科学院
2017年7月出版 / 估价：89.00元
PSN B-2014-390-7/9

河南蓝皮书
河南经济发展报告(2017)
著(编)者：张占仓 完世伟　2017年4月出版 / 定价：79.00元
PSN B-2010-157-4/9

河南蓝皮书
河南能源发展报告(2017)
著(编)者：魏胜民 袁凯声　2017年3月出版 / 定价：79.00元
PSN B-2017-607-9/9

河南蓝皮书
河南农业农村发展报告(2017)
著(编)者：吴海峰　2017年11月出版 / 估价：89.00元
PSN B-2015-445-8/9

河南蓝皮书
河南文化发展报告(2017)
著(编)者：卫绍生　2017年7月出版 / 定价：78.00元
PSN B-2008-106-2/9

河南商务蓝皮书
河南商务发展报告(2017)
著(编)者：焦锦淼 穆荣国　2017年5月出版 / 定价：88.00元
PSN B-2014-399-1/1

黑龙江蓝皮书
黑龙江经济发展报告(2017)
著(编)者：朱宇　2017年1月出版 / 定价：79.00元
PSN B-2011-190-2/2

黑龙江蓝皮书
黑龙江社会发展报告(2017)
著(编)者：谢宝禄　2017年1月出版 / 定价：79.00元
PSN B-2011-189-1/2

湖北文化蓝皮书
湖北文化发展报告(2017)
著(编)者：吴成国　2017年10月出版 / 估价：95.00元
PSN B-2016-567-1/1

地方发展类 · 皮书系列 重点推荐

湖南城市蓝皮书
区域城市群整合
著(编)者：童中贤 韩未名
2017年12月出版 / 估价：89.00元
PSN B-2006-064-1/1

湖南蓝皮书
2017湖南产业发展报告
著(编)者：梁志峰　2017年7月出版 / 估价：128.00元
PSN B-2011-207-2/8

湖南蓝皮书
2017年湖南电子政务发展报告
著(编)者：梁志峰　2017年7月出版 / 估价：128.00元
PSN B-2014-394-6/8

湖南蓝皮书
2017年湖南经济发展报告
著(编)者：卞鹰　2017年5月出版 / 定价：128.00元
PSN B-2011-206-1/8

湖南蓝皮书
2017年湖南两型社会与生态文明发展报告
著(编)者：卞鹰　2017年5月出版 / 定价：128.00元
PSN B-2011-208-3/8

湖南蓝皮书
2017年湖南社会发展报告
著(编)者：卞鹰　2017年5月出版 / 定价：128.00元
PSN B-2014-393-5/8

湖南蓝皮书
2017年湖南县域经济社会发展报告
著(编)者：梁志峰　2017年7月出版 / 估价：128.00元
PSN B-2014-395-7/8

湖南蓝皮书
湖南城乡一体化发展报告（2017）
著(编)者：陈文胜 王文强 陆福兴 邝奕轩
2017年8月出版 / 定价：89.00元
PSN B-2015-477-8/8

湖南县域绿皮书
湖南县域发展报告 No.3
著(编)者：袁准 周小毛 黎仁寅
2017年3月出版 / 定价：79.00元
PSN G-2012-274-1/1

沪港蓝皮书
沪港发展报告（2017）
著(编)者：尤安山　2017年9月出版 / 估价：89.00元
PSN B-2013-362-1/1

吉林蓝皮书
2017年吉林经济社会形势分析与预测
著(编)者：邵汉明　2016年12月出版 / 定价：79.00元
PSN B-2013-319-1/1

吉林省城市竞争力蓝皮书
吉林省城市竞争力报告（2016~2017）
著(编)者：崔岳春 张磊　2016年12月出版 / 定价：79.00元
PSN B-2015-513-1/1

济源蓝皮书
济源经济社会发展报告（2017）
著(编)者：喻新安　2017年7月出版 / 估价：89.00元
PSN B-2014-387-1/1

健康城市蓝皮书
北京健康城市建设研究报告（2017）
著(编)者：王鸿春　2017年8月出版 / 估价：89.00元
PSN B-2015-460-1/2

江苏法治蓝皮书
江苏法治发展报告 No.6（2017）
著(编)者：蔡道通 龚廷泰　2017年8月出版 / 估价：98.00元
PSN B-2012-290-1/1

江西蓝皮书
江西经济社会发展报告（2017）
著(编)者：张勇 姜玮 梁勇　2017年6月出版 / 估价：128.00元
PSN B-2015-484-1/2

江西蓝皮书
江西设区市发展报告（2017）
著(编)者：姜玮 梁勇　2017年10月出版 / 估价：79.00元
PSN B-2016-517-2/2

江西文化蓝皮书
江西文化产业发展报告（2017）
著(编)者：张圣才 汪春翔
2017年10月出版 / 估价：128.00元
PSN B-2015-499-1/1

经济特区蓝皮书
中国经济特区发展报告（2017）
著(编)者：陶一桃　2017年12月出版 / 估价：98.00元
PSN B-2009-139-1/1

辽宁蓝皮书
2017年辽宁经济社会形势分析与预测
著(编)者：梁启东
2017年6月出版 / 估价：89.00元
PSN B-2006-053-1/1

洛阳蓝皮书
洛阳文化发展报告（2017）
著(编)者：刘福兴 陈启明　2017年10月出版 / 估价：89.00元
PSN B-2015-476-1/1

南京蓝皮书
南京文化发展报告（2017）
著(编)者：徐宁　2017年10月出版 / 估价：89.00元
PSN B-2014-439-1/1

南宁蓝皮书
南宁法治发展报告（2017）
著(编)者：杨维超　2017年12月出版 / 估价：79.00元
PSN B-2015-509-1/3

南宁蓝皮书
南宁经济发展报告（2017）
著(编)者：胡建华　2017年9月出版 / 估价：79.00元
PSN B-2016-570-2/3

皮书系列 重点推荐　地方发展类

南宁蓝皮书
南宁社会发展报告（2017）
著（编）者：胡建华　2017年9月出版 / 估价：79.00元
PSN B-2016-571-3/3

内蒙古蓝皮书
内蒙古反腐倡廉建设报告 No.2
著（编）者：张志华 无极　2017年12月出版 / 估价：79.00元
PSN B-2013-365-1/1

浦东新区蓝皮书
上海浦东经济发展报告（2017）
著（编）者：沈开艳 周奇　2017年2月出版 / 定价：79.00元
PSN B-2011-225-1/1

青海蓝皮书
2017年青海经济社会形势分析与预测
著（编）者：陈玮　2016年12月出版 / 定价：79.00元
PSN B-2012-275-1/1

人口与健康蓝皮书
深圳人口与健康发展报告（2017）
著（编）者：陆杰华 罗乐宣 苏杨
2017年11月出版 / 估价：89.00元
PSN B-2011-228-1/1

山东蓝皮书
山东经济形势分析与预测（2017）
著（编）者：李广杰　2017年7月出版 / 估价：89.00元
PSN B-2014-404-1/4

山东蓝皮书
山东社会形势分析与预测（2017）
著（编）者：张华 唐洲雁　2017年7月出版 / 估价：89.00元
PSN B-2014-405-2/4

山东蓝皮书
山东文化发展报告（2017）
著（编）者：涂可国　2017年5月出版 / 定价：98.00元
PSN B-2014-406-3/4

山西蓝皮书
山西资源型经济转型发展报告（2017）
著（编）者：李志强　2017年7月出版 / 估价：89.00元
PSN B-2011-197-1/1

陕西蓝皮书
陕西经济发展报告（2017）
著（编）者：任宗哲 白宽犁 裴成荣
2017年1月出版 / 定价：69.00元
PSN B-2009-135-1/6

陕西蓝皮书
陕西社会发展报告（2017）
著（编）者：任宗哲 白宽犁 牛昉
2017年1月出版 / 定价：69.00元
PSN B-2009-136-2/6

陕西蓝皮书
陕西文化发展报告（2017）
著（编）者：任宗哲 白宽犁 王长寿
2017年1月出版 / 定价：69.00元
PSN B-2009-137-3/6

陕西蓝皮书
陕西精准脱贫研究报告（2017）
著（编）者：任宗哲 白宽犁 王建康
2017年6月出版 / 估价：69.00元
PSN B-2017-623-6/6

上海蓝皮书
上海传媒发展报告（2017）
著（编）者：强荧 焦雨虹　2017年2月出版 / 定价：79.00元
PSN B-2012-295-5/7

上海蓝皮书
上海法治发展报告（2017）
著（编）者：叶青　2017年7月出版 / 估价：89.00元
PSN B-2012-296-6/7

上海蓝皮书
上海经济发展报告（2017）
著（编）者：沈开艳　2017年2月出版 / 定价：79.00元
PSN B-2006-057-1/7

上海蓝皮书
上海社会发展报告（2017）
著（编）者：杨雄 周海旺　2017年2月出版 / 定价：79.00元
PSN B-2006-058-2/7

上海蓝皮书
上海文化发展报告（2017）
著（编）者：荣跃明　2017年2月出版 / 定价：79.00元
PSN B-2006-059-3/7

上海蓝皮书
上海文学发展报告（2017）
著（编）者：陈圣来　2017年7月出版 / 估价：89.00元
PSN B-2012-297-7/7

上海蓝皮书
上海资源环境发展报告（2017）
著（编）者：周冯琦 汤庆合
2017年2月出版 / 定价：79.00元
PSN B-2006-060-4/7

社会建设蓝皮书
2017年北京社会建设分析报告
著（编）者：宋贵伦 冯虹　2017年10月出版 / 估价：89.00元
PSN B-2010-173-1/1

深圳蓝皮书
深圳法治发展报告（2017）
著（编）者：张骁儒　2017年6月出版 / 定价：79.00元
PSN B-2015-470-6/7

深圳蓝皮书
深圳经济发展报告（2017）
著（编）者：张骁儒　2017年6月出版 / 定价：79.00元
PSN B-2008-112-3/7

深圳蓝皮书
深圳劳动关系发展报告（2017）
著（编）者：汤庭芬　2017年7月出版 / 估价：89.00元
PSN B-2007-097-2/7

皮书系列重点推荐

地方发展类・国际问题类

深圳蓝皮书
深圳社会治理与发展报告（2017）
著(编)者：张晓儒 邹从兵　2017年6月出版 / 定价：79.00元
PSN B-2008-113-4/7

深圳蓝皮书
深圳文化发展报告(2017)
著(编)者：张晓儒　2017年5月出版 / 定价：79.00元
PSN B-2016-555-7/7

丝绸之路蓝皮书
丝绸之路经济带发展报告（2017）
著(编)者：任宗哲 白宽犁 谷孟宾
2017年1月出版 / 定价：75.00元
PSN B-2014-410-1/1

法治蓝皮书
四川依法治省年度报告No.3（2017）
著(编)者：李林 杨天宗 田禾
2017年3月出版 / 定价：118.00元
PSN B-2015-447-1/1

四川蓝皮书
2017年四川经济形势分析与预测
著(编)者：杨钢　2017年1月出版 / 定价：98.00元
PSN B-2007-098-2/7

四川蓝皮书
四川城镇化发展报告（2017）
著(编)者：侯水平 陈炜　2017年4月出版 / 定价：75.00元
PSN B-2015-456-7/7

四川蓝皮书
四川法治发展报告（2017）
著(编)者：郑泰安　2017年7月出版 / 估价：89.00元
PSN B-2015-441-5/7

四川蓝皮书
四川企业社会责任研究报告（2016~2017）
著(编)者：侯水平 盛毅
2017年5月出版 / 定价：79.00元
PSN B-2014-386-4/7

四川蓝皮书
四川社会发展报告（2017）
著(编)者：李羚　2017年6月出版 / 定价：79.00元
PSN B-2008-127-3/7

四川蓝皮书
四川生态建设报告（2017）
著(编)者：李晟之　2017年5月出版 / 定价：75.00元
PSN B-2015-455-6/7

四川蓝皮书
四川文化产业发展报告（2017）
著(编)者：向宝云 张立伟
2017年4月出版 / 定价：79.00元
PSN B-2006-074-1/7

体育蓝皮书
上海体育产业发展报告（2016~2017）
著(编)者：张林 黄海燕
2017年10月出版 / 估价：89.00元
PSN B-2015-454-4/4

体育蓝皮书
长三角地区体育产业发展报告（2016~2017）
著(编)者：张林　2017年7月出版 / 估价：89.00元
PSN B-2015-453-3/4

天津金融蓝皮书
天津金融发展报告（2017）
著(编)者：王爱俭 孔德昌
2018年3月出版 / 估价：98.00元
PSN B-2014-418-1/1

图们江区域合作蓝皮书
图们江区域合作发展报告（2017）
著(编)者：李铁　2017年11月出版 / 估价：98.00元
PSN B-2015-464-1/1

温州蓝皮书
2017年温州经济社会形势分析与预测
著(编)者：蒋儒林 王春光 金浩
2017年4月出版 / 定价：79.00元
PSN B-2008-105-1/1

西咸新区蓝皮书
西咸新区发展报告（2016~2017）
著(编)者：李扬 王军　2017年11月出版 / 估价：89.00元
PSN B-2016-535-1/1

扬州蓝皮书
扬州经济社会发展报告（2017）
著(编)者：丁纯　2017年12月出版 / 估价：98.00元
PSN B-2011-191-1/1

云南社会治理蓝皮书
云南社会治理年度报告（2016）
著(编)者：晏雄 韩全芳
2017年5月出版 / 定价：99.00元
PSN B-2011-191-1/1

长株潭城市群蓝皮书
长株潭城市群发展报告（2017）
著(编)者：张萍　2017年12月出版 / 估价：89.00元
PSN B-2008-109-1/1

中医文化蓝皮书
北京中医文化传播发展报告（2017）
著(编)者：毛嘉陵　2017年7月出版 / 估价：79.00元
PSN B-2015-468-1/2

珠三角流通蓝皮书
珠三角商圈发展研究报告（2017）
著(编)者：王先庆 林至颖
2017年7月出版 / 估价：98.00元
PSN B-2012-292-1/1

遵义蓝皮书
遵义发展报告（2017）
著(编)者：曾征 龚永育 雍思强
2017年12月出版 / 估价：89.00元
PSN B-2014-433-1/1

国际问题类

"一带一路"跨境通道蓝皮书
"一带一路"跨境通道建设研究报告（2017）
著（编）者：郭业洲　2017年8月出版 / 估价：89.00元
PSN B-2016-558-1/1

"一带一路"蓝皮书
"一带一路"建设发展报告（2017）
著（编）者：李永全　2017年6月出版 / 定价：89.00元
PSN B-2016-553-1/1

阿拉伯黄皮书
阿拉伯发展报告（2016~2017）
著（编）者：罗林　2018年3月出版 / 估价：89.00元
PSN Y-2014-381-1/1

巴西黄皮书
巴西发展报告（2017）
著（编）者：刘国枝　2017年5月出版 / 定价：85.00元
PSN Y-2017-614-1/1

北部湾蓝皮书
泛北部湾合作发展报告（2017）
著（编）者：吕余生　2017年12月出版 / 估价：85.00元
PSN B-2008-114-1/1

大湄公河次区域蓝皮书
大湄公河次区域合作发展报告（2017）
著（编）者：刘稚　2017年11月出版 / 定价：89.00元
PSN B-2011-196-1/1

大洋洲蓝皮书
大洋洲发展报告（2017）
著（编）者：喻常森　2017年10月出版 / 定价：89.00元
PSN B-2013-341-1/1

德国蓝皮书
德国发展报告（2017）
著（编）者：郑春荣　2017年6月出版 / 定价：89.00元
PSN B-2012-278-1/1

东北亚区域合作蓝皮书
2016年"一带一路"倡议与东北亚区域合作
著（编）者：刘亚政　金美花
2017年5月出版 / 定价：89.00元
PSN B-2017-631-1/1

东盟黄皮书
东盟发展报告（2017）
著（编）者：杨晓强　庄国土
2017年7月出版 / 定价：89.00元
PSN Y-2012-303-1/1

东南亚蓝皮书
东南亚地区发展报告（2016~2017）
著（编）者：厦门大学东南亚研究中心　王勤
2017年12月出版 / 估价：89.00元
PSN B-2012-240-1/1

俄罗斯黄皮书
俄罗斯发展报告（2017）
著（编）者：李永全　2017年6月出版 / 定价：89.00元
PSN Y-2006-061-1/1

非洲黄皮书
非洲发展报告 No.19（2016~2017）
著（编）者：张宏明　2017年7月出版 / 定价：89.00元
PSN Y-2012-239-1/1

公共外交蓝皮书
中国公共外交发展报告（2017）
著（编）者：赵启正　雷蔚真　2017年11月出版 / 定价：89.00元
PSN B-2015-457-1/1

国际安全蓝皮书
中国国际安全研究报告(2017)
著（编）者：刘慧　2017年11月出版 / 定价：98.00元
PSN B-2016-522-1/1

国际形势黄皮书
全球政治与安全报告（2017）
著（编）者：张宇燕　2017年1月出版 / 定价：89.00元
PSN Y-2001-016-1/1

韩国蓝皮书
韩国发展报告（2017）
著（编）者：牛林杰　刘宝全　2017年11月出版 / 定价：89.00元
PSN B-2010-155-1/1

加拿大蓝皮书
加拿大发展报告（2017）
著（编）者：仲伟合　2017年11月出版 / 定价：89.00元
PSN B-2014-389-1/1

拉美黄皮书
拉丁美洲和加勒比发展报告（2016~2017）
著（编）者：吴白乙　袁东振　2017年6月出版 / 定价：89.00元
PSN Y-1999-007-1/1

美国蓝皮书
美国研究报告（2017）
著（编）者：郑秉文　黄平　2017年5月出版 / 定价：89.00元
PSN B-2011-210-1/1

缅甸蓝皮书
缅甸国情报告（2017）
著（编）者：李晨阳　2017年12月出版 / 定价：86.00元
PSN B-2013-343-1/1

欧洲蓝皮书
欧洲发展报告（2016~2017）
著（编）者：黄平　周弘　程卫东　2017年6月出版 / 定价：89.00元
PSN B-1999-009-1/1

国际问题类 | 皮书系列 重点推荐

葡语国家蓝皮书
葡语国家发展报告（2017）
著(编)者：王成安 张敏 刘金兰
2017年12月出版 / 估价：89.00元
PSN B-2015-503-1/2

葡语国家蓝皮书
中国与葡语国家关系发展报告·巴西（2017）
著(编)者：张曙光　2017年8月出版 / 估价：89.00元
PSN B-2016-564-2/2

日本经济蓝皮书
日本经济与中日经贸关系研究报告（2017）
著(编)者：张季风　2017年6月出版 / 定价：89.00元
PSN B-2008-102-1/1

日本蓝皮书
日本研究报告（2017）
著(编)者：杨伯江　2017年6月出版 / 定价：89.00元
PSN B-2002-020-1/1

上海合作组织黄皮书
上海合作组织发展报告（2017）
著(编)者：李进峰
2017年6月出版 / 定价：98.00元
PSN Y-2009-130-1/1

世界创新竞争力黄皮书
世界创新竞争力发展报告（2017）
著(编)者：李闽榕 李建平 赵新力
2017年11月出版 / 估价：148.00元
PSN Y-2013-318-1/1

泰国蓝皮书
泰国研究报告（2017）
著(编)者：庄国土 张禹东
2017年11月出版 / 估价：118.00元
PSN B-2016-557-1/1

土耳其蓝皮书
土耳其发展报告（2017）
著(编)者：郭长刚 刘义
2017年11月出版 / 估价：89.00元
PSN B-2014-412-1/1

亚太蓝皮书
亚太地区发展报告（2017）
著(编)者：李向阳　2017年5月出版 / 定价：79.00元
PSN B-2001-015-1/1

印度蓝皮书
印度国情报告（2017）
著(编)者：吕昭义　2018年4月出版 / 估价：89.00元
PSN B-2012-241-1/1

印度洋地区蓝皮书
印度洋地区发展报告（2017）
著(编)者：汪戎　2017年6月出版 / 定价：98.00元
PSN B-2013-334-1/1

英国蓝皮书
英国发展报告（2016~2017）
著(编)者：王展鹏　2017年11月出版 / 估价：89.00元
PSN B-2015-486-1/1

越南蓝皮书
越南国情报告（2017）
著(编)者：谢林城
2017年12月出版 / 估价：89.00元
PSN B-2006-056-1/1

以色列蓝皮书
以色列发展报告（2017）
著(编)者：张倩红　2017年8月出版 / 估价：89.00元
PSN B-2015-483-1/1

伊朗蓝皮书
伊朗发展报告（2017）
著(编)者：冀开远　2017年10月出版 / 估价：89.00元
PSN B-2016-575-1/1

渝新欧蓝皮书
渝新欧沿线国家发展报告（2017）
著(编)者：杨柏 黄森　2017年6月出版 / 定价：88.00元
PSN B-2016-575-1/1

中东黄皮书
中东发展报告 No.19（2016~2017）
著(编)者：杨光　2017年10月出版 / 估价：89.00元
PSN Y-1998-004-1/1

中亚黄皮书
中亚国家发展报告（2017）
著(编)者：孙力　2017年6月出版 / 定价：98.00元
PSN Y-2012-238-1/1

社会科学文献出版社　　　　　　　　　**皮书系列**

❖ 皮书起源 ❖

"皮书"起源于十七、十八世纪的英国,主要指官方或社会组织正式发表的重要文件或报告,多以"白皮书"命名。在中国,"皮书"这一概念被社会广泛接受,并被成功运作、发展成为一种全新的出版形态,则源于中国社会科学院社会科学文献出版社。

❖ 皮书定义 ❖

皮书是对中国与世界发展状况和热点问题进行年度监测,以专业的角度、专家的视野和实证研究方法,针对某一领域或区域现状与发展态势展开分析和预测,具备原创性、实证性、专业性、连续性、前沿性、时效性等特点的公开出版物,由一系列权威研究报告组成。

❖ 皮书作者 ❖

皮书系列的作者以中国社会科学院、著名高校、地方社会科学院的研究人员为主,多为国内一流研究机构的权威专家学者,他们的看法和观点代表了学界对中国与世界的现实和未来最高水平的解读与分析。

❖ 皮书荣誉 ❖

皮书系列已成为社会科学文献出版社的著名图书品牌和中国社会科学院的知名学术品牌。2016年,皮书系列正式列入"十三五"国家重点出版规划项目;2012~2016年,重点皮书列入中国社会科学院承担的国家哲学社会科学创新工程项目;2017年,55种院外皮书使用"中国社会科学院创新工程学术出版项目"标识。

中国皮书网

www.pishu.cn

发布皮书研创资讯，传播皮书精彩内容
引领皮书出版潮流，打造皮书服务平台

栏目设置

关于皮书：何谓皮书、皮书分类、皮书大事记、皮书荣誉、
皮书出版第一人、皮书编辑部

最新资讯：通知公告、新闻动态、媒体聚焦、网站专题、视频直播、下载专区

皮书研创：皮书规范、皮书选题、皮书出版、皮书研究、研创团队

皮书评奖评价：指标体系、皮书评价、皮书评奖

互动专区：皮书说、皮书智库、皮书微博、数据库微博

所获荣誉

2008年、2011年，中国皮书网均在全国新闻出版业网站荣誉评选中获得"最具商业价值网站"称号；

2012年，获得"出版业网站百强"称号。

网库合一

2014年，中国皮书网与皮书数据库端口合一，实现资源共享。更多详情请登录www.pishu.cn。

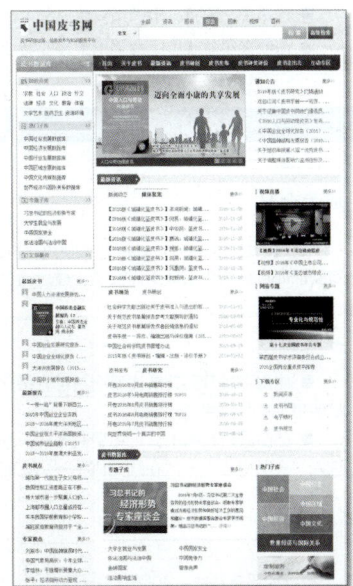

权威报告・热点资讯・特色资源

皮书数据库
ANNUAL REPORT(YEARBOOK) DATABASE

当代中国与世界发展高端智库平台

所获荣誉

- 2016年，入选"国家'十三五'电子出版物出版规划骨干工程"
- 2015年，荣获"搜索中国正能量 点赞2015" "创新中国科技创新奖"
- 2013年，荣获"中国出版政府奖・网络出版物奖"提名奖
- 连续多年荣获中国数字出版博览会"数字出版・优秀品牌"奖

成为会员

通过网址www.pishu.com.cn或使用手机扫描二维码进入皮书数据库网站，进行手机号码验证或邮箱验证即可成为皮书数据库会员（建议通过手机号码快速验证注册）。

会员福利

- 使用手机号码首次注册会员可直接获得100元体验金，不需充值即可购买和查看数据库内容（仅限使用手机号码快速注册）。
- 已注册用户购书后可免费获赠100元皮书数据库充值卡。刮开充值卡涂层获取充值密码，登录并进入"会员中心"—"在线充值"—"充值卡充值"，充值成功后即可购买和查看数据库内容。

数据库服务热线：400-008-6695　　　　　图书销售热线：010-59367070/7028
数据库服务QQ：2475522410　　　　　　　图书服务QQ：1265056568
数据库服务邮箱：database@ssap.cn　　　　图书服务邮箱：duzhe@ssap.cn

皮书品牌20年
YEAR BOOKS

更多信息请登录

皮书数据库
http://www.pishu.com.cn

中国皮书网
http://www.pishu.cn

皮书微博
http://weibo.com/pishu

皮书博客
http://blog.sina.com.cn/pishu

皮书微信"皮书说"

请到当当、亚马逊、京东或各地书店购买,也可办理邮购

咨询 / 邮购电话:010-59367028 59367070
邮　　箱:duzhe@ssap.cn
邮购地址:北京市西城区北三环中路甲29号院3号楼
　　　　华龙大厦13层读者服务中心
邮　　编:100029
银行户名:社会科学文献出版社
开户银行:中国工商银行北京北太平庄支行
账　　号:0200010019200365434

表1 2016年河北省主要进口食品农产品情况

单位：万美元

序号	产品类别	主要进口品种	批次	货值
1	乳与乳制品	乳粉、黄油、巴氏灭菌乳	111	1934.27
2	食用油	棕榈油、代可可脂、初榨橄榄油、初榨大豆油、初榨菜籽油	148	6154.45
3	酒类	葡萄酒、啤酒	87	398.50
4	糖与糖果、可可制品	白砂糖、可可粉、可可液块	71	485.45
5	食品添加剂	食品添加剂	167	428.36
6	粮食制品	木薯淀粉、物理变性淀粉	86	739.51
7	原糖和制糖原料	甘蔗原糖	8	6549.98
8	干果	核桃	27	404.04
9	肉类产品（包括肠衣）	冻牛筋、盐渍肠衣、冻牛肉	334	1111.46
10	动物水产品	冻虾夷贝、冻鱼	77	869.30
11	进境粮食	大豆、大麦、小麦及木薯干	189	102440.41

（二）出口食品农产品情况

2016年河北辖区检验检疫出口食品农产品50510批，货值22亿美元，同比批次增长24.4%，货值增长8.3%，主要产品情况如表2所示。

出口食品农产品主要包括食品添加剂、动物水产品（不含罐头类）、动物肉脏及杂碎、水果、罐头、糖果巧克力制品、中药材、果蔬制品、干果、保鲜蔬菜、饮料等，按货值出口量前五位为食品添加剂13372批、66688.18万美元，动物水产品（不含罐头类）1774批、29545.43万美元，水果7614批、16759.1万美元，动物肉脏及杂碎1200批、14802.48万美元，罐头3121批、11399.44万美元。

表2 2016年河北省主要出口食品农产品情况

单位：万美元

序号	产品类别	主要出口品种	批次	货值
1	罐头	水果罐头、番茄酱罐头、甜玉米罐头、蔬菜罐头、板栗罐头、肉禽罐头、水产罐头	3121	11399.44
2	熟肉制品	热处理鸡肉、灌肠类熟肉制品（冻香肠）	1614	8431.75
3	食用油	食用豆油、食用棉籽油、食用芝麻油、南瓜籽油、加工油脂	199	2318.73
4	干(坚)果、炒货	熟制花生、油炸蚕豆、玉带豆、琥珀核桃仁、什锦豆	716	2568.22
5	蔬菜水果制品	冷冻水果、脱水蔬菜、冷冻蔬菜、盐渍菜	2781	6811.24
6	水产制品	拌海兔、拌章鱼、冻烤鱼、冻章鱼、冻煮扇贝、冻煮杂色蛤	323	4617.83
7	饮料	软饮料(果蔬汁)、蛋白型固体饮料	1286	5341.77
8	糖与糖果、巧克力及可可制品	糖果、葡萄糖、麦芽糊精、果葡糖浆	3183	9208.75
9	调味品	酿造酱油、番茄沙司、米醋、复合调味料	331	735.36
10	食品添加剂	食品添加剂	13372	66688.18
11	粮食制品	淀粉、速冻粮食制品、红豆馅、面条、粉丝(条)	2404	6451.17
12	蜜饯	果脯、蜜枣	724	2805.75
13	豆类(干)	芸豆、红小豆、蚕豆、黑豆、绿豆、豇豆	812	4461.44
14	保鲜蔬菜	保鲜蔬菜	5299	7189.98
15	植物性调味料	辣椒粉、辣椒干、辣椒碎	740	3770.81
16	药材类	中药材	1292	8008.34
17	干果类	杏仁、板栗、干枣、核桃仁	1082	5692.61
18	动物肉脏及杂碎	肠衣、冻羊肉、冷冻禽肉	1200	14802.48

续表

序号	产品类别	主要出口品种	批次	货值
19	动物水产品(不含罐头类)	冰鲜河豚、冻扇贝、冻章鱼、冻虾夷贝、冻煮杂色蛤肉	1774	29545.43
20	其他食品	大豆蛋白、大麦苗粉、酵母、苜蓿苗粉、水解蛋白粉、小麦苗粉	643	2145.03
21	水果	鲜梨、苹果	7614	16759.1

二 监督管理状况

(一) 行政许可情况

出口食品生产企业备案情况：2016 年河北局辖区有效卫生备案企业共计 652 家，备案企业数量居前六位的依次为唐山、秦皇岛、张家口、保定、承德、石家庄，对应企业数为 108、85、82、78、66、55 家，其总和占河北辖区总出口食品备案企业近 3/4。

出口食品生产企业对外注册情况：河北省有对外注册企业 105 家，其中罐头类 11 家、水产品类 43 家、肉及肉制品类 14 家、肠衣类 33 家、果蔬汁类 4 家。

出口水果注册情况：目前共有注册包装厂 57 家，注册果园 186 个，其中梨园 145 个、苹果园 15 个、葡萄园 11 个、桃园 6 个、李子园 5 个、柿园 2 个、樱桃园 1 个、草莓园 1 个。主要出口美国、加拿大、澳大利亚、新西兰、以色列、东南亚、欧洲、中东等 80 多个国家和地区。

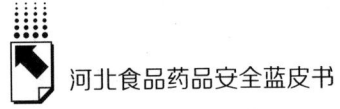

口岸食品经营许可情况：河北口岸食品生产经营单位卫生许可共计28家，其中餐饮服务1家、食品流通（含交通工具食品供应）25家、饮用水供应4家（其中有2家企业既包括食品流通，也包括饮用水供应）。

（二）主要进出口食品农产品质量状况

1．进出口肠衣

（1）基本情况

2016年河北进出口肠衣1016批，重量13498.43吨，货值11648.8万美元，同比批次、重量分别上升7.29%、8.24%，货值下降17.07%。其中，出口肠衣720批，重量7049.4吨，货值10806.56万美元，同比批次上升0.84%，重量和货值分别下降3%和21.6%。进口肠衣296批，重量6449.03吨，货值842.24万美元，批次、重量和金额同比分别上升27.04%、24.7%和39.1%。

（2）质量状况

进口不合格情况：2016年，河北进口肠衣共有5批判定为不合格，批次不合格率为2.1%。从1批西班牙盐渍猪肠衣中发现一桶肠衣的表层肠衣部分腐败变质，为该塑料桶在运输途中破损盐卤外溢导致，监督进口企业对腐败变质的肠衣进行了焚烧销毁处理。从2批西班牙和2批德国进境盐渍猪肠衣中发现部分包装桶破损，导致盐卤泄漏。对不合格进口肠衣，河北检验检疫局按照《进出口肠衣检验检疫监管作业指导书》相关要求，签发了《入境货物检验检疫处理通知书》。对于包装不合格的，进境货物在检验检疫人员监督下，对包装进行了重新整理，处理合格后卸离运输工具。对销毁处理的货物，监督企业进行了货物销毁并提供有关证明材料。

出口不合格情况：2016年，河北局在出口肠衣监督抽检工作中检出3批盐渍绵羊肠衣和1批盐渍猪肠衣呋喃西林阳性，检测结果分别为1.5μg/kg、0.8μg/kg、2.6μg/kg和0.6μg/kg。对抽检检出的不合格肠衣，一是根据相关要求24小时内上报了质检总局食品局、检科院秘书处和标法中心秘书处，并通报当地农业部门；二是通知企业对阳性样品进行追溯，同批原料生产尚未出口的产品不准出口；三是开展追溯调查与处理。检验检疫人员对企业加工过程及相关记录进行现场检查，企业按照合格供方评价制度对原料批进行了氯霉素、硝基呋喃类检测，合格后方可投入生产，同时监督出口企业开展自查，严控原料采购，取消相关供货商的合格供方资格，对不合格原料退运，不合格产品禁止出口，同时进一步加强对出口肠衣的监督抽检，加强对硝基呋喃的检测。

（3）监管情况

依据国家质检总局2011年142号令《出口食品生产企业备案管理规定》的要求，对出口肠衣加工企业实施备案管理；依据国家质检总局2004年第49号公告《进境肉类产品检验检疫管理规定》要求，对进境肠衣定点加工企业实施备案管理，对进境肠衣实施许可证审批制；依据《河北局关于印发〈河北检验检疫局出口食品生产企业风险评估规范（试行）〉的通知》对出口肠衣企业实施分类管理。

（4）存在问题

天然肠衣中呋喃西林代谢物易发生假阳性。2016年，河北局出口肠衣呋喃西林阳性检出率突然增多，经组织研究探讨，一是由于现行硝基呋喃类药物的检测方法有 6 种 GB/T 或 SN/T 标准，6种检测方法中样品前处理方法有差异，即经过水洗工序和不经水洗，水洗后的检测数值比未经水洗方法检测的大约低 20%。二是 6 种检测方法均是检测硝基呋喃类药物的代谢物。如呋喃西林是通过检测呋喃西林的代谢物氨基脲（SEM），而 SEM 产生的途径很多，比如由食品包装迁移所致，食品添加剂、环境中的 SEM，甚至在碱性强度高的环境下肠衣也会产生少量 SEM，因此易发生假阳性，且难于甄别。

（5）工作建议

①加强呋喃类药物的检测研究，各省统一检测方法，要做到信息共享、资源共用。

②肠衣原料风险大，肠衣半成品等原料来源复杂，特别是兽药残留控制难度大、费用高，在原料来源和检测方面需要有关部门的大力支持，加强对历年来监控结果的统计分析与风险评估，加强检测工作的针对性和有效性。

2. 进出口水产品

（1）基本情况

2015 年以前，河北辖区基本无直接进口水产品贸易，国外进口水产品主要从大连口岸入境，2016 年开始直接从秦皇岛通关施检，大大缩短了时间，降低了企业成本，直接进口水产品贸易得以发展。2016 年河北辖区共进出口水产品 2241 批，货值约 3.51 亿美元，其中进口 71 批，货值 1053.5 万美元，具体产品主要为冷冻贝类、冷冻鱼类产品、冻煮贝类等，主要来自日本；出口水产品 2170 批，货值 3.41 亿美元，同比 2015 年批次增长了 9.60%，货值降低了 31.3%，出口产品包括冻扇贝柱、冻虾夷扇贝、冻煮杂色蛤肉、冻章鱼、调味章鱼、冻河豚、冻虾仁等，出口国家和地区主要为美国、日本、韩国、中国香港、中国台湾、新加坡、澳大利亚、新西兰、俄罗斯、加拿大等。

（2）质量状况

检出不合格情况：2016 年进口水产品未检出不合格，出口水产品检出不合格产品 13 批，其中冻章鱼 12 批、冻河豚 1 批，均为包装不合格，相关产品经返工整理合格出境。

通报核查情况：2016 年出口水产品共收到国外通报 21 批次，其中：美国通报 15 批，通报产品主要为扇贝，通报原因均为污秽腐败。河北辖区出口贝类是美国贝类进口的重要来源，多年来出口质量稳定，但 2015 年以来，几家主要输美企业均被通报。经核查未发现明显感官检验问题。加拿大通报 2 批，通报产品名称为"水产品"，通报原因为净重不合格；日本通报 2 批，通报产品均为冻煮贝肉，通报原因均为菌落总数超标；韩国通报 2 批，通报产品均为冻章鱼，通报原因为人为注水和食品添加剂超标，具体项目为二氧化硫。

（3）监管情况

进出口水产品的检验检疫监管主要依据《进出口水产品检验检疫监督管理办法》（质检总局令 135 号）、《关于施行〈进出口水产品检验检疫监督管理办法〉的通知》等文件要求实施。

河北辖区现有备案出口水产品企业 44 家，在出口监管方面按照"预防为主、源头监管、全过程控制"的原则，一是实施风险管理，依据出口水产品企业质量安全管理水平、诚信经营情况等对企业进行分类，采取针对性的监管措施；二是通过对出口水产品养殖场实施备案管理，建设出口水产品质量安全示范区等措施，强化源头监管，保障产品可追溯性，目前河北省已建成国家级和省级出口水产品质量安全示范区各1个，辖区共有出口水产品备案养殖场29个；三是依据质检总局监督抽检要求制订河北辖区出口水产品监督抽检计划，保障出口水产品质量安全。

在进口监管方面按照"预防在先、风险管理、全程管控、国际共治"的原则，建立符合国际惯例、覆盖"进口前、进口时、进口后"各个环节的进口食品安全"全过程"管理体系。进口前严格准入，对进口水产品贸易国准入情况、国外出口商和生产企业的注册资质情况严格审核，对国内进口商实施备案管理，目前河北辖区共有备案水产品进口商30个，对进口水产品依据有关要求严格实施检疫审批；进口时严格检验检疫，不符合要求的，依法采取整改、退运或销毁等措施；进口后严格后续监管，要求进口商建立和完善进口销售记录制度，完善进口食品追溯体系，对不合格进口水产品及时召回等。对于进出口水产品的日常检验检疫，按照E-CIQ系统抽中情况实施现场查验及实验室送检，依据国家相关产品标准进行检验。

（4）存在问题

水产品安全卫生项目检测涉及项目范围较广，个别企业由于实验室人员交替、资金不足等各方面原因，其人员、仪器等不能满足实验室检测需求。

（5）工作建议

①引导企业开展行业内部交流，通过组织企业参加中外展会、

参观水产龙头企业等方式，取长补短，提升整体质量安全管理水平。

②继续推进河北省出口水产品示范区建设。进一步加大宣传力度，提高对示范区重要性的认识，继续为示范区建设提供技术指导，提升水产企业管理水平，提高水产品质量，培育优质品牌，扩大市场影响力，带动当地经济发展。

3. 进境粮食

（1）基本情况

2016年河北进境粮食有秦皇岛和京唐港两个口岸，进境粮食品种有大豆、大麦、小麦及木薯干4个品种，共计189批次、264.75万吨、货值102440.41万美元，其中进境大豆150批次、232.05万吨、货值93706.78万美元，输出国家有美国、巴西、阿根廷、加拿大，所有进境的大豆都是转基因大豆，用于榨油或国储；进境大麦30批、27.67万吨、货值7761.62万美元，输出国家有澳大利亚、加拿大，全部用于啤酒麦芽加工；进境小麦4批次、0.3万吨、货值78.08万美元，输出国家澳大利亚，全部用于加工食用面粉；进境木薯干5批、4.73万吨、货值893.93万美元，输出国家有印度尼西亚、泰国和越南，全部为工业用途。

（2）质量状况

检出不合格情况：进境大豆品质不合格28批次，不合格重量52.29万吨，占总量的24.19%。大豆品质不合格项目有杂质、蛋白、热损、总损伤。大豆杂质超标的原因主要是加工过筛不细、港口装船使用的筒仓混合装载不同品种粮食造成交叉污染。进境大麦不合格24批次，不合格重量19.29万吨，占总量的71.16%。大麦品质不合格项目有杂质、千粒重、饱满粒、瘦小粒、发芽率。大麦杂质超标是由于澳大利亚与我国的杂质检验标准不统一和多次装卸造成杂质含量增加；千粒重、饱满粒、瘦小粒、发芽率不合格是由于进境大麦等级低，本身品质差造成。进境小麦1批次蛋白含量不合格，不合格重量775吨。

疫情截获情况：2016年，河北口岸进境粮食疫情截获率为100%。共截获检疫性有害生物189批、32种、1021种次，非检疫性有害生物243种、4285种次。其中，进境大豆检出检疫性有害生物133批、27种、937种次，非检疫性有害生物238种、3824种次；进境大麦检出检疫性有害生物35批、3种、71种次，非检疫性有害生物27种、391种次；进境小麦检出检疫性有害生物4批、3种、8种次，非检疫性有害生物14种、40种次；进境木薯干检出检疫性有害生物2种、5种次，非检疫性有害生物20种、44种次。

（3）监管情况

针对进境粮谷疫情截获率居高不下的情况，河北局在加强检验检疫的同时，做好进境粮食的后续监管工作。一是严格按照进境粮食规定办理调运手续，落实跨辖区调运联系制度，防止进境粮谷外流和挪作他用；二是做好卸船、运输、监管，使用规定的粮食专用车，防止运输过程撒漏；三是做好进境粮食的加工及下脚料处理环节的后续监管，要求企业每月定期汇报下脚料产生和处理情况，并且不定期下厂监管下脚料处理情况，核实加工数量、下脚料产生数量与无害化处理是否相符；四是针对进境品质不合格情况，及时和企业沟通，减少杂质超标粮食输入，降低有害生物传入风险。

为有效防止外来有害生物的定植和传播，切实做好进境粮谷外来有害生物的监测和调查工作。河北各分支局制定年度进境粮食检疫性有害生物监测方案，将监测和调查范围重点放在进境粮谷定点加工厂、国储库和进境粮谷储存库及周边地区，进境粮谷装卸港口、矿堆、码头、运输的铁路和公路沿线。发现检疫性杂草，及时采取拔除、铲除和喷洒除草剂灭活处理，有效防止外来有害杂草对外扩散。

（4）存在问题

①进境粮食检验检疫周期长，易导致超出流程时限。主要原因是进境粮食中携带有害生物种类较多，鉴定困难，特别是植物病原真菌、细菌及病毒检测方法较少，已有检测方法耗时太久。一旦发现全国首次截获有害生物需进行专家复核，鉴定周期过长。

②口岸一线人员亟须解决外来有害生物监测技术培训和鉴定资料。比如杂草方面：以前口岸杂草鉴定主要是以种子鉴定为主，口岸外来有害杂草监测调查最近几年才开展，通过调查发现不少外来有害杂草存在扩散的风险，而外来有害杂草监测又以植株鉴定为重点，总局虽然下发了外来有害杂草监测工作指南，但实际操作中还存在不少问题，如口岸缺乏完整的具有权威性外来杂草鉴定书籍；许多口岸的监测能力不足，有的口岸虽然邀请中科院、检科院的专家进行监测，但是时间和频次有限，达不到疫情监测全覆盖。建议国家质检总局尽快开展杂草监测技术培训班，将成熟的监测技术和鉴定技术普及和推广到一线人员，尽快组织专家编辑出版检疫性外来有害杂草监测鉴定图谱。

（5）工作建议

①目前进境大麦国外与国内检验标准不统一，造成检验结果不

一致，国内检验不合格的粮食，国外却出具了合格结果，特别是进境大麦的杂质超标现象严重，携带的疫情风险极高，严重影响了我国的生态安全和企业的经济效益。建议总局进一步加强与国外检验检疫机构的交流，统一国内外粮食检验标准，开展装船前检验工作、比对经装船前后的杂质差异，或者委托第三方检测机构进行装船前和到岸检验，并出具检验证书，从而达到真正的货证相符，降低进境粮食疫情传入风险。

②近年来，进境粮食安全风险监控的数据统计结果显示，进境粮食中农残和有毒有害物质不合格率较低，建议总局加强对主要输出国粮食中农药使用情况信息收集工作，有针对性地增加国外使用农药的监控项目，把好进境粮食质量安全关。

③针对进境大豆中发现的各种质量安全问题，如进境大豆中携带种衣剂大豆的情况。建议总局加大对外违规通报力度，通过对国外出口企业采取风险预警、黑名单等措施，敦促国外检验检疫机构关注并及时解决存在的问题。

④加强与进境粮食相关的科研制标工作。建议做好进境粮食检疫性有害生物检疫鉴定方法或标准的制定、整理工作，并定期开展培训工作，同时加快进境粮食检出检疫性有害生物后的检疫处理方法的研究工作，构筑防止外来有害生物传入的屏障和防线，真正做到"检得出、检得准、灭得掉"。

4. 进口乳及乳制品

（1）基本情况

2016年河北辖区进口乳及乳制品共计111批次、重量8311.24吨、货值1934.27万美元，较2015年同期分别增长52.05%、

48.71%、92.07%。进口产品主要是全脂乳粉、脱脂乳粉，少量黄油、巴氏杀菌乳和无水奶油，原产国为法国、新西兰。

（2）质量状况

河北辖区进口乳及乳制品主要用作生产加工原料，2016年度未在进口乳及乳制品中检出不合格，产品质量稳定良好。

（3）监管情况

在乳及乳制品进口时，认真核查乳品国外生产企业、国外出口商、国内进口商注册和备案信息、官方卫生证书、相应产品食品安全国家标准中列明项目的检测报告等报检信息，按照有关国家食品安全标准实施实验室检验，确保产品质量安全。

①按照国家质检总局的要求对进口商实施备案，要求进口商严格进口乳品的进口与销售记录，完善进口乳品追溯体系，对不合格进口乳品及时召回，对进口商的进口和销售记录进行监管。

②实施进口乳品生产经营者不良记录制度，加大对违规企业处罚力度。

③实施进口商约谈制度，敦促进口商履行好进口乳品的主体责任，保障进口乳品安全。

（4）工作建议

需要防范农兽药残留的风险，建议加强对进口乳品农兽药残留项目的监控。

5. 出口禽肉

（1）基本情况

2016年河北辖区共计出口禽肉产品1693批、21830.37吨、8505.03万美元。批次、重量、金额同比分别增长3.28%、

28.66%、28.07%。无被国外退运或索赔情况发生。

（2）质量状况

2016年未检出不合格批次，河北出口禽肉质量状况良好。

（3）监管情况

严格按照国家质量监督检验检疫总局《进出口肉类产品检验检疫监督管理办法》（总局第136号令）、《熟肉制品卫生标准》、《进出口加工肉制品检验规程》、《进出口速冻方便食品检验规程》、《鲜、冻禽产品》、《出入境鲜冻家禽肉类检验检疫规程》等要求对企业及产品进行检验检疫监管，同时依据《河北出入境检验检疫局出口食品安全风险管理办法（试行）》《河北检验检疫局出口食品生产企业风险评估规范（试行）》《河北检验检疫局出口食品风险评估规范（试行）》等文件要求对产品和企业进行风险分类，对其进行相应级别、相应频次的监管。对出口企业重点加强了过程管理，着重提高出口企业的加工水平和质量控制能力，积极指导出口企业建立符合标准的原料养殖基地，严格对原料基地的注册备案管理，确保屠宰活禽全部来自备案养殖场。按照《河北检验检疫局出口动源食品安全监督抽检计划》和《出口禽肉微生物监控计划》进行农兽药残留和微生物检测。

（4）存在问题

禽流感等疫情不断在各地爆发，因此疫情防控需进一步加强。

（5）工作建议

①建议检验检疫、农业及食药监等部门加强沟通，建立网络信息共享平台，实现信息共享，有利于一线检验检疫人员、生产企业随时掌握有关信息。

②继续加强对出口企业开展专项的业务培训和法律法规的宣传，不断提高管理水平，增强企业质量安全第一责任人的意识，使业务水平和管理理念能够跟上出口要求的变化。

6. 出口中药材

（1）基本情况

中药材是河北辖区传统、特色出口农产品之一，其生产加工产业链条完善、产业基础雄厚、中医药历史文化悠久。2016年，河北辖区出口中药材1292批、货值8008.34万美元，产品主要包括黄芪、甘草、人参、桔梗、苍术、大枣、枸杞、川芎、茯苓、防风、地黄等，主要输往日本、韩国、中国台湾、马来西亚、美国、德国、意大利等国家和地区。

（2）质量状况

不合格检出情况：2016年在出口检疫监管过程中共检出9批次检疫不合格，批次不合格率0.697%，涉及产品包括当归、芍药、半夏、党参、黄芪、陈皮等，不合格原因为携带土壤、杂草，存在发霉变质等。经分析，中药材盘根错节的形态结构容易在结构间隙、孔洞中夹带土壤、草籽、虫卵等检疫物，而通过简单的挑选、除杂工序较难彻底清除这些检疫物；另外，中药材富含淀粉、蛋白、油脂，在仓储、运输过程中极易受温度、湿度的影响发生发霉、变质等现象。

国外通报情况：全年共被通报2批，均为韩国通报食品添加剂超标（检出二氧化硫），经核查，被通报产品在出口报检时均申报为"药用"，依据《进出境中药材检疫监督管理办法》（质检总局令第169号）要求，对相关产品仅实施植物检疫。

(3) 监管情况

①大力推进贸易便利化。全面推行以诚信管理和风险分析为基础的分类管理模式,大幅降低出口药材抽验比例,同时扩大直通放行、无纸化通关惠及率,着力提高贸易便利化水平。

②强化生产过程监管。继续引导企业进一步完善从原料到成品的全过程质量安全管理体系,提高其产品质量第一责任人意识。针对中药材自身易携带有害检疫物的特点,指导生产企业通过理顺生产流程、优化加工工艺等手段不断提高企业管理水平和风险自控能力。同时,要求企业严格收购标准,对采购的中药材基地农药使用情况进行摸底,禁止收购不合格原料。

③鼓励企业加强自检自控。鼓励企业自建实验室,强化其对产品质量的自检自控能力,严守原料源头,严控生产加工,严把品质检测,做好整个生产过程的质量管理。

(4) 存在问题

目前国内药材行业乱象丛生,掺杂使假、染色增重等违法行为时有发生;而中药材品种繁多、专业性强,对违法行为甄别难度较大,对出口产品原料等造成了潜在的安全风险。

(5) 工作建议

加强教育引导,帮扶企业提升质量安全意识,落实主体责任,引导企业诚信经营。

7. 出口食用菌

(1) 基本情况

2016年河北辖区出口食用菌及其制品共计620批次、货值1493.48万美元,较2015年同期批次、货值分别减少16.44%、

27.77%。出口品种以香菇、杏鲍菇、平菇、滑子菇等为主，类型涵盖保鲜、罐头、干制、冷冻、盐渍等形态，主要输往韩国、意大利、法国、俄罗斯、西班牙、泰国等国家和地区。

（2）质量状况

全省共检出不合格食用菌及其制品 4 批次，产品包含速冻平菇、速冻香菇、速冻滑子菇和盐渍平菇，其中速冻平菇检出货物包装标识不符合进境国技术要求，不准出境；速冻香菇、速冻滑子菇检出包装不合格，经返工整理合格出境；盐渍平菇检出厌氧亚硫酸盐还原梭状芽孢杆菌，不准出境。

出口食用菌及其制品的主要风险来源为农药残留，一部分来自培养基中的农作物原料，如棉籽皮、各种秸秆等；另一部分来自农药使用，食用菌在拌种和生长过程中使用少量杀菌剂和杀虫剂。杀菌药物多为多菌灵、百菌清、克霉灵等，杀虫剂多为氯氰菊酯、氯菊酯、阿维菌素、联苯菊酯、吡虫啉等。食用菌种植多使用熟料（高温处理），培养基中的残留农药也会部分进行分解，所以食用菌中的农药残留相对处于一个比较低的水平，生产企业通过对种植基地的用药管理和加强原料入厂验收等环节，控制产品的农药残留风险。

（3）监管情况

河北辖区共有出口食用菌及其制品的生产加工企业 25 家，分布在承德、保定、石家庄、邯郸、邢台等地。

①积极探索检验监管模式改革，加强检政合作。依托出口食品农产品质量安全示范区管理及产业优势，与地方政府签订相关合作协议，推动示范区及区内企业用好国际国内两个市场，实现产业升

级转型，在保障出口食品质量安全的同时，提升产品国际竞争力。

②落实出口蔬菜基地备案管理制度。依据《中华人民共和国食品安全法》的要求，出口食用菌产品的原料必须来自备案基地，河北出入境检验检疫局监管人员按照《出口食品原料种植场备案管理规定》的要求，深入基地开展备案食用菌原料基地备案与监督检查工作，要求出口企业加强对原料验收管理以及溯源制度，对原料供应商建立合格供应商评价制度，确保原料质量安全指标达标，从源头控制产品的风险。

③强化企业质量安全主体责任意识。河北出入境检验检疫局通过开展一系列法律法规宣传和培训活动，提高出口生产企业主体责任意识，使企业充分认识到食品安全无小事，加强对出口企业诚信体系和自律机制的建设，强化出口食品生产企业的守法意识，增强企业提高食品质量安全的主观能动性。

（4）存在问题

①食用菌栽培介质材料及灌溉用水有毒有害物质的控制不到位，介质材料农残及重金属本底含量高，栽培出的食用菌容易出现重金属及农残超标。目前，国内土壤污染、大气污染和水污染的情况时有发生，出口食用菌备案基地的原料在其生长过程中由于培养基污染、水污染和大气污染带来食用菌原料污染的可能性还是很大，给出口食用菌产品带来极大的质量安全风险隐患。

②供货证明管理相对宽松，部分来源不明食用菌原料通过基地开具的供货证明进入加工企业，来源不明食用菌生产过程不受控，容易导致农残及重金属超标。

③出口国家和地区的农残限量标准高，以出口国家及地区标准

来评判监控结果,容易出现超标情况。以香港地区现行标准为例,其标准要求鲜食用菌中重金镉残留限量为0.1ppm,而国内仍执行0.2ppm的检出限量标准。随着香港食物内残余规例的实施,香港方面对食用菌抽样检测日趋规范,若供港食用菌来源不确定,其风险情况不确定,易出现产品超标风险。

(5)工作建议

①强化协同监管,抓好质量共建。出口食用菌生产涉及农业、商务、检验检疫、市场监管等多个监管部门,各部门应各自发挥职能优势,建立监管信息交流机制,形成"互动、互补、互信"协同监管质量共建态势。

②加强食品安全风险信息管理工作。近年来,各进口国对我国出口食用菌质量安全的关注点不断变化,比如日本于2013年6月和2016年7月分别解除了对我国黑木耳和松茸中毒死蜱的命令检查,但对我国食用菌中的二氧化硫仍然十分关注;欧盟对我国生产的牛肝菌中的尼古丁较为关注;美国近期对我国生产的药用菌灵芝类产品中的辛硫磷、三唑磷和高效氯氟氰菊酯等杀虫剂十分关注。应密切关注国内外食品安全信息,指定专人收集各国食品安全法律法规,定期对数据进行总结分析,发挥食品安全风险信息的预警作用。

8. 出口植物性调味料

(1)基本情况

2016年河北辖区出口植物性调味料共计740批次、货值3770.81万美元,较2015年同期批次增长4.67%、货值减少5.11%。出口品种主要为辣椒干、辣椒粒、辣椒圈、辣椒粉等辣椒制品,少量白胡椒、八角、茴香等产品,生产加工企业分布在石家庄、邯郸、邢台、廊坊、保定、唐山、邯郸、沧州等地,主要输往日本、欧盟、加拿大、美国、东南亚等国家和地区。

(2) 质量状况

2016年全省出口植物性调味料共检出不合格产品3批次,检出率为0.41%,产品质量良好。检出不合格产品为辣椒粉、辣椒圈。不合格的原因是微生物毒素超标、检出禁有物、品质缺陷,对不合格产品采取不准出境处置。

(3) 监管情况

①严格把关,确保安全。按照《出口食品生产加工企业的卫生要求》等国家质检总局的相关要求对企业进行监督管理;严格按照《2016年度河北检验检疫局出口食品化妆品监督抽检计划(国抽)》对出口产品实施抽检,对农残(毒死蜱、辛硫磷等)、重金属(铅、砷、镉、汞)、微生物(细菌总数、大肠菌群、霉菌、沙门氏菌、金色葡萄球菌、志贺氏菌)等项目进行实验室检测,确保出口产品的质量安全。

②动态管理,热情帮扶。积极落实促进食品农产品出口相关各项措施,最大限度地为出口企业提供优质、便利的服务。在实施企业分类管理的基础上实施动态管理,结合企业及产品实际,采取"先检后放、通检通放、快检快放、即报即放、他检我放"等检验检疫通关放行模式,加快出口产品放行速度。

(4) 存在问题

①由于出口国家与我国食品安全国家标准间有所差异,例如出口欧盟国家对赭曲霉毒素有限量要求,但我国《GB 2761 - 2011 食

品安全国家标准食品中真菌毒素限量》并未规定调味料中赭曲霉毒素限量，可能会对辣椒粉等产品的出口带来风险。

②出口植物性调味料类产品主要为辣椒制品，产品结构和出口市场单一、附加值低，出口企业多为原料供应商，徘徊于产业链的最低端，容易受到输入国家和国际市场的经济状况影响。

（5）工作建议

①加大向企业宣传国家法律法规的力度，进一步提高出口企业主体责任意识、诚信意识、风险意识，提高出口植物性调味料生产加工企业的质量管理水平及产品质量安全水平。

②更加关注出口敏感国家和地区标准要求的变化，加强与国内其他检验检疫机构、地方政府食品安全监管部门和企业之间建立信息互通、交流和共享机制，避免出口产品质量安全风险。

③加大科技投入力度，建议政府和企业把增加科技投入作为提高产品质量的战略措施，从育种、技术储备、种子生产、加工、营销等全过程进行产业设计与支持，重点加大对辣椒的种质资源开发和产品工艺创新力度，研发新品种、新工艺、新产品。

9. 出口保鲜蔬菜

（1）基本情况

2016 年度河北辖区出口保鲜蔬菜 5299 批次、货值 7189.98 万美元，较 2015 年同期批次、货值分别增长 17.65%、34.61%。出口主要品种包含白菜、菜花、白萝卜、生菜、西蓝花、西芹、彩椒、甘蓝、胡萝卜、红心大根、卷心菜等，主要输往中国台湾、日本、韩国、马来西亚、新加坡、美国等 31 个国家和地区。

（2）质量状况

2016年出口保鲜蔬菜共检出不合格47批次，不合格率0.89%。检出不合格产品包含有白菜、白萝卜、西蓝花、甘蓝、胡萝卜、卷心菜，不合格原因包括携带一般性有害生物或土壤、包装不合格、腐烂霉变、型号不符、品质缺陷等，对于不合格产品主要采取返工整理合格、除害处理及不准出境等处置。

（3）监管情况

①加强源头管理，保障原料安全。河北辖区出口保鲜蔬菜所用原料全部来自经检验检疫部门备案的种植基地。按照国家质检总局《出口食品原料种植场备案管理规定》（质检总局2012年第56号公告）及《河北检验检疫局出口食品原料种植基地/厂/果园备案/注册登记工作规范》等规范性文件的要求，严格对种植基地实施备案审核，定期对其进行监督管理，加大对农业投入品使用的监管力度，从源头保障产品安全。

②实施监督抽检，保障产品安全。严格执行国家进出口食品安全监督抽检计划，按照国家、直属局两级抽样计划的要求对出口保鲜蔬菜实施抽采样、实验室检验，密切关注农药残留、重金属元素等高风险项目，保障出口产品质量安全。

③推行风险管理，优化资源配置。对河北辖区出口保鲜蔬菜企业实施风险管理，推行风险分级、企业分类、监管分层的监管模式。根据企业质量管理水平的高低采取不同监管频次，优化检验检疫监管资源配置，每年年初制订监管计划并进行监管，重点关注企业质量安全体系运行情况，及时发现不符合情况并进行整改，在保障企业体系有效运行的同时提升了检验检疫监管效率。

④加大培训力度,提升主体责任意识。通过对企业进行法律法规的培训,加大宣传力度,进一步提高其质量安全第一责任人的主体意识,强化对出口企业诚信体系的建设,增强其守法意识,增强企业提升食品安全质量的主观能动性。

(4) 存在问题

①食品安全意识仍需提高。蔬菜种植加工多是中小型企业、农民专业合作社,安全意识欠缺,一些蔬菜种植户为了赶行情,早出售,不考虑施用农药安全间隔期,出口产品难以达到国际市场要求,导致检出不合格或被国外通报等情况发生。由于出口保鲜蔬菜的利润相对较高,在出口过程中企业遇到货源不足时,往往从非备案种植基地购买产品进行补充,检验检疫部门很难对原料来源进行监管,在一定程度上增加了出口产品的质量风险。

②农药市场管理混乱。农药添加"隐形成分"乱象严峻,"隐形成分"多属于农业部公布的禁用或限用的农药名单,存在低毒农药中掺杂高毒农药的情况。农药行业混乱带来农药残留问题导致出口保鲜蔬菜的质量安全风险。

③多头监管导致成效降低。目前,在农业管理方面存在分头管理、信息交流不通畅的情况,例如,出口蔬菜种植场农用化学品的使用由检验检疫部门监管,而农药化学品经销则由农业部门管理,一旦出现由于农药残留超标引起的质量问题,调查起来很难深入,也不能采取相应管控措施,不能从根本上解决问题。

(5) 工作建议

①建议组织人员收集、整理国外(尤其是美国、欧盟、日本、韩国和中国台湾等高风险国家和地区)在食品农药残留限量方面

的资料,以及国外技术性贸易措施最新动态信息,及时了解各个国家和地区有关蔬菜的法律法规、技术标准及安全卫生项目限量要求等,并建立数据库,提供完善的信息平台,及时向出口企业宣传,帮助企业及时了解应对,降低出口风险,增强跨越壁垒能力。

②借助示范县建设之机,加强与政府部门沟通,制定区域化备案管理规定。企业需要具备成规模的出口农产品备案种植场并负责进行管理,无形之中增加了出口农产品的生产成本,且很难确保出口原料来自备案种植场。建议与政府部门沟通,由政府主导,多部门联动,结合区域经济发展特点,确定对出口备案种植场的产业布局和区域布局,实现区域备案管理,整体提高产品质量。

③落实质量约谈制度,促进企业质量管理水平提升。对企业食品安全管理体系运行中存在的质量安全问题以及隐患,及时通过约谈方式对企业进行警示教育,通过"约谈机制",促进企业在产品质量和安全意识上的提高,确保检验监管工作的有效性。

10. 出口板栗及制品

(1) 基本情况

2016年度河北辖区出口板栗及制品1083批次、货值5255.28万美元,较2015年同期批次、货值分别减少40.79%、32.32%。出口产品包含鲜板栗、速冻熟栗仁、袋装板栗罐头等,其中鲜板栗出口502批次、货值2931.29万美元,主要输往日本、韩国、泰国、中国台湾等国家和地区;速冻熟栗仁出口162批次、货值956.49万美元,主要输往日本、韩国、马来西亚、泰国、中国台湾等国家和地区;袋装板栗罐头出口419批次、货值1367.50万美元,主要输往美国、日本、韩国、中国台湾、中国香港等国家和地区。

(2) 质量状况

2016年出口板栗及制品共检出不合格3批次，不合格率0.28%，质量安全状况良好。检出不合格产品包含有速冻开口笑、袋装熟栗仁，不合格原因包括规格与合同不符、包装不合格等，对于不合格产品主要采取返工整理合格出境的处置。

(3) 监管情况

①严把原料进厂关。根据原辅料的特性、类别、产地等，依据原料种植基地管理情况、病虫害发生情况、农药使用情况等，按照进口国家和地区的要求，结合风险评估结果，确定了相应的农残、重金属等检测项目，对出口食品农产品原料中相关农残、重金属等进行检测和监控。定期评估企业原辅料质量安全控制体系，实施出口食品原料核销制度。

②严把生产过程关。制订年度监管计划，对出口板栗及制品生产企业进行严密监管，在生产季节重点核查生产企业的原料控制、生产过程卫生控制、设备设施管理、文件及记录等，并对发现的不符合项的整改情况进行跟踪验证，确保整改有效。

③严把质量追溯关。结合日常监管，对工厂生产过程记录和报检相关单证进行追溯性审查，审查生产企业原辅料验收、关键工序、CCP、成品检验检测等质量记录，确保能实现质量记录全程追溯，始终把质量追溯性审查作为评判产品检验合格与否、质量体系运行有效与否的重要依据之一。

④严把成品发运关。为确保出厂产品安全，在品质感官和安全卫生项目检验合格的基础上，认真审查产品发运相关记录，核对货证是否相符，检查运输工具的卫生状况等，按照业务流程要求对出

口产品实施快速核放、监管放行、查验放行、检验放行等，确保质量安全。

(4) 存在问题

①出口鲜板栗携带有害生物风险较高，在板栗成长期及收获过程中，栗实象甲危害较大。栗实象甲成虫一般于夏秋季节在栗苞上钻孔产卵，将卵产于栗果实内，卵孵化成幼虫继续在栗果实内蛀食，不脱果不形成虫孔，危害隐蔽，在检疫过程中很难检出，对其检验检疫措施亟待加强，在板栗种植环节需要加强对病虫害预报和防治。

②出口板栗加工企业对国外法律、法规，尤其是标准方面的信息收集不全面，尤其是对目的国重点关注的检验项目不了解，造成因产品不符合目的国要求被国外通报的风险较高。

(5) 工作建议

①结合出口食品农产品质量安全示范区建设，进一步加强与鲜板栗产区当地政府有关部门的合作，从源头加强对板栗种植的管理，及时掌握农林部门发布的病虫害疫情，督促栗农正确、合理使用农业投入品，从源头保障产品质量安全。

②建议支持出口检测实验室建设。建议政府增加检验检疫实验室的资金投入，帮助产地设立检验检测中心，引导和鼓励有条件的实验室升级为省级乃至国家级农产品检测重点实验室，健全检测网络，提升整体检测水平，实现资源共享、信息互通。

③加大对板栗出口企业的规范、引导力度，及时向企业通报国外相关的产品标准与要求，并建立良好的出口秩序，制止恶性竞争，同时要严厉打击以假当真、以次充好的行为。

11. 出口水果

(1) 基本情况

2016年河北辖区出口鲜梨7602批、214014.6吨，同比增长35%和42%；出口苹果11批、437.6吨，同比分别降低39%和35%；出口葡萄1批、23.1吨，同比分别降低67%和81%。

(2) 质量状况

检出不合格情况：2016年共检出不合格出口鲜梨2批，原因为检出康氏粉蚧等一般性有害生物，分析原因：①包装厂加工人员流动性较大，工人岗前培训不到位，责任心不强，造成虫害果可能挑拣不彻底。②企业管理人员及加工人员检疫风险意识不强，加工不仔细。

国外预警情况：2016年被美国USDA预警通报4批，通报原因为检出卷蛾科食心虫。预警通报原因分析：①出口鲜梨质量安全示范区内对鲜梨生长季节病虫害的防控不能做到统防统治、综合防治。②鸭梨套袋不能完全控制梨小食心虫入袋蛀果危害。③按梨小食心虫的发生规律，采摘前被三代以前梨小食心虫侵染的鸭梨，梨小食心虫会在果内取食、成长10天左右能够脱果，而最后一代蛀果的梨小食心虫随采摘鸭梨入冷库后何时能够完全脱果现在仍不能确定。④据外贸公司的美国客户反映，2016年USDA对我国出口的鲜梨加大了抽检及切果比例，延长检验周期，检出食心虫的风险增加，同时被预警的4批鸭梨USDA未提供相应截获图片，不排除贸易壁垒因素。

(3) 监管情况

严格按照《出境水果检验检疫监督管理办法》（国家质检总局

第91号令)、《关于进一步加强进出境水果检验检疫工作的通知》及双边协议等相关文件要求,积极推行"企业+基地+标准化"的管理模式,对辖区内注册果园和包装厂进行监管,确保出口水果源头可追溯、过程可控制、去向可追踪、信息可查询、质量可保证。

①积极应对印尼新规实施。自2016年2月17日起,印尼农业部长4号令正式实施,103种输印尼植物源性食品农产品必须来自通过印尼食品安全体系认证的国家或随附印尼食品安全体系认证实验室出具的检测报告。由于当时我国尚未获得印尼方面的认证,经印尼食品安全体系认证的实验室少之又少,严重影响了我国输印尼果蔬产品贸易。为此河北局早谋划、多举措积极应对印尼新规,经总局与印尼方面多次磋商,两次邀请印尼专家组来华对部分食品农产品实验室的检测资质进行实地考察,推动河北辖区3家实验室检测能力得到印尼官方认可。

②按照国家质检总局和国外有关协议要求,严格落实有害生物监测工作,全省共设置实蝇监测点439个、舞毒蛾监测点34个、苹果蠹蛾诱捕器200个、斑翅果蝇诱捕器25个、花翅小卷蛾诱捕器25个,同时加强出口备案果园农用化学品管理,引导果园按照良好农业规范开展果园日常管理,加强有害生物防控,安全合理使用农用化学品。

③严格落实出口前"三核一定",即通过采收前核实果园面积、产量以及加工能力来确定出口量,深化服务,积极帮扶新申请果园及加工厂顺利注册,新增加5家出口水果包装厂和13个出口鲜梨果园,完成对26家包装厂和76个果园的换证审核工作。

④加强安全风险监控，确保安全卫生质量。制定河北辖区安全风险监控任务，并根据出口情况适时调整监控样品数量和农药项目，并将一般监控与 E-ciq 系统抽批规则相结合作为合格判定依据，通过动态监控以便企业、检验检疫随时掌握农药残留的安全风险情况。

（4）存在问题

①出口水果质量安全示范区以及备案果园有"一家一户"或"合作社＋农户"管理模式存在，对有害生物监测和控制不能做到统防统治、综合防治；农用化学品的使用不甚统一，未达到防治阈值就乱施农药，增加农药残留的风险；地下水及土壤污染导致重金属残留风险增加。

②协会引领规范作用及影响力有待加强。由于出口鲜梨产业协会成立较晚，对业内的影响力提升较慢，加之行业规范尚未完备，造成目前虽有行业协会，但协会的协调和影响能力尚未有效发挥。

③包装厂加工人员流动性较大，工人岗前培训不到位、责任心不强，造成病虫害果可能挑拣不彻底。

④国内劳动力和农业投入品价格逐年增长，水果的生产成本和加工成本增长明显，而国际市场近年价格持续低迷，加之国外检疫及农残风险增加，使水果出口企业压力增大。

（5）工作建议

①建议以地方政府为主导，以农林部门技术优势为依托，充分发挥出口水果质量安全示范区的带动作用，对出口水果生长管理期间的病虫害发生统防统治，综合治理；规范示范区内农用化学品的使用，杜绝禁止农用化学品的使用，对国外农用化学品有严格限量

要求的，采用替代产品。

②建议争取对出口水果示范区的政策和资金支持。示范区的建设以地方政府为主导，然而由于没有相应财政预算的支持，创建工作缓慢，创建成效达不到预期效果，建议省政府配套相应的政策和资金支持示范区的发展。

③加强检验检疫部门与地方政府的交流与协作，请地方政府做好水果基地建设的牵头及管理工作，有关部门各负其责，加强源头管理，及时通报情况，做到互通有无，共同控制好出口水果生产过程和产品质量。

④充分发挥协会作用，提升协会影响力，加强行业自律，提升产业规模。

⑤出台出口水果企业分类、产品分级管理规定，加强产品风险分析，按照出口品种、进口国要求、企业诚信度等对企业进行分类、分级管理。

⑥加强人才队伍建设，组织开展专业培训，提升一线检验检疫人员的业务能力，提高把关水平；成立出口水果专家队伍，多渠道搜集国外检验检疫及农用化学品限量要求，积极应对国外技术性贸易措施，破解贸易壁垒。

⑦对出口水果有毒有害物质一般监控项目进行适当调整。

（三）案件查处情况

2016年，河北出入境检验检疫局严厉打击违反检验检疫法律法规的行为，加大食品生产经营单位监督检查力度，利用简易处罚手段，高效处置违法情节轻微的案件。发现不如实提供出口商品的真实情况取得出入境检验检疫机构的有关证单3批，进口法检货物未经检验擅自使用3批，伪造或者冒用他人厂名厂址1批，根据《食品安全法》、《产品质量法》、《商品检验法》及其实施条例、《行政处罚法》等有关规定，责令相关食品生产经营单位整改并对违法行为实施行政处罚，共计罚款8529元。

三 风险监控状况

（一）基本情况

2016年，按照国家质检总局统一部署对进出口食品实施监督抽检和风险监测，依据2016年度国家监督抽检计划制订了河北局2016年度的监督抽检计划并有效实施。

进口食品监督抽检：2016年度监督抽检采样数为134个，涉及产品为淀粉及淀粉类制品、全脂乳粉、脱脂乳粉、原糖、可可制品、加工油脂、食用植物调和油等，监控项目包括微生物、农药残留、兽药残留、污染物、食品添加剂、生物毒素等。

出口食品监督抽检：国抽采样数为1151个、项目数4622项（次）。其中动物源性食品439个，涉及羊、禽（鸡、鸭）、肠衣（猪、羊）、虾、冷冻章鱼、淡水鱼、贝类、蟹等产品；植物源性食品712个，涉及干坚果、蔬菜及制品、水果制品、饮料、调味品、植物性调料、粮谷及制品、糖类、蜜饯类、油脂及油料、中药材等产品；监控项目包括微生物、农药残留、兽药残留、重金属、生物毒素、食品添加剂等。省抽项目数2988项（次），涉及产品主要为植物源性食品，主要为食用植物油、蔬菜制品、水果罐头、饮料、粮食制品、干坚果类、中药材、豆类（干）等，另有少量的动物源性食品，主要为禽肉和水产品；监控项目包括微生物、农药残留、兽药残留、重金属、生物毒素、食品添加剂、转基因成分以及理化指标等。

（二）完成情况

进口食品抽检实际完成采样数134个、项目数400项（次），完成率均为100%，未检出不合格。

出口食品抽检完成国抽采样数1116个、项目数4444项（次），完成率分别为96.96%、96.15%；系统中显示完成采样数共1148个，完成率99.74%，造成该情况的原因主要是部分产品前期e-CIQ系统中抽中较少，河北局按监督抽检计划实施了人工抽检，但在e-CIQ系统抽中后，部分产品的总抽样数已超出了计划任务数，代表产品有肠衣、贝类等。完成省抽项目数2909项（次），完成率为97.36%。

不合格检出情况：出口食品抽检共检出不合格样品5个，均为国抽计划样品，不合格率0.45%；其中猪肠衣样品1个、羊肠衣样品3个、羊肝样品1个，不合格项目均为呋喃西林代谢物。依据《进出口食品安全监督抽检和风险监测实施细则（2016版）》及有关文件要求，河北局对检出不合格信息按要求报送总局食品局、秘书处等部门，并及时通报当地行政主管部门；对检出不合格的产品原料要求企业进行封存处理，暂停原料供应商合格供方资格；对未出口的产品禁止出口，已出口产品已在国外通关的，要求企业对其做好后续跟踪,如发现问题及时向检验检疫部门报告。

食用农产品监控情况:按照《质检总局关于印发 2016 年度〈进出口食用农产品和饲料安全风险监控计划〉的通知》要求,河北局对进境大豆、大麦、小麦的重点监控物质和一般监控物质进行了检测。共采集 8 船大豆样品、2 船大麦样品、1 船小麦样品进行一般监控物质检测,检测结果全部合格。其中进境阿根廷大豆检出铅,进境澳大利亚大麦检出铬,进境加拿大大麦检出铬和镉,进境澳大利亚小麦检出铬和镉,均未超标。采集 12 船大豆样品、4 船大麦样品、1 船小麦样品开展重点监控物质检测,均未检出。同时按照《进出境农产品转基因风险监控指南》开展进境大豆、大麦、小麦转基因风险监控,进境大豆每船实施转基因品系检测,全部符合《农业转基因生物安全证书(进口)》要求,采集进境大麦 2 船次、进境小麦 1 船次做转基因抽检检测,检测结果均符合非转基因大麦、小麦要求。同时针对进境大豆普遍使用熏蒸剂的情况,重点对表层大豆进行了熏蒸剂残留检测,检测结果全部合格;进境大豆黄曲霉毒素实施批批检测,均未检出。

四 本年度采取的监管措施、出台的重要政策和实施的重大行动

(一)抓质量保安全,服务经济促发展

1. 大力推进示范区建设,促进河北省食品农产品的产业升级

河北出入境检验检疫局大力推进出口食品农产品质量安全示范区建设工作,将其作为提升河北出口食品农产品质量安全水平和国

际竞争力、促进产业结构转变、扩大特色优势食品农产品出口的重要抓手。按照"一个标准、两个市场、内外兼顾、统筹发展"的原则和"政府主导、部门联动、龙头带动、全民行动"的工作机制，发挥检验检疫专业、技术、信息、政策优势，全力扶植地方政府建设示范区。2015～2016年，共有6个示范区通过国家质检总局考核组的现场验收，全省国家级出口食品农产品质量安全示范区数量增加为10个，在全国排第11位。

河北局加强与河北省农业、林业、商务等职能部门之间的协作，共同制订了《河北省外向型农产品生产示范区（基地）质量提升三年行动计划》，在示范区建设工作中充分发挥各部门在政策、资金、技术等方面的优势，形成合力，大力推进全省示范区建设。同时，河北局设计开发了"出口食品农产品质量安全示范区管理系统"，并在河北省及全国推广使用，示范区申报、考核等环节实现"无纸化"，节约了成本，提高了审核效率，提供了便捷服务，在河北省与兄弟省市各示范区间搭建了合作与交流的平台。

2. 发挥职能优势，力促产品出口

一是通过开展实地调研，全面了解辖区特色食品农产品的生产情况、发展潜力及出口中存在的问题，明确了服务经济发展的方向，向河北省政府报送的《河北检验检疫局促进河北食品农产品出口工作情况报告》得到肯定。二是破解输日肠衣技术壁垒，促进河北省出口肠衣产业发展。日本官方对输日天然肠衣实施"进口消毒"。这项"消毒措施"，使我国天然肠衣在日本市场上的竞争力明显下降，高附加值的产品无法进入日本市场。河北省是我国国产肠衣出口日本的第一大省，该"消毒措施"严重影响河北省肠衣的对日出口。为破解日本不合理技术性贸易措施，河北局组织开展了盐渍肠衣传带口蹄疫病毒的风险评估，向国家质检总局报送了相关风险评估报告，建议加强与日方的交流和交涉，争取尽快终止日方对我国输日盐渍肠衣的不合理"消毒处理"措施，或将此消毒环节前置到出口加工环节，以降低该措施的不利影响。国家质检总局采纳河北局建议，与日方主管部门开展交涉，促使日方出台了《出口国输日本天然肠衣动物卫生要求》。按照该要求，我国输日天然肠衣到达日本口岸后，不再实施进境"消毒措施"，由此给我国输日肠衣贸易带来以下4方面的益处：①保证质量。不经消毒处理，保障了肠衣润滑度、强度、韧性。②缩短通关时间。可缩短中国输日肠衣在口岸的积压时间，平均节约35天，最长可节约155天。③降低费用。实施消毒会增加我国输日肠衣贸易成本。实施"新要求"后，仅取消毒措施一项，每年给相关企业节省约5.0亿日元（3050万人民币，不包括期间的仓储和运输费用）。④促进高附加值产品出口。肠衣套管、套片等附加值较高、中国加工优势明显的深加工产品，由于"消毒措施"费用较高，无法进入日本市场。实施"新要求"后，我国高附加值的套管、套片肠衣将以"物美价廉"的优势进入日本市场。三是立足职能，力促君乐宝乳品输港。河北局全面落实河北省委书记赵克志在八届省委2016年第17次常委会议上的指示精神，以实施"增品种、提品质、创品牌"的"三品"战略为抓手，为君乐宝等乳品企业快速发展振兴创造条件，全力打造具有国际竞争力的民族品牌，帮扶石家庄君乐宝太行乳业有限公司婴幼儿配方乳粉输港，8月17日，该公司生产的1800罐、1.44吨、2.7万美元的婴幼儿配方乳粉在香港顺利通关，这是我国内地婴幼儿配方乳粉首次出口，标志着内地民族奶业正在重拾信心和信任。四是积极沟通协调并启动加拿大食品检验署对我国出口粮食制品检查评估，为中加进出口含馅粮食制品议定书的签订及河北省速冻熟制肉馅包点打开加拿大市场奠定了基础。

3. 积极落实企业主体责任，质量意识进一步提高

一是实施了进口食品"清源"行动计划，加强了对进口食品备案收货人的监督管理，督促进口商做好境外生产企业的审核和进口食品的进口与销售记录。二是加强了对进口食品收货人备案信息系统的管理。通过开展保密宣传、规范系统使用等工作，强化了进出口商的质量意识。三是做好了进口肉类收货人和出口蔬菜基地备案的审核、备案和年审工作。四是大力实施食品安全防护计划。举办食品安全防护计划专题培训活动，组织人员开展培训，积极推进食品安全防护计划的实施，大力提升了出口企业的质量安全意识和能力。

（二）强化风险管理，监管能力不断增强

一是开展风险防控，完善监管措施。根据总局2016年进出口食品监督抽检计划、专项监督抽检计划和风险评估结果，制订了河北局的相关计划并组织实施。二是加强源头治理，提高监管水平。及时做好新申请备案种养殖场的备案工作，开展了出口备案种养殖场监督抽查工作；加强供港澳食品种养殖基地的备案管理，开展出口前监督抽检工作；对出口水产品、供港禽肉及进口食用植物油等敏感商品进行了专项检查。

（三）夯实基础建设，推进河北省食品安全现代化治理

一是按照新食安法的要求，全面评估管理制度，制定了《河北检验检疫局首次进出口食品管理工作要求》《河北局进出口水产品检验检疫监督管理工作规范》等规范性文件。二是制定了《进口肉类收货人备案管理工作实施细则》，规范了进口肉类收货人备案工作。三是制定了《河北检验检疫局进境食品检疫审批规范》，通过举办进境食品检疫审批培训，规范了检疫审批行为；对总局授权河北出入境检验检疫局终审权产品的检疫审批工作，进一步分解细化，明确职责，缩短了检疫审批时间，为进一步扩大河北辖区食品进口提供了更加便捷的服务。

（四）举全局之力，成功举办"质量安全论坛"

2016年6月，在第三次中国－中东欧国家地方领导人会议期间，由国家质检总局与河北省人民政府联合举办、河北出入境检验检疫局与唐山市政府共同承办了"食品农产品质量安全与国际贸易发展论坛"。这是近年来河北出入境检验检疫局首次承办的规格高、规模大、国际影响力大的盛会，论坛的成功举办，对于展示河北进出口食品安全管理和农产品检验检疫工作水平、进一步加强食品安全国际合作等具有重大而深远的意义。来自中东欧13国、欧盟使团、国家质检总局、国家认监委、全国14个省市的18个直属检验检疫局、波兰BZK集团、中粮集团和其他企业代表等共计150余人参加了论坛。河北出入境检验检疫局精心谋划，发扬精雕细琢的"工匠精神"，以"精致、细致、极致"为工作标准，在有关各

方的共同努力下，论坛取得了显著的成效：一是在外宾邀请方面达到预期目的，分别来自13个中东欧国家、欧盟使团及波兰BZK集团的25位外宾参加了论坛；二是一支高素质的接待队伍充分展示了中国检验检疫的良好形象，"一对一"的接待方式亮点突出，实现了从接机、接站、食宿安排、会议活动到送机、送站全程接待，确保了外宾接待效果。活动结束后，先后有克罗地亚、斯洛文尼亚、波黑、立陶宛、波兰、BZK集团等国家、企业专门发回邮件对周到细致的接待表示了感谢。

（五）加强部门协作，共筑食品安全

一是参加了河北省政府食安报告的编写工作，撰写了《2015年度河北进出口食品质量安全状况分析与对策研究报告》；对河北省主要进出口食品特点及进出口贸易面临的形势问题进行了分析，并向河北省政府呈报了专题报告，得到了张庆伟省长批示。二是开展了2016年食品安全宣传周活动，组织了32场专题活动，举办了4场专题讲座，出动工作人员219人次。通过开展形式多样、内容丰富的"进口食品安全宣传进口岸""进口食品安全进校园"等一系列宣传活动，进一步增进了监管人员与消费者之间的沟通、交流与互动，增进了消费者对进口食品安全相关法律法规、监管制度、安全状况、食品安全基本常识的了解，消除了大家对进口食品的各种疑惑，提升了社会公众对进口食品的真假辨别能力，引导消费者和市民理性、正确看待进口食品安全问题，增强了消费者对进口食品安全的信心，传递了进口食品安全的正能量，普及了进口食品安全知识，营造了进出口食品安全社会共治的良好氛围，取得了较好的社会效果。

五 当前工作面临的形势和存在的问题

国以民为本，民以食为天，食以安为先。食品安全关乎人民生命和健康，关乎社会和谐、国家稳定。当前我国食品安全形势仍严峻，进出口食品安全领域的风险也十分复杂。

一是食品安全监管面临新要求。面对河北省外贸出口仍然乏力、贸易便利化的呼声不断提高的形势，检验检疫部门承受着来自各方的巨大压力。在压力面前，在新要求情形下，食品安全与便利出口成了一对矛盾，在有些情况下不能辩证地认识安全与便利、安全与改革发展的关系，认为安全应当为便利让路，不再敢理直气壮地保安全，有冲破食品安全底线的风险，这就对检验检疫的监管能力提出了新要求。二是食品安全监管面临新挑战。安全食品是生产出来的，也是"管"出来的，两者地位作用不同，都很重要，缺一不可。面对生产经营主体量大面广、涉及境内境外、各类风险交织的进出口食品安全复杂局面，为应对出现的各种新情况、新问题，我们在健全体系、完善制度建设、满足新情况需求等方面均面临着许多问题与考验。三是食品安全监管面临新形势。随着河北省进出口贸易量的不断扩大和国内日益增长的食品消费需求，进口食品贸易仍将保持持续高速增长态势，进口贸易渠道和方式也将更加多样，这就意味着进口食品安全监管责任日益重大，进口食品安全风险监管面临更大挑战，对进口食品安全监管能力是个巨大的考验。与此同时，新技术、新产品、新业态、新商业模式与日俱增,国际贸易向着个性化方向发展,转基因食品、跨境电商形式进口食品等领域的新问题、新情况、新挑战不断涌现,一些风险项目缺失食品安全国家标准,这些都给进出口食品安全监管机制和手段创新提出了新的迫切要求。

六 2017年进出口食品安全监管工作整体思路

(一)加强风险管理,提升风险控制水平

1. 进一步提升监管工作的科学性与有效性

完善基于风险管理的监管工作,制订监督管理工作计划并规范实施监管工作,使监管工作更加科学有效。

2. 做好基于风险管理的监督抽检工作

一是严格按照总局要求,做好河北辖区2017年度进出口食品安全风险监测和安全监督抽检工作;二是综合考虑辖区进出口贸易和产品风险等情况,在风险评估基础上,适当调整抽样比例和检测项目。

3. 进一步加强企业风险分类和产品风险分析工作

提高企业风险分类覆盖率,力争产品风险分析覆盖率达到100%。积极探索"出口水产品疫情监测点"制度。

4. 做好风险预警核查工作

进一步提高对出口食品国外预警通报核查工作的认识,加强对预警通报信息的收集、核查、处置与反馈工作,充分发挥预警通报信息在日常检验监管工作中的警示作用。

（二）加强专项治理，提升质量安全水平

首先，加强进出口肉类（含肠衣）、水产品、干果等重点、敏感产品的治理并加强业务督查，保障进出口食品的质量安全。

其次，加强对供港澳食品原料备案基地、生产企业和出口前的监督抽检工作，确保供港澳食品安全。

最后，加强进口食品化妆品进口商备案管理工作，督促进口商做好境外生产企业审核工作，落实食品进口和销售记录制度。

（三）加强能力建设，提升监管水平

1. 加强培训，提升执法能力

一是开展进出口食品安全监管科长培训、"进口食品化妆品进出口商备案系统"和"进境动植物检疫审批管理系统"等系统应用培训，提升食品安全管理水平；二是开展重点进出口食品检验检疫法规现场对标活动、网络培训和组织好参加总局的相关培训，提升全系统进出口食品检验检疫监管水平和执法能力。

2. 完善制度建设，规范执法行为

一是对《河北检验检疫局出口食品原料种植基地备案规范》进行修订，进一步规范出口食品原料种植基地备案工作；二是对《河北检验检疫局出口食品化妆品通报核查处置工作规范（试行）》进行修订，进一步完善出口食品化妆品通报核查处置工作；三是制定《河北检验检疫局出口化妆品生产企业备案管理工作规范》，规范出口化妆品生产企业备案管理工作。

3. 发挥协作组专业优势，提升技术支撑水平

进一步调整协作组组成，明确职责和任务，优化协作组运行机制，充分发挥协作组的专业优势，提升技术支撑水平。

4. 加强部门协作，实现食安共治

组织开展"进口食品安全社区行"活动，加强河北局与河北省食药监局的合作，实现食品安全共治，确保"舌尖上的安全"。

（四）加大帮扶力度，提升服务发展水平

1. 服务供给侧结构性改革

实施以"一地一策""一厂一策""一品一策"为内容的"三个一"行动，帮助地方政府、企业掌握国际市场的食品安全标准要求，提高出口食品国际市场竞争力，助力河北食品农产品的供给侧改革。

2. 进一步推进示范区建设

会同农业、林业、商务等部门，按照省政府关于深入开展出口食品农产品质量安全示范区建设的意见，积极推动示范区（示范企业、基地）建设工作，完成100家的任务目标。

3. 努力推进进口肉类指定口岸建设

加强对曹妃甸、秦皇岛、石家庄等区域的进境肉类指定口岸建设的指导，协助地方政府向国家质检总局申报进口肉类指定口岸或查验场所，促进河北省进口肉类贸易的发展。

4. 做好迎检促发展

一是做好欧盟对河北蛋制品兽医卫生管理和残留监控体系考察准备工作，努力促进河北蛋制品出口。二是推动《中加进出口含

馅粮食制品议定书》的落实,组织安排好迎接加方对河北省相关企业的考察工作,助推河北省含馅粮食制品对加出口。三是做好迎接美国 FDA 官员来访座谈的准备工作,加强对美国食品安全现代化法的学习,探索与美国 FDA 在输美食品方面的合作,保障输美食品业务健康发展。

专题报告

Special Reports

B.10
葡萄酒质量安全现状、存在问题及建议

张 昂[*]

摘 要： 本文对全球葡萄栽培面积、葡萄酒产业格局、中国葡萄酒产区分布及其特点、葡萄酒进出口贸易、葡萄酒质量安全状况进行了全面分析，在此基础上对葡萄酒原料、生产过程、流通消费各环节提出了质量控制建议，有较高的参考价值。

---

[*] 张昂，秦皇岛出入境检验检疫局技术中心高级工程师、葡萄酒实验室副主任，西北农林科技大学与美国加州大学戴维斯分校联合培养博士，葡萄与葡萄酒学专业，主要从事葡萄酒真实属性鉴别研究工作。

关键词： 葡萄酒　质量安全　河北

现代葡萄酒科学认为，葡萄酒只能是由百分之百的葡萄或者葡萄汁经部分或完全发酵形成的含有一定酒精度的发酵产品。葡萄酒既是最接近大自然的产物之一，亦是人与自然和谐共处的完美体现，因其悦目的外观、芬芳的香气、复杂多变的口感及显著的营养保健价值而风靡全球。

一　中国与世界葡萄酒产业发展现状

（一）全球葡萄酒产业格局

葡萄酒产业的规模化和大发展是近百年来的事情，现在已经遍布全球五大洲的百余个国家，能够称得上葡萄酒大国的不超过30个。在葡萄酒行业里，通常将这些主要的葡萄酒生产国家分为旧世界和新世界两大阵营：旧世界国家中以法国和意大利为代表，还包括西班牙、葡萄牙、德国、奥地利、匈牙利、希腊及保加利亚等；新世界国家中则以美国和澳大利亚为代表，还包括智利、新西兰、南非、阿根廷、巴西及以色列等。

在我国，葡萄酒被很多人认为是舶来品和外来文化，其实不然，我国作为葡萄属植物的起源中心之一，在有文明记载的历史上随处都有葡萄酒的影子，可以说我国与中亚一些国家同属葡萄酒的起源国。当然，从近代葡萄酒产业发展的角度来看，我国也属于新世界葡萄酒国家。

（二）中国主要葡萄酒产区分布及其特点

我国酿酒葡萄种植主要分布在北纬25°~45°的广阔地域里，在过去几十年的发展过程中，逐渐形成了以新疆（主要包括吐哈、天山北麓、焉耆盆地及伊犁河谷）、河西走廊（以武威为主，同时含敦煌、嘉峪关、酒泉及张掖等地区）、贺兰山东北麓（主要包括银川、青铜峡、吴忠、石嘴山、乌海）、黄土高原（包括渭南、西安、咸阳、临汾、清徐）、延怀河谷（包括涿鹿、怀来及延庆）、环渤海湾（包括北京、天津、秦皇岛、烟台）、云川藏（主要包括弥勒、香格里拉、德钦、攀枝花、西昌、阿坝及芒康）及东北（包括通化、桓仁、集安）等为代表的8个主要葡萄酒产区，它们构筑了我国21世纪葡萄酒产地的基本框架。我国八大葡萄酒产区的自然条件各异，具备生产多种类型和不同风格葡萄酒的先天条件。

新疆产区的气候特点为年活动积温高，光照充沛，雨量极少，葡萄成熟期昼夜温差极大，所产酿酒葡萄原料往往糖高酸不足，适合生产果香浓郁的即时消费型葡萄酒及品质较高的甜型酒，伊犁河谷子产区利用当地小气候也可以生产少量冰酒。新疆产区内的吐鲁番葡萄酒和和硕葡萄酒于2015年被质检总局列为地理标志保护葡萄酒产品。

河西走廊产区气候冷凉干燥，年降雨量少，热量一般，比较适合早中熟品种的生长，是国内黑比诺葡萄酒的最佳产地。"河西走廊葡萄酒"于2012年被评为地理标志产品。

贺兰山东北麓产区的核心地带是广阔的黄河冲积平原，以贺兰山为天然屏障抵御了来自西伯利亚的寒流，气候干燥，昼夜温差大，光照充足，是目前国内最负盛名的年轻产区，也是国际范围内被广泛认可的潜力巨大的明星产区，具备生产除冰酒以外的其他所有类型葡萄酒的条件，且酒质极佳，多次斩获国内外葡萄酒大奖。"贺兰山东麓葡萄酒"于2011年被评为地理标志产品。

黄土高原产区气候温凉，光照充足，雨热同季，在个别雨量较少的年份具备生产优良葡萄酒的条件。产区内的戎子葡萄酒于2013年被评为地理标志葡萄酒产品。

延怀河谷产区地处长城以北，光照充足，热量适中，夏季凉爽，具备生产优质干白葡萄酒的条件。产区内的沙城葡萄酒早在2002年就成为原产地保护产品。

东北产区由于天气寒冷，主要种植抗寒性强的山葡萄系列品种及山欧杂交种，如北冰红、公酿系列、北醇等，以生产山葡萄酒为主。近年来，由于威代尔的试种成功，桓仁、柳河、集安等地区已经开发出了品质优异的冰葡萄酒产品。产区内拥有通化山葡萄酒和桓仁冰酒两个地理标志葡萄酒。

环渤海湾产区是我国传统的葡萄酒老产区，也是近代葡萄酒工业的发源地，辖区内主要包括北京、天津、秦皇岛、烟台等子产区。受海洋影响，气候变化相对稳定，热量丰富，降雨量适中，是一个极其讲究年份的产区。其中烟台产区具备生产优质干白葡萄酒的条件，秦皇岛产区具备生产品质优良的干红葡萄酒的条件。"昌黎葡萄酒"和"烟台葡萄酒"早在2002年就被评为原产地保护产品。

云川藏产区是我国新兴的高山葡萄酒产区，这一地区海拔高，纬度低，紫外线强，干燥少雨，葡萄成熟周期长，有利于葡萄皮中酚类化合物和浆果中风味物质的积累，适宜的小气候具备生产优质陈酿性干红葡萄酒的条件。产区内拥有云南红和盐井葡萄酒两个地理标志保护产品。

（三）全球葡萄栽培面积与葡萄酒产消总量

据国际葡萄与葡萄酒组织（O.I.V.）最新统计，2016年全球葡萄种植面积为750万公顷，种植面积排在前十位的国家依次为西班牙、中国、法国、意大利、土耳其、美国、阿根廷、伊朗、智利、罗马尼亚（见图1），其中我国葡萄栽培面积位列世界第二，约占世界总面积的11%。2016年世界葡萄总产量约为7580万吨，其中我国葡萄产能为1450万吨，位列世界第一，占世界总量的19%（见图2）。我国葡萄产能虽位居世界第一，但用于酿酒的仅占总产的12%，较之其他葡萄酒发达国家，这一比例还很低（见图3）。2016年，全球葡萄酒总产量2670万吨，其中我国产量为114万吨，排在意大利、法国、西班牙、美国、澳大利亚之后，位列世界第六（见图4）。

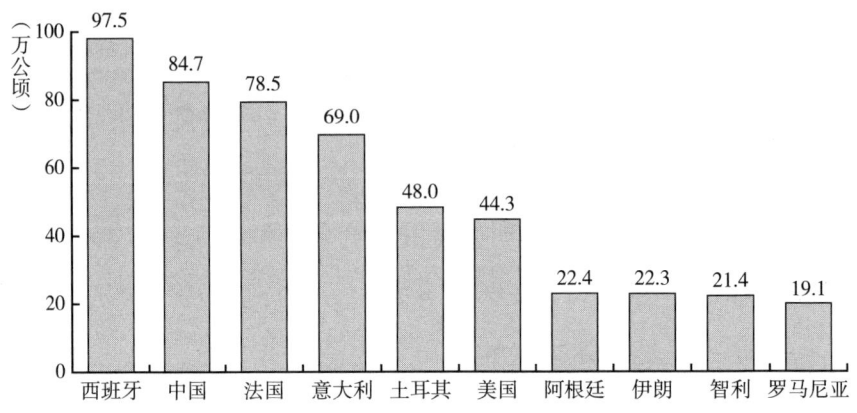

图1　2016年世界十大葡萄种植国

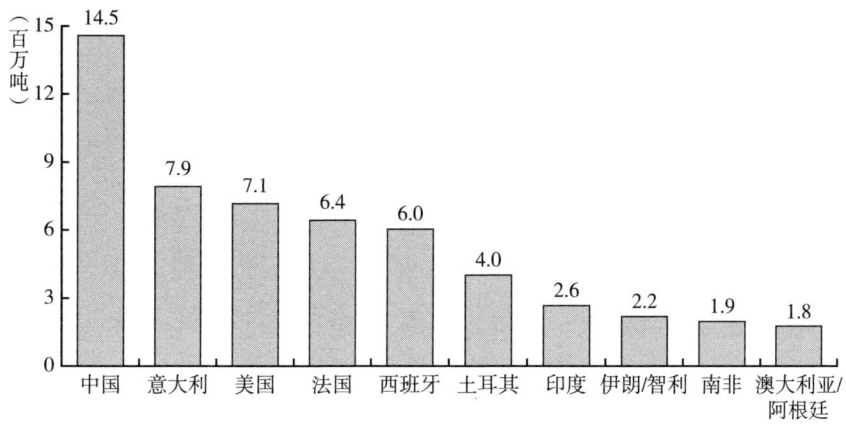

图2 2016年世界十大葡萄生产国

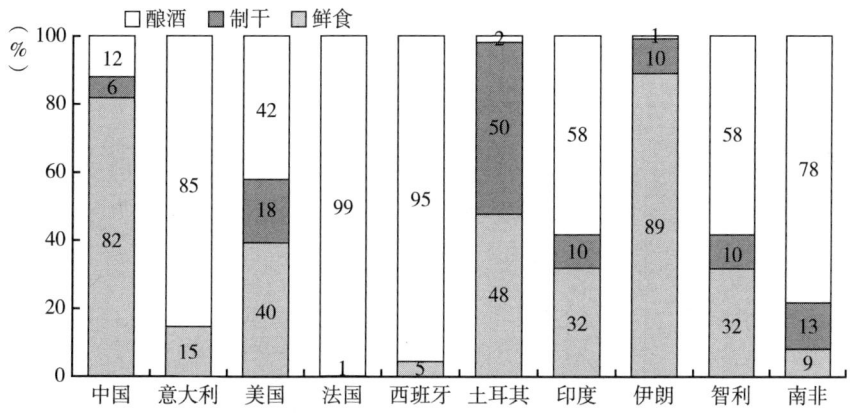

图3 2016年世界主要葡萄生产国加工特点

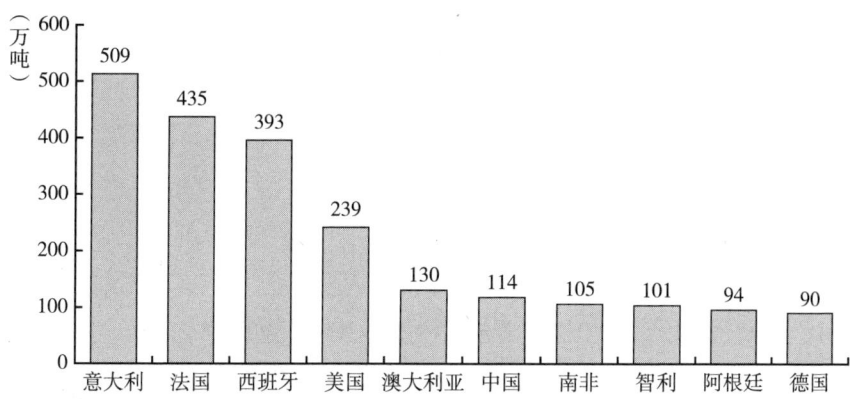

图4 2016年世界十大葡萄酒生产国

从总体上看,世界葡萄酒消费情况已经趋于稳定。2008年以来的全球经济和金融危机给葡萄酒消费带来的负面影响已经基本结束。2016年全球葡萄酒消费总量为2410万吨,其中美国为全球最大的葡萄酒消费国,其葡萄酒消费量达318万吨;法国的葡萄酒消费持续下降,但总量依然很大,为270万吨;意大利和德国的消费量保持稳定,分别为225万吨和195万吨;我国的葡萄酒消费量大概为173万吨,位列世界第五大葡萄酒消费国(见图5)。受宏观政策影响,我国葡萄酒消费正在由高端逐渐向大众转型,趋于理性。

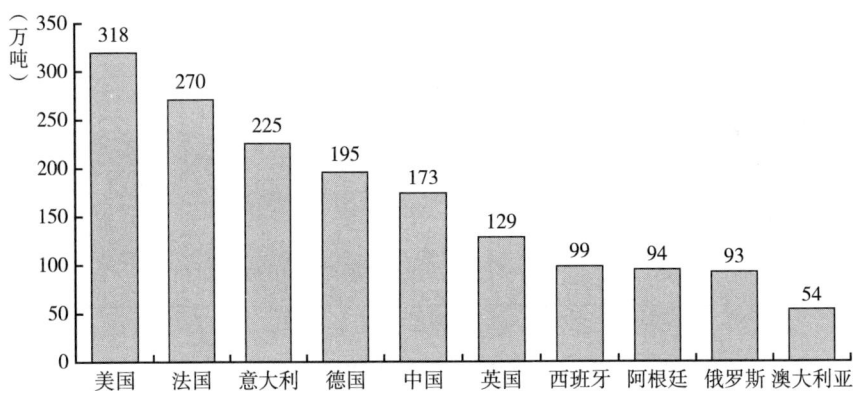

图5　2016年世界十大葡萄酒消费国

(四)葡萄酒进出口贸易

据OIV统计数据显示,2016年全球葡萄酒贸易总量达1040万吨,贸易额达290亿欧元。出口量前十的国家依次是西班牙、意大利、法国、智利、澳大利亚、南非、美国、德国、葡萄牙及阿根廷(见图6);进口量前十的国家依次是德国、英国、美国、法国、中国、加拿大、俄罗斯、荷兰、比利时及日本,我国目前是世界上第五大葡萄酒进口国(见图7)。

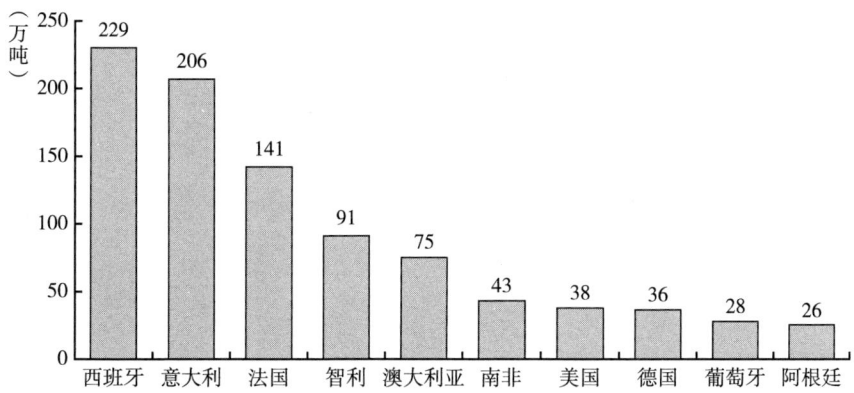

图6　2016年世界十大葡萄酒出口国

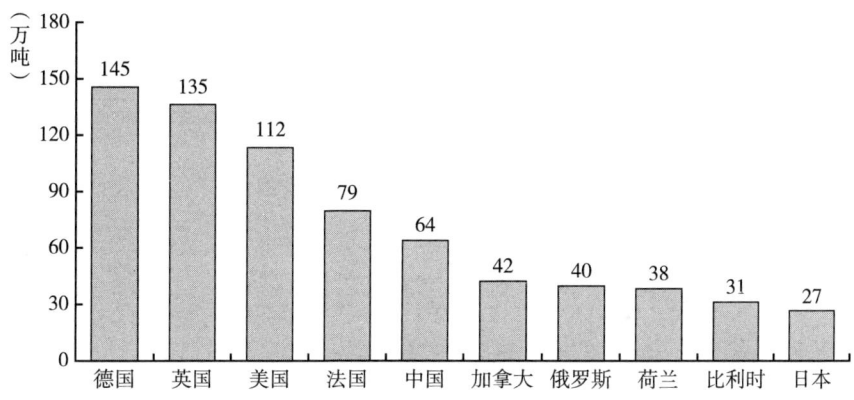

图7　2016年世界十大葡萄酒进口国

近10年来,我国进口葡萄酒整体呈快速增长趋势(见图8),2016年进口量达64万吨,进口额约为23.6亿美元。我国进口葡萄酒主要为瓶装和散装两种形式,2016年瓶装葡萄酒占总进口量的比例为75.4%,法国、澳大利亚、西班牙及智利是我国主要的原瓶葡萄酒进口国（见图9），其中源于法国的瓶装酒占40%；智利则是我国最大的散装葡萄酒进口国，占我国散装葡萄酒进口总量的59.6%（见图10）。瓶装葡萄酒的进口在我国主要集中在东南沿海地区，如上海、广东、福建及浙江等地（见图11），山东和河北则是我国主要进口散装葡萄酒的贸易区（见图12）。

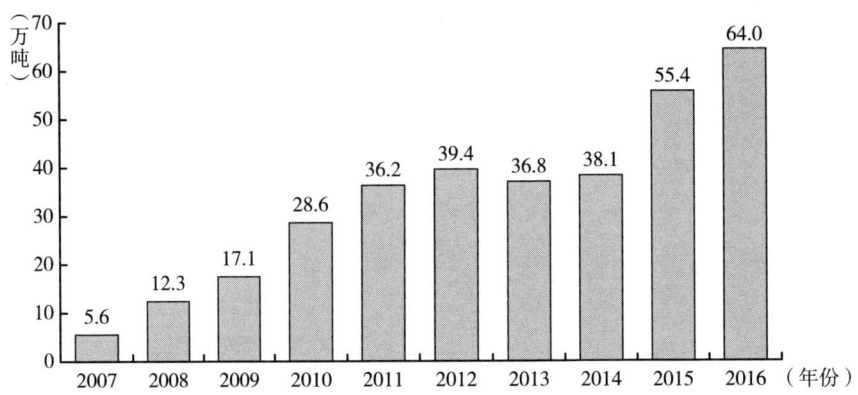

图8　近10年来我国葡萄酒进口量

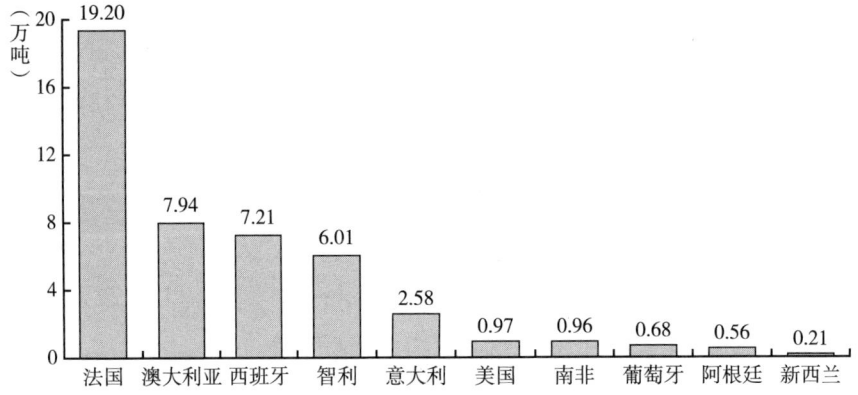

图9　2016年中国十大瓶装葡萄酒来源国

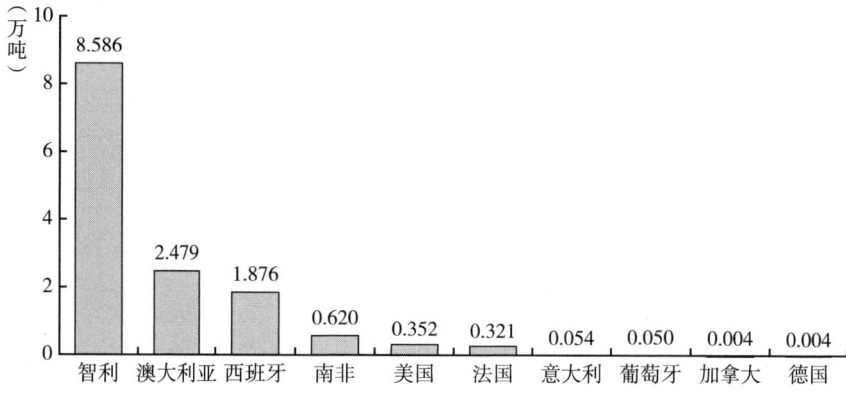

图10 2016年中国十大散装葡萄酒来源国

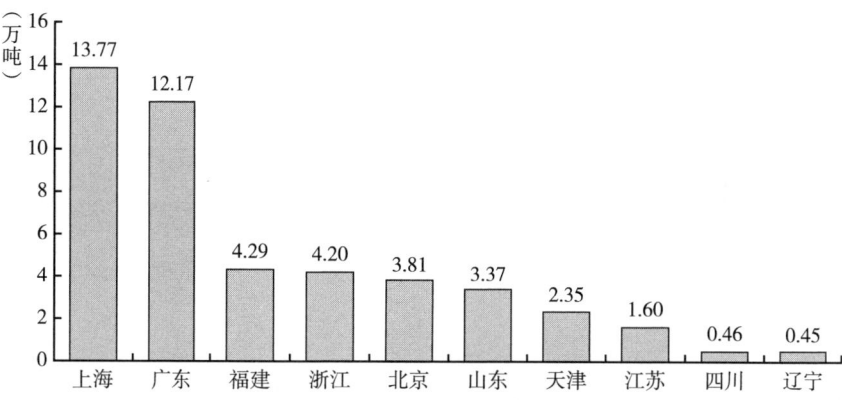

图11 2016年国内十大瓶装葡萄酒进口地

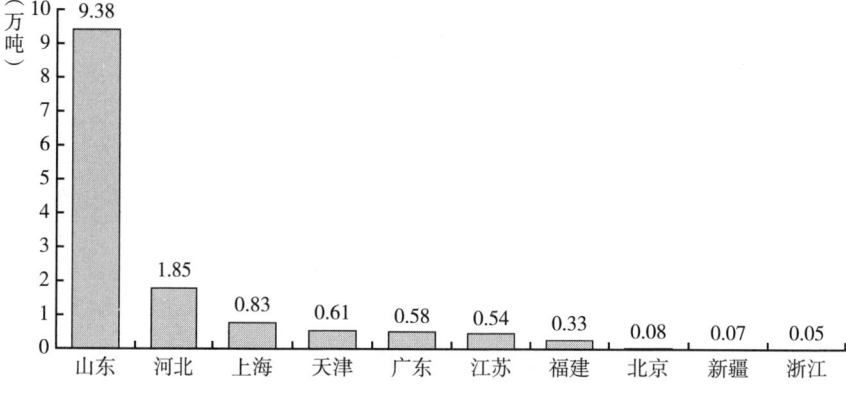

图12 2016年国内十大散装葡萄酒进口地

（五）葡萄酒人均消费量及消费结构

根据 OIV 及世界银行数据，2014 年世界人均消费葡萄酒约为 3.3 升，人均消费排在前列的国家分别为法国、意大利、德国、西班牙、英国、俄罗斯及美国（见图 13），2014 年我国人均葡萄酒消费量仅为 1.2 升，约为全球平均水平的 1/3，与欧美发达国家尚有较大的差距。与消费习惯较为相近的日本相比，我国人均葡萄酒消费量不足其 1/2（2012 年日本人均消费量为 2.7 升），尚未及日本 1996 年水平（1996 年日本人均消费量为 1.4 升）。

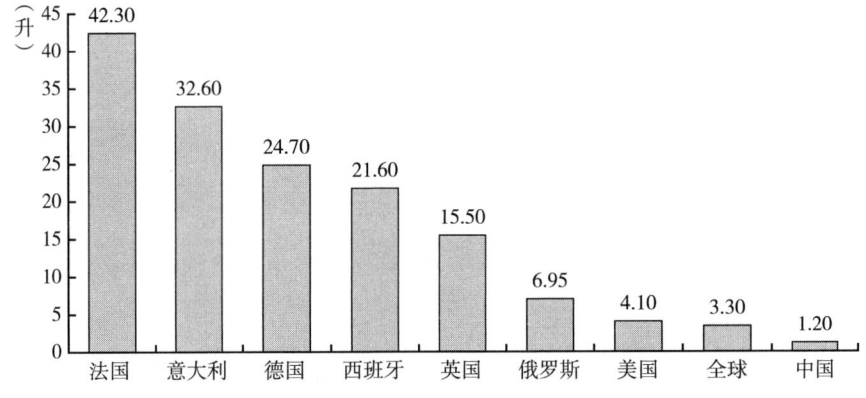

图 13　2014 年部分国家人均葡萄酒消费量

另据 Euromonitor（欧睿信息咨询有限公司）数据，2014 年葡萄酒仅占国内酒类消费总量的 7%，低于日本、韩国、新加坡等东南亚国家（分别为 10%、11%、8%），与法国、美国、西班牙、德国（分别为 50%、21%、20%、17%）等欧美国家的差距更大。从结构上看，国内葡萄酒消费占比低于高酒精度白酒（9%），与啤酒占比差距巨大（83%），尚有较大的提升空间。

上述统计数据表明，我国已经是葡萄种植、葡萄与葡萄酒生产大国，同时也是葡萄酒进口和消费大国，然而，由于人均消费量还很低，出口量极少，中国还不是葡萄酒产业强国，葡萄酒产业在中国的发展潜力和空间非常大。

二 我国葡萄酒产品质量、安全、监管现状

（一）葡萄酒产品质量、安全、监管要求

随着国家经济发展和国民生活水平的提高，国内对葡萄酒的消费需求越来越旺盛，尤其是对进口葡萄酒的追求。目前，流通在我国市场上的葡萄酒产品，无论进口还是国产，其质量安全应符合《食品安全法》及其实施条例、《国务院关于加强食品安全工作的决定》、《国务院关于加强食品等产品安全监督管理的特别规定》、GB/T 15037-2006《葡萄酒》、GB 2758-2012《食品安全国家标准发酵酒及其配制酒》、GB 7718-2011《食品安全国家标准预包装食品标签通则》、GB 2760-2014《食品安全国家标准食品添加剂使用标准》、GB 2761-2017《食品安全国家标准食品中真菌毒素限量》、GB 2762-2017《食品安全国家标准食品中污染物限量》的相应要求，对于进口葡萄酒，除上述要求外，还应符合《中华人民共和国进出口商品检验法》及其实施条例《进出口食品安全管理办法》。

（二）葡萄酒产品主要质量安全问题及分析（抽检数据分析）

虽然我国已初步形成了葡萄酒产业管理的法律、法规和监管检

验体系，但目前仍存在品质、技术、监管等诸多层面的问题，严重阻碍了我国葡萄酒产业的健康发展。近年来，全国各地食品药品监督管理局、工商、质检执法部门一直在对葡萄酒市场进行着抽查监督，常见抽查项目如表1所示。2012年国家食品药品监督管理总局抽检葡萄酒样品150批次，不合格样品数为3批次，样品不合格率为2%，不合格项目主要是微生物超标。2013年国家食品药品监督管理总局抽检葡萄酒样品405批次，不合格样品数为6批次，样品不合格率为1.5%，不合格项目主要为干浸出物、酒精度、苋菜红、苯甲酸、日落黄、甜蜜素及糖精钠。2015年国家食品药品监督管理总局抽检葡萄酒样品59批次，不合格批次数为3，不合格率为5.1%，主要不合格项目为非法添加。

进口葡萄酒不合格情况不容乐观，2013～2016年每年都有上百批次检出不合格。从2016年进口葡萄酒不合格结果来看，不合格产品的产地包括多个国家，不合格原因集中在食品添加剂使用超限量、标签和包装不合格、铁元素超标、挥发酸（以乙酸计）超标等。例如，一些进口预包装葡萄酒进境时未加贴中文标识，经销商报检时提供的中文标签也基本不符合我国 GB 7718-2011《食品安全国家标准 预包装食品标签通则》的要求，尤其是配料成分如二氧化硫（SO_2）、苯甲酸、山梨酸等往往未如实际标示。

从上述监督检验结果可以看出，葡萄酒产品的质量安全问题主要体现在标签不符、理化指标不合格、微生物超标及食品添加剂超量或超范围使用等几方面。

1. 标签不合格

标签是葡萄酒检验项目中一个重要项目，GB 7718-2011《食

表1 我国葡萄酒质量安全技术指标汇总

产品指标			技术要求	标准号
酒精度(20°)(体积分数)(%)			≥7.0	GB/T 15037-2006
总糖 (以葡萄糖计) (g/L)	平静葡萄酒	干葡萄酒	≤4.0	
		半干葡萄酒	4.1~12.0	
		半甜葡萄酒	12.1~45.0	
		甜葡萄酒	≥45.1	
	高泡葡萄酒	天然型高泡葡萄酒	小于等于12.0(允许差为3.0)	
		绝干型高泡葡萄酒	12.1~17.0(允许差为3.0)	
		干型高泡葡萄酒	17.1~32.0(允许差为3.0)	
		半干型高泡葡萄酒	32.1~50.0	
		甜型高泡葡萄酒	≥50.1	
干浸出物 (g/L)	白葡萄酒		≥16.0	
	桃红葡萄酒		≥17.0	
	红葡萄酒		≥18.0	
挥发酸(以乙酸计)(g/L)			≤1.2	
柠檬酸 (g/L)	干、半干、半甜葡萄酒		≤1.0	
	甜葡萄酒		≤2.0	
二氧化碳 (20°) (MPa)	低起泡葡萄酒	<250mL/瓶	0.05~0.29	
		≥250mL/瓶	0.5~0.34	
	高起泡葡萄酒	<250mL/瓶	≥0.30	
		≥250mL/瓶	≥0.35	
铁(mg/L)			≤8.0	
铜(mg/L)			≤1.0	
甲醇 (mg/L)	白、桃红葡萄酒		≤250	
	红葡萄酒		≤400	
苯甲酸或苯甲酸钠(以苯甲酸计)(mg/L)			≤50	
山梨酸或山梨酸钾(以山梨酸计)(mg/L)			≤200	
合成着色剂			不得检出	
甜味剂			不得检出	
香精			不得检出	
增稠剂			不得检出	

续表

产品指标		技术要求	标准号
铅(mg/Kg)		0.20	GB2762-2017
沙门氏菌(mL)		0/25	GB 2758-2012
金黄色葡萄球菌(mL)		0/25	
赭曲霉毒素 A(μg/Kg)		2.0	GB2761-2017
二氧化硫(g/L)	干型葡萄酒	0.25	GB2760-2014
	甜型葡萄酒	0.40	
L(+)-酒石酸,dl-酒石酸(g/L)		4.0	
D-异抗坏血酸及其钠盐(g/Kg)		0.15	
标签			GB 7718-2011

品安全国家标准 预包装食品标签通则》和 GB/T 15037-2006《葡萄酒》中对葡萄酒标签的相关要求做了明确规定。分析最近几年的监督检验结果，无论国产还是进口葡萄酒普遍存在标签不合格的问题，例如，配料表中未对食品添加剂做详细标注，尤其是对 SO_2 标识不明确，汉字使用不规范，字符尺寸与要求不一致，未提供与英文内容一致的中文对照，产地、品种、年份、地址等标注不具体、不规范。这些都反映进口商或生产企业对相关标准中的标签要求理解不到位，重视程度不够。

2. 理化指标不合格

理化指标中的干浸出物是最常见的不合格项目。干浸出物是葡萄酒在一定物理条件下非挥发性物质（糖除外）的总和，它影响葡萄酒的口感，是体现酒质的重要指标之一，主要包括甘油、单宁、游离酸及其盐、果胶、矿物质等成分。干浸出物指标的高低与葡萄原料及酒的生产工艺等有密切关系。干浸出物不合格说明葡萄酒中含葡萄的天然成分较少，原汁量不足或可能掺水较多，从而影响葡萄酒品质。铁含量超标是另一种常见的理化指标不合格项目。葡萄酒中的铁超标不但会影响口感，还易使葡萄酒出现沉淀，导致葡萄酒的氧化破败。另外，过量铁的摄入会影响人体健康，如铁中毒以及对各类脏器造成危害。国标中对铁的含量有明确规定，即不超过8mg/L，通常情况下，葡萄酒中的铁含量为2~5mg/L。铁超标的原因可能是葡萄种植、酿造过程中带入，即与含铁容器、管路的接触，也可能是葡萄酒澄清处理中由明胶或鱼胶等澄清剂引入。挥发酸超标也属于理化指标不合格，挥发酸超标意味着葡萄酒已经酸败变质，不再具备饮用价值。导致挥发酸超标的原因一方面可能是原料卫生状况较差，另一方面可能是葡萄酒在储存过程中保存条件不当。总糖是影响葡萄酒口感的决定因素之一，葡萄酒总糖不合格通常是实测值与标示值不符，或者实测值与产品类型不符。导致总糖不合格的原因有可能是发酵工艺控制不到位，也可能是生产企业未区分清楚产品类型。进口酒中总糖不合格的原因通常是不同国家对产品类型定义不同。

3. 微生物指标不合格

葡萄酒中微生物检验项目通常包括沙门氏菌、金黄色葡萄球菌、大肠杆菌、菌落总数等。这些指标综合反映了企业整个生产过程中的卫生状况，若不在生产过程中严格把控卫生条件，极有可能造成葡萄酒产品出现微生物不合格的问题。

4. 食品添加剂不合格

葡萄酒产品中的添加剂使用情况必须严格符合GB2760-2014《食品安全国家标准食品添加剂使用标准》和GB/T 15037-2006《葡萄酒》的相关规定。葡萄酒中常见的添加剂包括SO_2、甜蜜素、山梨酸（钾）、苯甲酸（钠）、柠檬酸等。SO_2 是葡萄酒中最常见的食品添加剂，适量添加 SO_2 对葡萄酒能起到很好的抗菌、护色及防止氧化等保护作用，但过量使用 SO_2 会对人体健康带来危害，国标中对 SO_2 的使用量规定了一个允许范围，根据 GB 2760-2014《食品安全国家标准食品添加剂使用标准》，一般干型葡萄酒中的 SO_2 应控制在 250mg/L 内，甜型葡萄酒则在 400mg/L 内。SO_2 不合格的情况分两种，一是使用了但未在标签中明确标示，二是含量超标，SO_2 含量超标说明生产企业未按照规范正确使用。苯甲酸和山梨酸是 GB/T 15037-2006《葡萄酒》中规定的两类添加剂，苯甲酸在发酵过程中会自然少量产生，山梨酸常被用在甜型葡萄酒中来抑制微生物繁殖，因此标准中规定了它们的上限，过多使用苯甲酸会对人体造成一定的危害。GB/T 15037-2006《葡萄酒》和 GB 2760-2014《食品安全国家标准食品添加剂使用标准》中明确规定，各种人工着色剂、甜味剂、香精及增稠剂在葡萄酒生产过程中均不得使用，一经检出，均属违规。

三 提升我国葡萄酒产品质量安全的措施和建议

（一）葡萄酒产品生产环节的安全质量控制

质量安全的葡萄酒是生产出来的，葡萄酒产品安全得以实现，生产经营者必须作为主体。葡萄酒生产链的责任主体涵盖葡萄原料的生产、酿造加工工艺、流通领域及销售环节的实施者，要保障葡萄酒产品的质量安全，关键是把好两端，严控过程。

1. 葡萄原料质量的控制

葡萄原料的质量是决定能否生产出安全优质葡萄酒的第一步，原料质量应该从葡萄种植开始控制，明确制定葡萄应达到的种植管理水平和采收质量标准，保证原料质量达到相关标准要求，如控产提质、水肥管理、农药施用、监控成熟度、控制采收时间等。同时，加强种植管理，科学、合理地进行葡萄种植区域的布局与规划，积极推动葡萄原料基地化、产地化、良种化、规范化发展，从原料生产的源头给予葡萄酒品质和安全的有力保障。

2. 生产过程（工艺）的管理

严控加工过程中的各个环节，制定科学合理的生产管理规程，并严格按照规程执行。如依据国家标准制定严格的清洗消毒等卫生管理制度及操作记录，尤其是运输葡萄原料的工具及加工设备均应符合食品安全的规定，对所有涉及的加工设备必须严格进行彻底的清洗消毒，应优先选用不锈钢材质的设备，含铜、铁金属设备须进行无毒涂层处理；制定原辅料、包材等的验收标准和使用记录，特别是建立食品添加剂的使用情况记录，做到合理规范使用并可追溯；制定科学的生产工艺，包括对葡萄原料的分选、酵母的选择、发酵过程温度的控制等。

3. 流通和销售环节的管理

2016年11月3日，实施了十多年的《酒类流通管理办法》正式宣告废止，但这并不意味着酒类流通监管处于空白，葡萄酒产品销售和流通环节的实施者应遵守或参照《食品安全法》、《产品质量法》、《食品经营许可管理办法》、《食品生产经营日常监督检查管理办法》、《食品安全抽样检验管理办法》、GB31621-2014《食品安全国家标准食品经营过程卫生规范》、SB/T 11000-2013《酒类行业流通服务规范》及 SB/T 10711-2012《葡萄酒原酒流通技术规范》等法律规范。同时，实施者还应建立完备的进货验收制度和经营购销记录制度，详细记录葡萄酒产品流通信息，实现葡萄酒全流通链中信息的可追溯性。

（二）葡萄酒产品监管环节的安全质量控制

目前，国内对葡萄酒行业的监管尚处于初级阶段，尚无对葡萄酒产品质量进行等级区分的制度和配套的检测方法，现有的评判标准仅有合格和不合格两项。从技术层面上讲，我国对葡萄酒产品的分析检验主要依据 GB/T 15037-2006《葡萄酒》和 GB 2758-2012《食品安全国家标准发酵酒及其配制酒》中的要求，主要对酒精度、总糖、干浸出物、铁、铜、挥发酸、污染物、毒素和微生物、添加剂等指标实施检测（见表1）。当前所实施的检测项目主要可以划分为两类：一是如酒度等葡萄酒的基本理化指标，二是如添加剂等食品安全类指标。虽然在有关葡萄酒的多个国家、地方及行业标准里，明确规定真实醇正的葡萄酒是百分之百的新鲜葡萄或者葡萄汁经部分或者完全发酵后得到的酒精饮品，且在整个酿造过程中不允许掺水、勾兑外源酒精及不可大量加糖，然而，在相关的标准里面并未提及相应的鉴别真伪葡萄酒的检测方法，仅规定了上述基本理化、微生物及添加剂等技术指标。我们现在所进行的葡萄酒基本理化指标检验，仅能在先假定其是真实葡萄酒的基础上，对品质做出一定程度的判断，至于安全类指标检验，也是在脱离了真假属性识别的前提下进行的。然而，在目前的葡萄酒造假水平面前，常规技术检验其实几乎没有约束力。对于进口葡萄酒也是几无门槛可言，这可能也是导致近年来进口葡萄酒迅猛增长、长驱直入的一个因素。例如，对于国外某些干浸出物较高的葡萄酒，掺10%~20%的水之后，再经酒精度和其他成分调整，依旧能够符合我们的检验要求，即使让最高明的品尝员来分析，也仅能觉得酒体单薄、口味寡淡一些，并不能给其定性。

基于上述原因，为了进一步提高我国对葡萄酒产品的监管能力，我们应及时调整葡萄酒产品标准中的具体检验项目，例如引入对葡萄酒中各种特征性成分如酒石酸来源、花色素苷、酚类物质、白藜芦醇等的检测；大力研发葡萄酒中的农药残留、生物毒素、同位素特征、无机元素等高级分析手段，以弥补相关检测方法的空白；增加对葡萄酒生产过程中所使用的各种原辅料的质量控制和监管。另外，我们应向葡萄酒发达国家学习相关的法律、法规、产品分级制度及标准体系，并结合自身实际，尽快建立我国自己的葡萄酒产品质量等级划分制度。目前，国内部分科研单位已经开始上述高级检测方法的研究工作，如秦皇岛检验局国家葡萄酒检测重点实验室在国内率先展开了国产葡萄酒基础信息数据库（类似欧盟的葡萄酒数据银行，EU Wine Data Bank）的构建工作，计划用5~8年的时间，系统研究我国新疆、河西走廊、贺兰山东麓、黄土高原、延怀河谷、东北、环渤海湾及云川藏八大主要葡萄酒产区的稳定同位素和无机元素自然分布特征，并在此基础上，系统研究国产葡萄酒的质量特征和安全性。该数据库的建成将为葡萄酒的真假、产地及年份鉴别提供最直接的技术支撑，对于保障广大消费者权益、规范国内葡萄酒市场及促进产业发展有着重大意义。

B.11
薯类和膨化食品质量安全分析报告

王丽霞 李挥 王利军 白鑫*

摘　要： 薯类及膨化食品是深受儿童消费者喜爱的休闲食品，但其原辅料、加工过程和储存运输控制不当可能导致产品质量安全风险。本文广泛收集了2016年和2017年上半年的薯类及膨化食品检验数据，包括国家标准内抽检类检验项目和标准外风险监测项目，对检验结果进行了全面的质量安全统计分析，并在此基础上提出了监管工作建议。

关键词： 薯类和膨化食品　安全风险监测　监管措施

一　基本情况

薯类及膨化食品是当前比较热销的一类休闲食品，深受儿童消

---

* 王丽霞，河北省食品检验研究院院长、研究员，主要从事食品安全控制技术研究；李挥，河北省食品检验研究院院长助理、研究员，主要从事食品安全关键检测技术研究；王利军，河北省食品检验研究院牵头分析室主任、正高级工程师，主要从事食品安全统计分析、评价研判等工作；白鑫，河北省食品检验研究院食品检验部工程师，主要从事食品安全检验和统计分析、评估工作。

费者喜爱，其原辅料、加工过程和储存运输可能会导致产品质量安全风险，为此河北省食品检验研究院广泛收集了2016年和2017年上半年的薯类及膨化食品检验数据，包括国家标准内抽检类检验项目和标准外风险监测项目，进行了全面的质量安全统计分析。收集到全部薯类及膨化食品样品共计6124批次。其中标准内抽检类产品4335例，涉及7个食品细类，检出不合格样品149例，总体样品合格率为96.6%。标准外风险监测产品1789例，涉及3个食品细类，发现问题样品2例，总体问题发现率为0.1%，具体如表1所示。

表1 各类型食品问题检出率统计

类型	细类数量(类)	总量(例)	问题量(例)	问题率(%)
抽检类	7	4335	149	3.4
风险监测类	3	1789	2	0.1

（一）标准内抽检类项目情况

1. 按细类统计分析

各食品细类中，合格率最低的是干制薯类（马铃薯片）（90.9%，23/252），其次是冷冻薯类（95.5%，1/22）。各细类合格率如表2所示。

2. 按环节统计分析

从各抽样环节看，生产环节抽检合格率为96.1%，流通环节抽检合格率为96.8%（见表3）。

表2 各类食品监督抽检情况（按样品合格率从低到高排列）

单位：%

序号	食品细类	总例	不合格例	合格率
1	干制薯类（马铃薯片）	252	23	90.9
2	冷冻薯类	22	1	95.5
3	含油型膨化食品和非含油型膨化食品	3679	123	96.7
4	薯粉类	79	1	98.7
5	干制薯类（除马铃薯片外）	121	1	99.2
6	其他类	178	0	100.0
7	薯泥（酱）类	4	0	100.0
	合 计	4335	149	96.6

表3 各抽样环节监督抽检情况

单位：%

序号	抽样环节	总例	不合格例	合格率
1	生产环节	1506	58	96.1
2	流通环节	2829	91	96.8
3	餐饮环节	0	0	—
	合 计	4335	149	96.6

从流通环节看，抽检合格率最低的抽样场所是批发市场（85.1%，37/248）。抽检网购样品332例，发现不合格样品7例，合格率为97.9%（见表4）。

3.按企业类型统计分析

共抽检1383家生产企业的4335例样品，其中100家生产企业检出不合格样品。抽检48家大型生产企业的758例样品，未发现不合格样品，合格率为100.0%（见表5）。

表4　流通环节各抽样场所监督抽检情况（按样品合格率从低到高排列）

单位：%

序号	抽样场所	总例	不合格例	合格率
1	批发市场	248	37	85.1
2	小杂食店	83	6	92.8
3	商场	62	2	96.8
4	其他	90	2	97.8
5	网购	332	7	97.9
6	超市	2003	37	98.2
7	农贸市场	10	0	100.0
8	菜市场	1	0	100.0
	合计	2829	91	96.8

表5　生产企业监督抽检情况

企业类型	企业情况			样品情况		
	抽检企业总数(家)	不合格企业数量(家)	企业合格率(%)	抽检总例(例)	不合格数(例)	样品合格率(%)
生产企业	1383	100	92.8	4335	149	96.6
大型生产企业	48	0	100.0	758	0	100.0

流通环节中，共抽检2106家经营企业的2829例样品，其中77家经营企业检出不合格样品91例。

(二)风险监测类项目情况

1. 按细类统计分析

各食品细类中，问题发现率最高的是含油型膨化食品和非含油型膨化食品（0.1%，2/1684）（见表6）。

表6 各细类食品风险监测情况（按问题发现率从高到低排列）

单位：%

序号	食品细类	总例	问题例	问题发现率
1	含油型膨化食品和非含油型膨化食品	1684	2	0.1
2	干制薯类（马铃薯片）	93	0	0.0
3	干制薯类（除马铃薯片外）	12	0	0.0
	合　计	1789	2	0.1

2. 按环节统计分析

从各抽样环节看，生产环节问题发现率为0.3%，流通环节问题发现率为0.1%（见表7）。

表7 各抽样环节风险监测情况

单位：%

序号	抽样环节	总例	问题例	问题发现率
1	生产环节	354	1	0.3
2	流通环节	1435	1	0.1
3	餐饮环节	0	0	—
	合　计	1789	2	0.1

从流通环节看，问题发现率最高的抽样场所是超市（0.1%，1/1022）。监测网购样品332例，未发现问题样品（见表8）。

3. 按企业类型统计分析

共监测563家生产企业的1789例样品，其中2家生产企业检出问题样品。监测48家大型生产企业的703例样品，未发现问题样品（见表9）。

表 8　流通环节各抽样场所风险监测情况（按问题发现率从高到低排列）

单位：%

序号	抽样场所	总例	问题例	问题发现率
1	超市	1022	1	0.1
2	网购	332	0	0.0
3	其他	15	0	0.0
4	商场	25	0	0.0
5	小杂食店	14	0	0.0
6	批发市场	23	0	0.0
7	菜市场	1	0	0.0
	农贸市场	3	0	0.0
	合　计	1435	1	0.1

表 9　生产企业风险监测情况

企业类型	企业情况			样品情况		
	监测企业总数（家）	发现问题企业数量（家）	问题发现率（%）	监测总数（例）	问题数（例）	问题发现率（%）
生产企业	563	2	0.4	1789	2	0.1
大型生产企业	48	0	0.0	703	0	0.0

流通环节中，共监测 830 家经营企业的 1435 例样品，其中 1 家经营企业检出问题样品。

二　主要问题分析

（一）监督抽检发现的主要问题

2016 年共覆盖 31 个检验项目，检出菌落总数、甜蜜素、大肠菌群等14个不合格项目。2017年上半年共覆盖18个检验项目，检出菌落总数、大肠菌群、水分等8个不合格项目。抽检发现的主要问题为微生物污染、质量指标不符合标准、生物毒素污染和超范围、超限量使用食品添加剂等。

1. 微生物污染问题占不合格样品总量的40.3%

（1）致病性微生物未检出不合格样品。

（2）其他微生物检出不合格样品60例，不合格率为1.6%（60/3761）。主要超标项目为菌落总数和大肠菌群，不合格食品类别为含油型膨化食品和非含油型膨化食品、干制薯类（马铃薯片）等。

不合格原因主要是食品受到了微生物污染，主要是生产经营企业在生产过程中管理有缺陷，没有按照GB14881-2013《食品安全国家标准 食品生产通用卫生规范》等要求组织生产，环境卫生条件控制不严格，原料消毒不彻底，生产人员个人卫生不达标，包装设施及包装材料消毒不彻底造成的，也可能存在产品包装不密封、储运条件控制不当等因素。

2. 生物毒素污染问题占不合格样品总量的4.0%

检出不合格样品6例，不合格率为0.4%（6/1564）。不合格项目是6例含油型膨化食品和非含油型膨化食品样品检出黄曲霉毒素B_1含量超标。

黄曲霉毒素B_1是已知的致癌物质中致癌性最强的一种。黄曲霉污染的食物主要是花生、玉米、稻谷、小麦、花生油等食品，且以南方高温、高湿地区受污染最为严重。黄曲霉毒素B_1超标主要是生产经营企业原料进货把关不严，或者是企业原辅材料库房或成品库房环境温湿度控制不当，原辅材料或成品贮运过程中受到黄曲霉的污染后产生毒素造成的。

3. 超范围、超限量使用食品添加剂问题占不合格样品总量的 28.9%

检出不合格样品 43 例，不合格率为 1.0%（43/4159）。主要不合格项目类别为甜味剂超标 26 例、膨松剂超标 13 例、防腐剂超标 9 例、抗氧化剂超标 2 例，还有 1 例是漂白剂超标。主要集中在含油型膨化食品和非含油型膨化食品。

超范围使用含铝食品添加剂。在膨化食品生产中，为了使膨化食品口感酥松香脆通常使用无铝膨松剂，企业为了降低成本，违规使用含铝的膨松剂。

超范围使用防腐剂（山梨酸、苯甲酸）、甜味剂（糖精钠、甜蜜素和安赛蜜）。膨化食品在生产过程中添加一定量的甜味物质可以起到增鲜提香的作用，企业为了降低成本，超范围违规添加甜味剂（糖精钠、甜蜜素和安赛蜜），GB 2760 中规定膨化食品中不得添加山梨酸、苯甲酸、甜蜜素、安赛蜜和糖精钠，违规超范围添加会对人体造成伤害。

超限量使用抗氧化剂（二丁基羟基甲苯 BHT）、漂白剂（二氧化硫残留量）。二丁基羟基甲苯 BHT 是一种脂溶性抗氧化剂，在富含油脂的食品中具有很好的抗氧化作用，能够延缓油脂和含油脂食品的氧化变质，且在食品中不会产生异味，广泛应用于食用油脂、油炸食品、方便面和焙烤食品中。膨化食品中二丁基羟基甲苯 BHT 超标主要原因是过量使用食品添加剂。

二氧化硫是食品加工中常用的漂白剂，干制薯类中二氧化硫不符合标准的原因可能是个别生产者使用劣质原料以降低成本,为了提高产品色泽在生产过程过量使用。

4.质量指标不符合标准占不合格样品总量的26.8%

检出不合格样品40例,不合格率为1.0%(40/3831)。主要不合格项目有：23例样品检出水分不合格,9例样品分别检出酸价和过氧化值不合格,不合格食品细类主要为含油型膨化食品、非含油型膨化食品和干制薯类（马铃薯片）。

膨化食品中油脂的酸价大小与制取油脂的原料、油脂加工的工艺有关。如果油料中含有较多未成熟粒、霉变粒,油脂中酸价就会增高,因此膨化食品中的酸价也反映加工过程中使用油脂原料的质量。过氧化值是膨化食品中的油脂成分被氧化程度的一种指标,其随着油脂放置时间的增加而增高,就是人们通常所说的"哈喇味",该指标超标是食品中油脂成分过期的结果。过氧化值超标的油脂成分加热时易分解出环氧丙醛等有害物质,食用后易中毒。

水分超标可能是企业原辅料库房或成品库房温湿度控制不当,原辅材料或成品在生产或贮存过程中受潮,生产过程关键工艺控制不到位造成的。膨化食品水分超标,会缩短膨化食品的保质期,加快微生物的生长,从而引起霉变,并且影响口感和风味。

(二)风险监测发现的主要问题

根据总局统一要求,2017年将部分2016年的抽检项目转成风险监测项目,共覆盖16个检验项目,检出环己基氨基磺酸钠(甜蜜素)、安赛蜜2个问题项目。监测发现的问题全部为食品添加剂使用问题。

检出问题样品 2 例，问题发现率为 0.1%（2/1789），主要问题项目类别全部为甜味剂，主要问题食品细类为含油型膨化食品和非含油型膨化食品。

三　监管建议

（一）针对发现的问题帮扶行业改进，彻底解决安全隐患

针对抽检监测中发现的问题，积极帮助企业建立发现问题和解决问题的机制，进行企业环境改造、生产工艺升级，加强企业自检自控，督促企业主动落实主体责任，促进行业健康发展。

（二）加强企业生产中的过程监控

从抽检结果看，微生物指标，质量指标（水分、过氧化值和酸价），超范围、超限量使用食品添加剂，生物毒素污染问题都是影响产品质量的重要因素之一。微生物指标控制不好，说明企业环境卫生、人员防护和包装材料管理等方面存在漏洞。水分、过氧化值和酸价都是膨化食品生产过程使用油脂应严格控制的指标，这些指标不合格将直接影响最终产品的质量。企业超范围、超限量使用食品添加剂，说明其在生产过程中监控不足。生物毒素污染说明企业在原辅材料验收、生产过程以及样品贮存条件等方面存在疏漏，因此，应当对生产全过程严格把关，做好每个环节的质量控制。

（三）加强企业整改落实情况的监督，避免类似问题重复出现

生产经营企业应针对抽检发现的问题制定整改方案，积极整改。监管部门也应该督促企业进行整改，监督整改落实情况，并且应该将这些企业列入下一年度重点监督对象目录，增加走访频次，避免类似问题重复出现。

（四）对于积累数据中异常值的研判问题

风险监测过程中，有些项目列为不判定项目，仅作为积累数据，如膨化食品的丙烯酰胺，发现异常值时，如何科学评价是否已经导致人体健康危害，应有标准化的研判程序，避免对高风险问题的忽视。

B.12
2016年河北省食品药品监督管理统计报告*

河北食品药品安全统计年度报告课题组

摘 要： 本报告对全省食品、保健食品、药品、医疗器械、化妆品的基本情况进行了介绍，通过对行政受理、审批、监管、案件查处等情况进行汇总分析，帮助食品药品监管系统工作人员了解全省监管概况。

关键词： 食品安全 保健食品安全 药品安全 医疗器械安全 化妆品安全 安全监管

一 食品监督管理

（一）食品日常监管情况

1. 食品生产环节日常监管情况

2016年各级监管机构共检查食品生产企业22511家次，发

---

* 本报告所用数据来源于食品药品监督管理统计信息系统，数据报告期为2015年12月1日至2016年11月31日。

现违法违规生产主体943家,发现违法违规问题1591个,移交稽查部门立案查处109家次;检查食品添加剂生产企业476家次,发现违法违规生产主体15家,发现违法违规问题33个,移交稽查部门立案查处3家次;检查食品加工小作坊20313家次,发现问题生产主体1144家,移交稽查部门立案查处72家次。

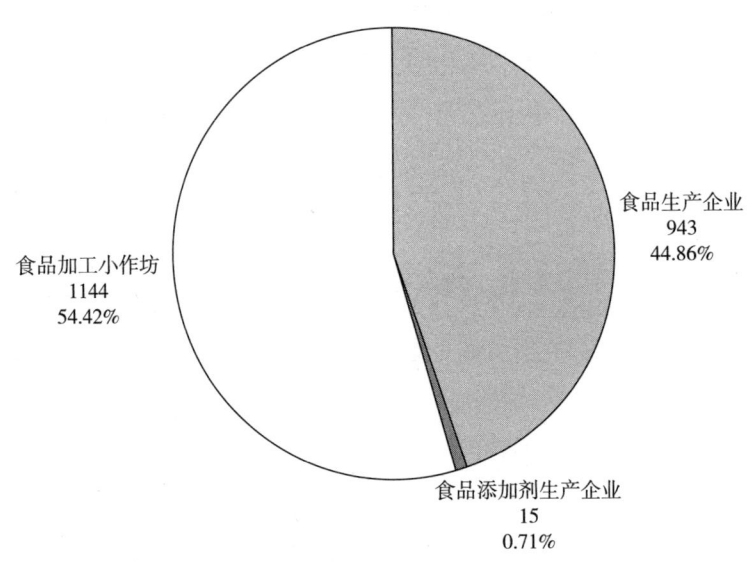

图1 食品生产主体违法违规情况分布

2.食品经营环节日常监管情况

2016年,各级监管机构共检查食品销售环节经营主体481630家次,发现问题经营主体6347家次,发现违法违规问题7814个。

检查餐饮服务环节经营主体187781家次,发现问题经营主体9016家次,发现违法违规问题13182个。截至2016年底,全省

"明厨亮灶"实施户数 74777 家；量化分级评定总数 70130 家，其中优秀 896 家，良好 38715 家，一般 30519 家。

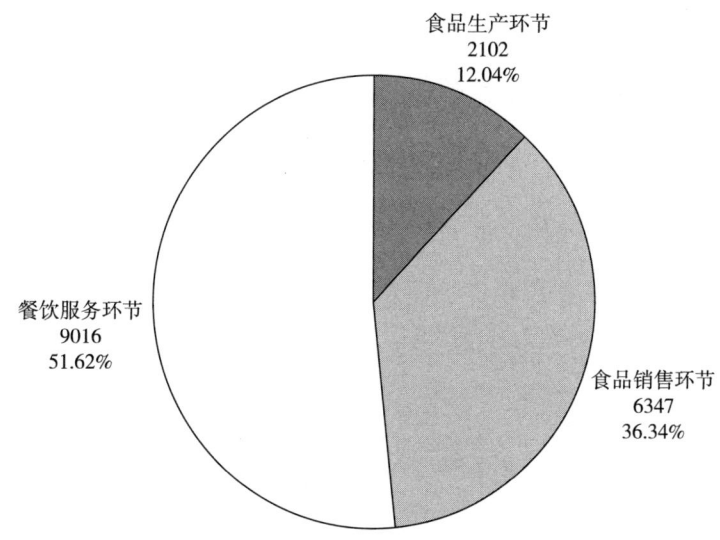

图 2　食品安全违法违规主体分布情况

（二）食品投诉举报情况

2016 年各级监管机构共接到食品投诉举报 30250 件，立案 500 件，移交司法机关 13 件，移送其他部门 171 件。

（三）食品案件查处情况

2016 年共查处食品案件 11882 件，其中一般程序案件 10011 件、简易程序案件 1871 件。查处的一般程序案件累计罚款金额 6950.76 万元，没收违法所得 251.85 万元，责令停止生产经营 12 户次，吊销许可证 1 件，捣毁制假窝点 18 个，移送司法机关 45 件。

二 保健食品监督管理

（一）保健食品生产许可情况

截至2016年底，全省共有保健食品生产许可证33件。从生产许可类别来看，含硬胶囊剂的59件、含软胶囊剂的9件、含片剂的32件、含口服液的6件、含颗粒剂的15件、含茶剂的7件、含粉剂的7件、含酒剂的4件、其他1件（见图3）。

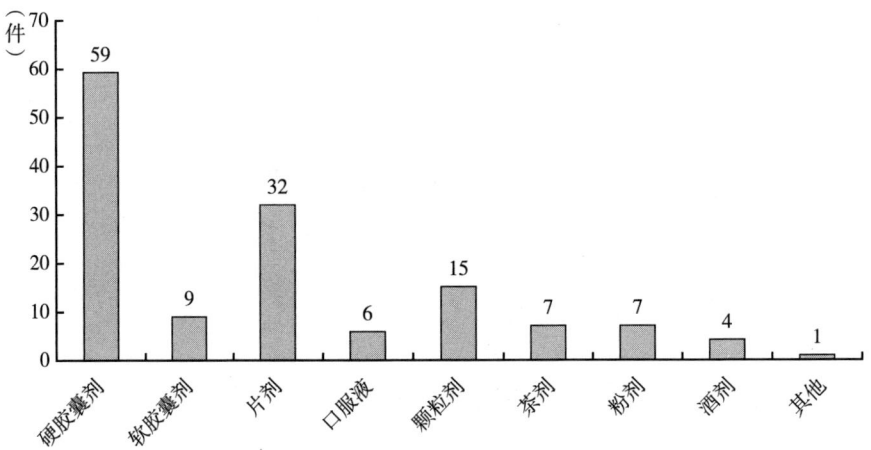

图3 保健食品生产企业许可类别数量

（二）保健食品日常监管情况

1. 保健食品生产企业日常监管情况

2016年各级监管机构共检查保健食品生产企业521家次。检查保健食品品种1515个，抽验保健食品264批次。

2. 保健食品经营企业日常监管情况

2016年各级监管机构共检查保健食品经营企业27280家次，抽验保健食品2818批次，其中检出不合格保健食品19批次。

（三）保健食品投诉举报情况

2016年各级监管机构共受理保健食品投诉举报3104件，立案12件，移送其他部门14件。

（四）保健食品案件查处情况

2016年全省共查处保健食品案件701件，其中一般程序案件568件，简易程序案件133件。一般程序案件涉及罚款金额272.12万元，没收违法所得9.44万元。

（五）保健食品广告审批及查处情况

2016年，全省共受理保健食品广告93件，给予批准文号93件。在审批的广告中，视频、声频、文字广告分别为47件、10件、36件（见图4）。

全省移送工商部门查处违法保健食品广告14件，发布违法广告公告4期，涉及广告9件。

三 药品监督管理

（一）药品行政受理情况

2016年省局共受理新药申请9件，受理按新药程序申报申请2

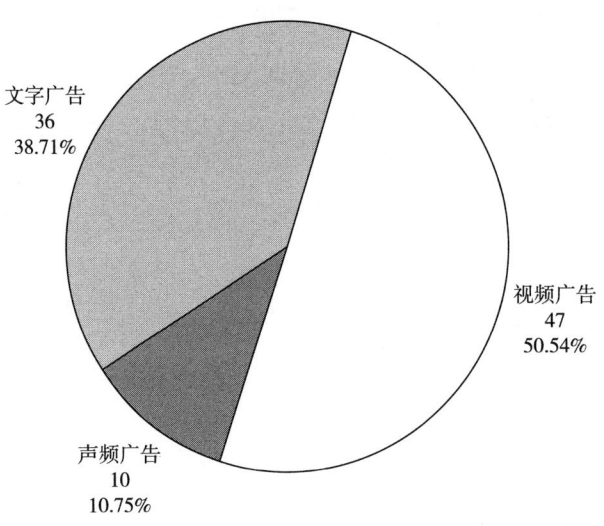

图 4　保健食品广告审批情况

件、仿制药生产申请 8 件、药品补充申请 1446 件。

国产药品包装材料注册申请 65 件,再注册申请 26 件,补充申请 15 件(见图 5)。

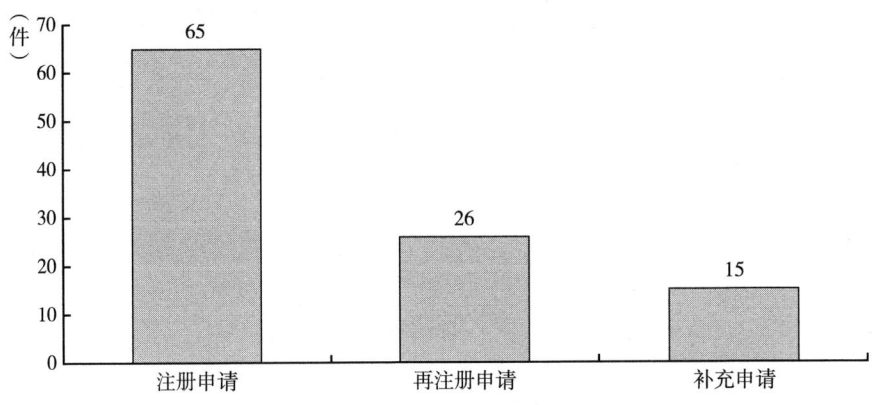

图 5　国产药品包装材料行政受理事项受理情况

（二）药品生产企业情况

1. 药品生产企业数量情况

截至 2016 年底，全省共核发药品生产企业许可证 397 个。按照所生产产品分，生产原料药和制剂的企业有 291 家（其中化学药制剂生产企业 93 家、中药制剂生产企业 102 家、生物制品生产企业 3 家）；生产原料药的企业有 95 家（其中化学药原料药生产企业 94 家、中药原料药生产企业 1 家）；生产中药饮片的企业 112 家。按药品管理分，体外诊断试剂企业 3 家，生产医用气体的企业有 38 家，生产药用辅料的企业有 29 家，生产空心胶囊的企业有 4 家，生产特殊药品的企业有 33 家。

2. 药品生产企业 GMP 认证情况

（1）GMP 证书发放情况。2016 年，全年核发 GMP 证书 76 件，截至 2016 年底，全省药品生产企业持有 GMP 证书共计 473 件。

（2）企业通过 GMP 认证情况。2016 年，通过 GMP 认证的药品生产企业共 76 家，其中原料药和制剂生产企业 55 家。年末实有通过 GMP 认证企业 324 家，其中原料药和制剂生产企业 227 家。

（三）药品经营企业情况

截至 2016 年底，全省共有法人批发企业 480 家、非法人批发企业 122 家。药品零售方面，零售单体药店 5895 家、零售连锁企业 267 家、门店数量 14437 家。

（四）药品日常监管情况

1. 药品生产企业日常监管情况

2016年各级监管机构共检查药品生产企业2217家次，其中检查基本药物生产企业938家次，检查血液制品、注射剂等高风险品种生产企业240家次。药品GMP检查中，发现存在严重缺陷的药品生产企业20家次，收回GMP证书14张，移交稽查部门立案查处1起。

2. 药品经营企业日常监管情况

2016年各级监管机构共检查批发企业2605家次，对存在违反药品经营相关管理规定行为的591家企业采取责令整改措施，撤销GSP证书4张，收回GSP证书42张，移交稽查部门立案查处案件39件。

各级监管机构共检查零售企业29809家次，对存在违反药品经营相关管理规定行为的6652家企业采取责令整改措施，收回GSP证书178件，移交稽查部门立案查处案件329件。

（五）药品投诉举报情况

2016年各级监管机构共受理药品投诉举报8962件，立案142件，移送其他部门15件，移交司法机关3件。

（六）药品案件查处情况

2016年各级监管机构共查处药品案件9533件，其中一般程序案件4683件，简易程序案件4850件。一般程序案件涉及罚款金额

1835.47万元，没收违法所得金额210万元，责令停止生产经营67户次，吊销药品经营许可证8张，捣毁制假窝点5个，移送司法机关案件22件。

（七）药品广告审批及查处情况

2016年，全省共受理药品广告申请346件，批准药品广告346件。在批准的广告中，视频、声频、文字分别为102件、53件、191件（见图6）。

2016年，全省撤销广告文号7件，移交工商行政管理部门的违法广告49件。发布违法药品广告公告5期，涉及广告49件。

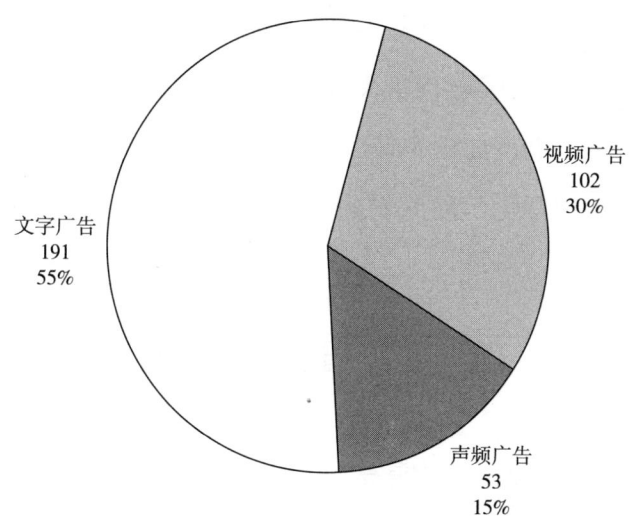

图6 药品广告审批情况

（八）互联网药品服务机构审批和监管情况

2016年，全省共受理审批互联网信息服务申请29件。全省共受理审批互联网药品交易服务资格证申请12件,其中B2B申请4件、B2C申请8件。

(九)麻醉药品、精神药品生产经营情况

1. 麻醉药品、精神药品和药品类易制毒化学品生产定点情况

截至2016年底,全省共有麻醉药品原料药定点生产企业2家,精神药品定点生产企业9家,其中第一类精神药品生产企业9家、第二类精神药品原料药定点生产企业5家。药品类易制毒化学品原料药定点生产企业数量为11家。

2. 麻醉药品、精神药品和药品类易制毒化学品经营定点情况

截至2016年底,全省共有麻醉药品和第一类精神药品定点经营企业22家,均为区域性批发企业。专门从事第二类精神药品批发企业121家、零售连锁企业门店5家。

药品类易制毒化学品原料药定点经营企业1家。

四 医疗器械监督管理

(一)医疗器械注册情况

1. 医疗器械注册受理情况

2016年,全省共受理国产一类医疗器械备案517件。受理国产二类医疗器械首次注册申请353件(见图7),国产二类医疗器械延续注册申请237件。

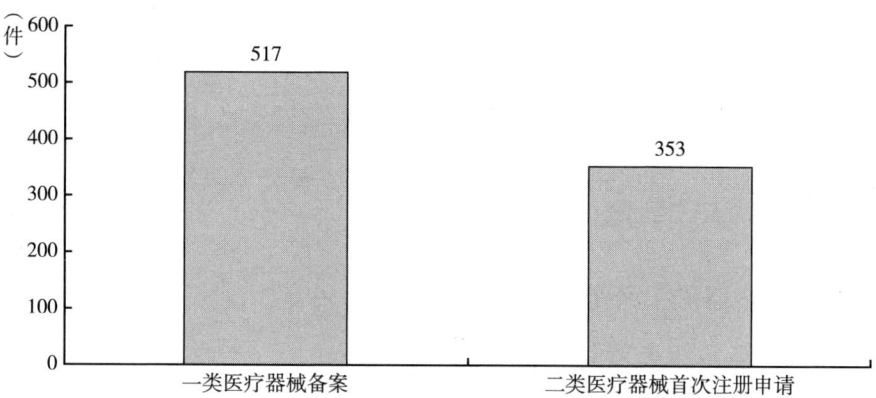

图 7 国产医疗器械备案受理及首次注册申请情况

2. 医疗器械注册审批情况

2016 年，全省共批准医疗器械注册申请 717 件，批准延续注册申请 103 件。

（二）医疗器械生产企业情况

截至 2016 年底，全省实有医疗器械生产企业 749 家，其中一类医疗器械生产企业 390 家、二类医疗器械生产企业 322 家、三类医疗器械生产企业 37 家（同时生产二类和三类的企业在统计时分别计入各自类别）。

（三）医疗器械经营企业情况

截至 2016 年底，仅经营第二类医疗器械产品的企业 6707 家，仅经营第三类医疗器械产品的企业 929 家，同时从事第二、第三类医疗器械经营的企业 3028 家。

仅从事无菌医疗器械经营的企业 409 家，仅从事植入性医疗器械经营的企业169家,同时从事无菌和植入性医疗器械经营的企业458家,从事体外诊断试剂经营的企业236家,为其他医疗器械生产经营企业提供贮存、配送服务的医疗器械经营企业42家。

(四)医疗器械日常监管情况

1. 医疗器械生产企业日常监管情况

2016年各级监管机构共检查医疗器械生产企业2281家次,检查生产一类医疗器械产品的企业768家次,检查生产二类医疗器械产品的企业1304家次,检查生产三类医疗器械产品的企业377家次(同时生产两类或以上医疗器械的企业在统计时分别计入各自类别)。按重点监管企业划分,检查国家重点监管企业159家次,检查省重点监管企业260家次。

全面检查高风险无菌医疗器械生产企业276家次,其中通过检查230家次;检查植入性医疗器械生产企业63家次,其中通过检查53家次。

存在违反医疗器械相关管理规定行为的企业134家次,责令整改310家次,移交稽查部门立案查处案件7件。

2. 医疗器械经营、使用日常监管情况

2016年各级监管机构共检查医疗器械经营企业13605家次,发现存在违规行为的企业或单位1726家次,责令整改2253家次,移交稽查部门立案查处43件。

各级监管机构共检查医疗器械使用单位17004家次,发现存在违规行为的单位1658家次,责令整改2368家次,移交稽查部门立案查处76件。

（五）医疗器械投诉举报情况

2016年各级监管机构共受理医疗器械投诉举报1089件、立案15件、移送其他部门4件。

（六）医疗器械案件查处情况

2016年，查处医疗器械一般程序案件688件，罚款金额780.18万元，没收违法所得9.52万元，责令停止生产经营1户次，捣毁制假窝点1个。

（七）医疗器械广告审批情况

2016年，全省共受理医疗器械广告申请103件，批准医疗器械广告103件。在审批的广告中，视频、音频、文字广告分别为35件、5件、63件（见图8）。

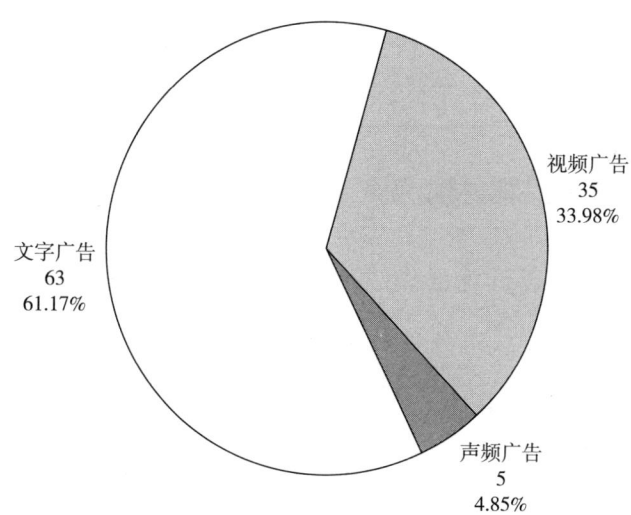

图8　医疗器械广告审批情况

五 化妆品监督管理

(一)化妆品生产企业卫生许可情况

2016年,全省共发放化妆品生产企业卫生许可证5件,截至2016年底,共有化妆品生产企业卫生许可证36件。

(二)化妆品生产企业日常监管情况

2016年,全省共检查化妆品生产企业629家次,检查化妆品1245种,抽验化妆品774批次,检出不合格化妆品6批次。发现生产记录缺失、不完整企业13家。

(三)化妆品投诉举报情况

2016年各级监管机构共受理化妆品投诉举报1046件,立案7件,移送其他部门2件。

(四)化妆品案件情况

2016年,共查处化妆品案件547件,其中一般程序案件436件、简易程序案件111件。一般程序案件罚款金额182.43万元,没收违法所得16万元。

B.13
附：乳品质量安全与风险防范研究

柴艳兵 张耀广 李兴佳 张彦辉 苑卫 米志英*

摘　要： 近年来，我国高度重视乳制品的质量安全，为了加强乳品安全监管，国务院在新《食品安全法》的基础上，制定出台了《乳品质量安全管理条例》《奶业正度和振兴发展纲要》《国务院进一步加强乳制品质量安全的决定》等法规制度，以最严谨的标准、最严格的监管、最严厉的处罚、最严肃的问责保障消费者饮食安全。本文通过对2016年乳业质量安全进行总结分析，并对国内乳品中仍然存在和高度关注的质量风险问题的解读与评估，为我国乳品质量的进一步提高提出对策建议。

关键词： 乳业质量安全　乳品质量风险　决策建议

"三聚氰胺事件"等乳品安全事件给我国乳制品行业带来了前

---

* 柴艳兵，君乐宝乳业集团副总裁、高级工程师；张耀广，君乐宝乳业集团检验技术部部长、高级工程师；李兴佳，君乐宝乳业集团中心实验室经理；张彦辉，君乐宝乳业集团奶粉质量部部长、高级工程师；苑卫，君乐宝乳业集团体系法规部部长、食品安全管理师；米志英，君乐宝乳业集团工艺技术部部长。

所未有的冲击，2008年之前我国牛乳年产量的平均增长率为20.6%，而2008年后锐减至1.13%，其影响甚至延续至今。消费者对国产乳品特别是婴幼儿配方乳粉的信心受到重创，转而选择海外代购或海淘婴幼儿配方乳粉。因此，落实企业质量安全主体责任，加强乳制品行业的安全监管，重塑我国乳制品行业的品牌和口碑势在必行。

一 乳制品质量安全现状

2008年以来，国家先后颁布了《乳品质量安全监督管理条例》《乳制品工业产业政策》《奶业整顿和振兴规划纲要》等50多项重要的法规制度。在调整工业布局、提升企业准入标准、规范原料乳生产、建立可追溯体系等方面做了细致的规划。农业部在生鲜乳的监管方面，严格了抽检要求，检测指标从6项增加到了12项，并连续7年开展了专项整治，共检测10万余批次样品。为了加强对奶粉质量的监督，2008年和2010年，国家颁布了加强婴幼儿奶粉监管的紧急通知和《关于进一步加强乳品质量安全工作的通知》；2015年国家食品药品监督管理总局对主流品牌实行月月抽检，要求参照药品管理办法对婴幼儿配方乳粉进行严格管理。大型乳企纷纷建立了乳品安全监管系统，如质量追溯体系、危害分析及关键控制点（HACCP）体系等，进一步保证了产品的质量安全。

当前，我国乳制品质量已有大幅度提升，国家在过去的8年中，每年组织实施生鲜乳质量安全监测计划和专项整治行动，范围包括所有奶站和运输车,同时,为了强化婴幼儿乳粉奶源监管,严格落实"确保婴幼儿配方乳粉奶源安全六项措施"。2016年我国奶类产量的生产规模居世界第三位,仅次于美国和印度。

2016年,国家抽检生鲜乳样品2.6万批次,现场检查奶站1.1万个(次)和运输车0.82万辆(次),生鲜乳抽检合格率为99.8%。三聚氰胺等重点监控违禁添加物抽检合格率连续8年保持100%。

2016年,共抽检乳制品3318批次,抽检合格率为99.5%,乳品质量持续提升;抽检婴幼儿配方乳粉2532批次,婴幼儿配方乳粉合格率为98.7%,位于各类食品中的前列。

严格进口乳制品监管,共检出不合格进口乳制品159批次,已全部按要求退货或销毁。

(一)生鲜乳质量安全

生鲜乳质量安全指标中,乳蛋白、乳脂肪是衡量生鲜乳营养价值的主要指标,杂质度、酸度、相对密度、非脂乳固体是体现生鲜乳理化性质的指标,菌落总数、黄曲霉素M1、体细胞数是反映生鲜乳卫生状况的主要指标,铅、铬、汞是判断生鲜乳是否受到重金属污染的主要指标,三聚氰胺、革皮水解物是判断生鲜乳中是否存在人为添加违禁物的指标。

农业部从2009年开始实施生鲜乳质量安全监测计划,重点监测生鲜乳收购站和运输车,检测指标包括乳蛋白、乳脂肪、菌落总数、黄曲霉素M1、体细胞数、铅、铬、汞、三聚氰胺、革皮水解物10项指标，2016年新增了杂质度、酸度、相对密度、非脂乳固体4项指标，累计抽检生鲜乳样品17.8万批次。

1. 乳蛋白

乳蛋白是乳的主要成分之一，是反映牛奶营养品质的指标。2016年，农业部检测生鲜乳样品8302批次，平均值为3.22g/100g，同比增长2.5%，远高于国家标准（国家标准为≥2.8g/100g），规模牧场生鲜乳样品乳蛋白平均值为3.33g/100g（见图1）。

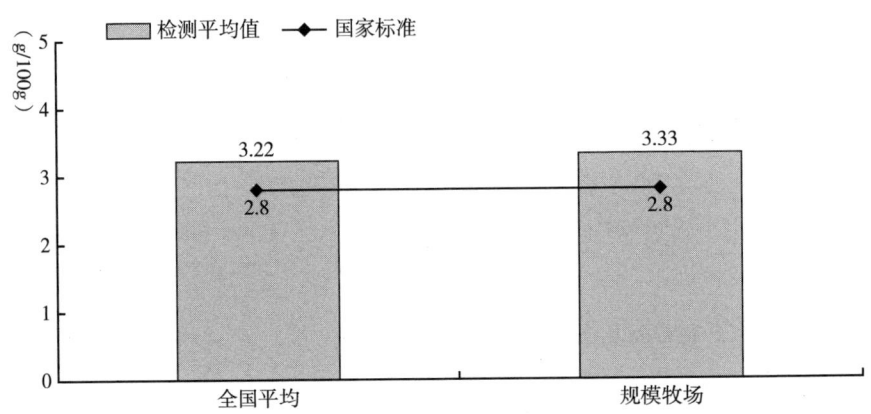

图1　2016年全国生鲜乳样品中乳蛋白含量

资料来源：农业部。

2. 乳脂肪

乳脂肪是乳的主要成分之一，是反映牛奶营养品质的指标。2016年，农业部检测生鲜乳7591批次，平均值为3.81g/100g，同比增长3.3%，远高于国家标准（国家标准为≥3.1g/100g）（见图2），规模牧场生鲜乳样品乳脂肪平均值为3.87g/100g。

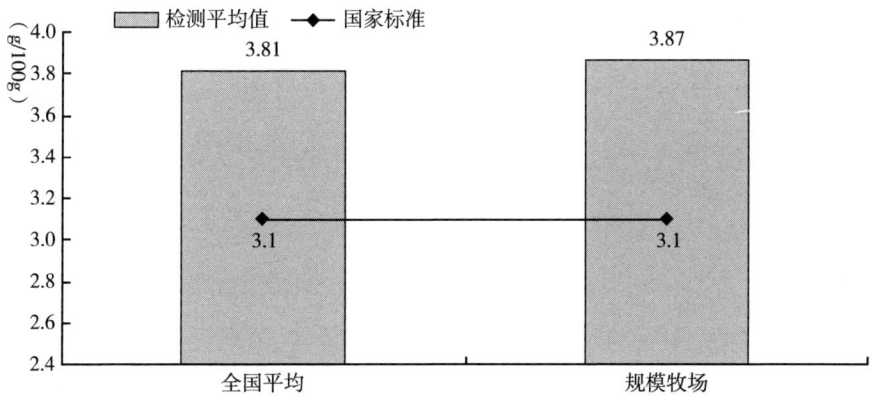

图 2　2016 年全国生鲜乳样品中乳脂肪含量

资料来源：农业部。

3. 非脂乳固体

非脂乳固体是生鲜乳中除脂肪和水分外的物质的总称，国家标准为≥8.1g/100g。2016 年，农业部对 7975 批次生鲜乳样品进行检测，非脂乳固体平均值为 8.8g/100g，高于国家标准（见图 3）。

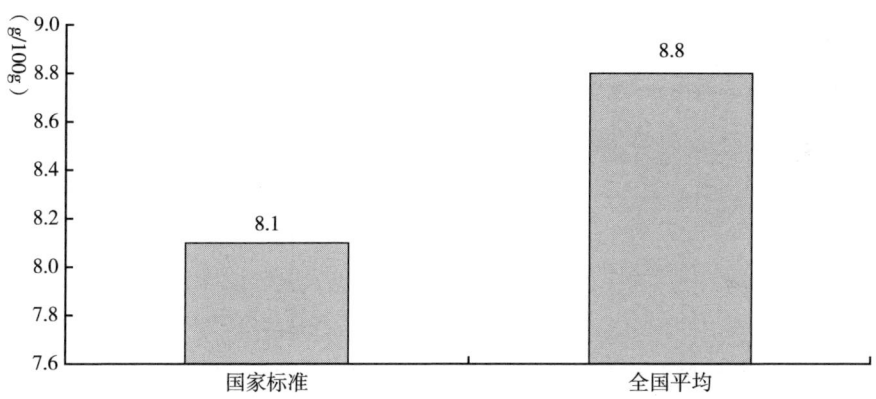

图 3　2016 年全国生鲜乳样品中非脂乳固体含量

资料来源：农业部。

4. 杂质度

杂质度是指生鲜乳中含有杂质的量,是衡量生鲜乳质量的重要指标,国家标准为≤4.0mg/kg。2016年,农业部对6637批次生鲜乳样品进行检测,杂质度均符合国家标准,全年抽检合格率为100%。

5. 酸度

酸度是评价牛奶新鲜程度的指标。国家标准规定,牛奶酸度范围为12°T~18°T,羊奶酸度范围为6°T~13°T。2016年,农业部对7975批次生鲜乳样品进行检测,牛奶酸度平均值为13.89°T,羊奶酸度平均值12.5°T,均符合国家标准。

6. 相对密度

相对密度是反映牛奶是否掺水的重要指标,国家标准为20℃/4℃≥1.027。2016年,农业部对6736批次生鲜乳样品进行检测,相对密度平均值为1.030,高于国家标准(见图4)。

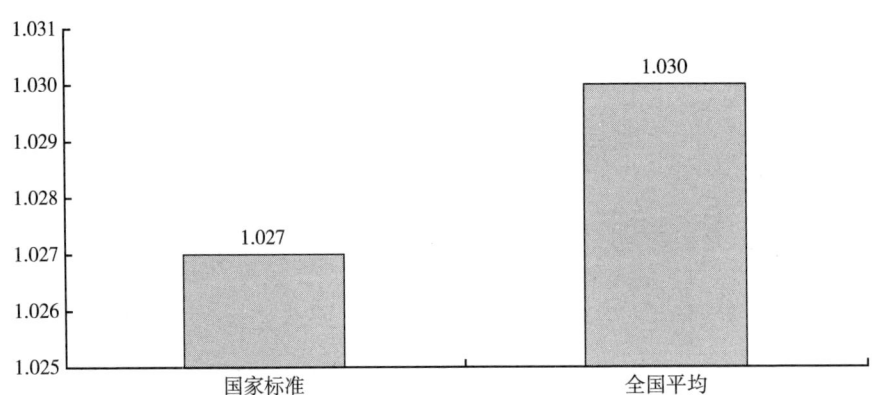

图4 2016年全国生鲜乳样品中相对密度结果

资料来源:农业部。

7. 菌落总数

菌落总数是反映奶牛场卫生、挤奶操作环境、牛奶保藏、运输的一项重要卫生指标。如果生鲜乳中的菌落总数过高，不但会使乳制品中的菌落总数不合格，危及人体的健康，还会降低产品的口感。世界各国均限定了生鲜乳中的菌落总数。2016年，农业部检测8060批次生鲜乳，平均值为25万CFU/mL，同比降低46.5%，低于国家标准（国家标准为≤200万CFU/mL）。另检测220个规模牧场生鲜乳，菌落总数平均值为13万CFU/mL，低于全国平均水平（见图5）。

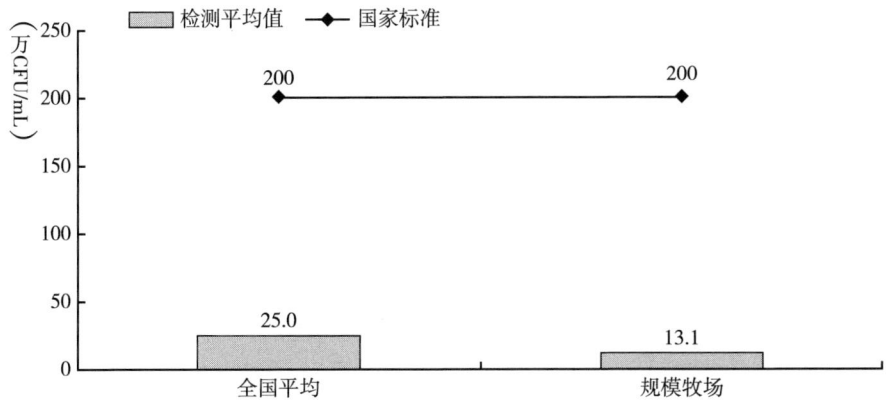

图5　2016年全国生鲜乳样品中菌落总数结果

资料来源：农业部。

8. 体细胞数

体细胞数是衡量奶牛乳房健康状况和乳品质量的一项重要指标，当奶牛乳房受到感染或伤害时，体细胞数会明显增加。体细胞数越高，生鲜乳中致病菌和抗生素残留的污染风险越大，对人类健康的危害也越大。欧盟和新西兰规定生鲜乳中体细胞数≤40万个/mL，加拿大规定体细胞数≤50万个/mL，美国规定体细胞数≤75万个/mL（A级、B级牛奶），我国暂无规定。2016年，农业部对6798批次生鲜乳样品进行检测，体细胞数平均值为59.2万个/mL，低于美国标准，规模牧场生鲜乳样品的体细胞数平均值30.1万个/mL，低于全国平均水平（见图6）。

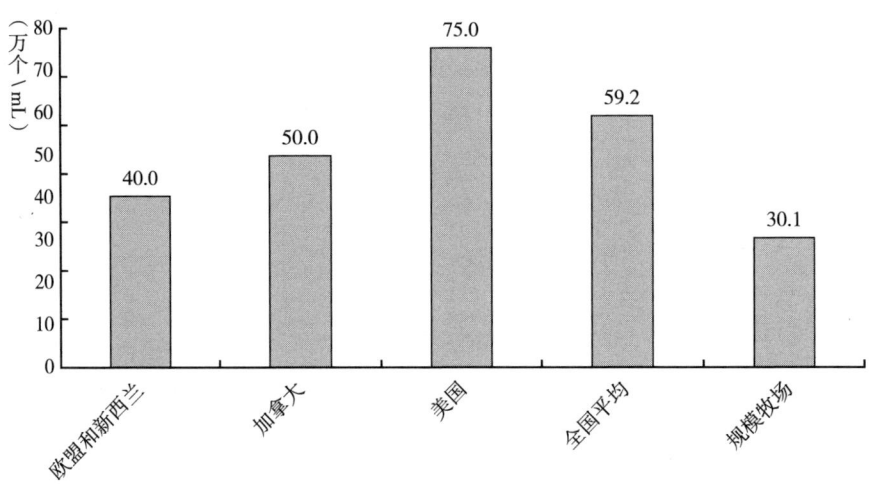

图6　2016年全国生鲜乳样品中体细胞数

资料来源：农业部。

9. 黄曲霉素M1

2016年，农业部对20825批次生鲜乳样品进行检测，黄曲霉毒素M1的平均值为0.055μg/kg，远低于国家标准0.5μg/kg（见图7）。

10. 重金属

2016年，农业部检测4132批次生鲜乳的铅含量，平均值为0.016mg/kg，同比降低15.8%，远低于国家标准（国家标准为≤0.05mg/kg）（见图8）。

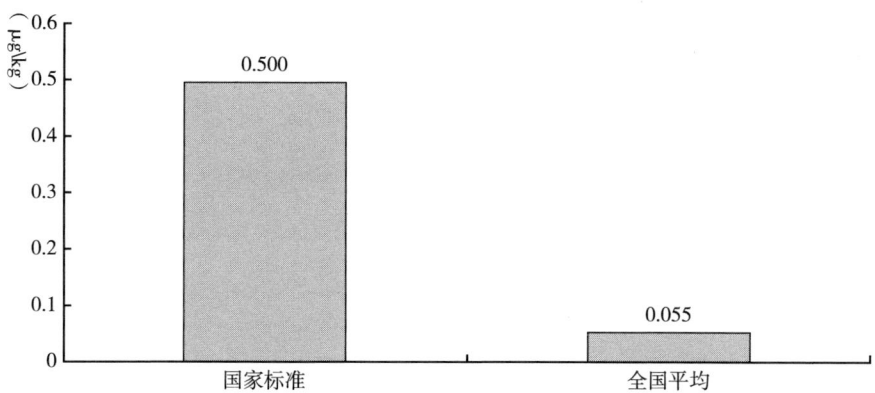

图7 2016年全国生鲜乳样品中黄曲霉毒素M1结果

资料来源：农业部。

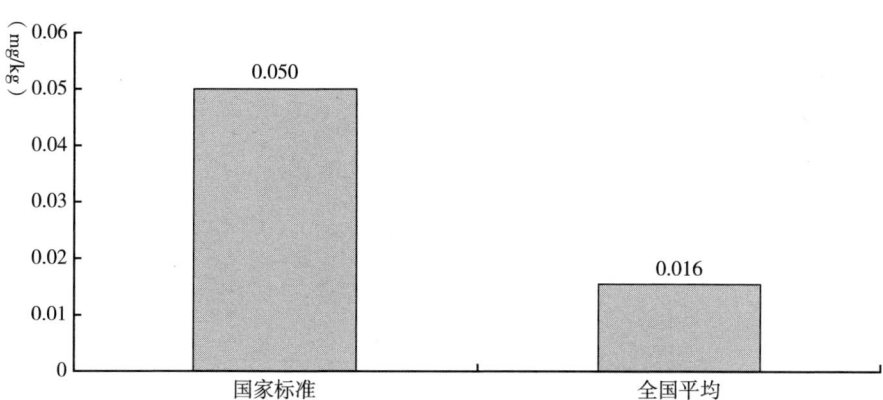

图8 2016年全国生鲜乳样品中铅含量

资料来源：农业部。

2016年，农业部检测1089批次生鲜乳的铬含量，平均值为0.037mg/kg，远低于国家标准（国家标准为≤0.3mg/kg）（见图9）。

2016年，农业部检测4132批次生鲜乳的汞含量，平均值为

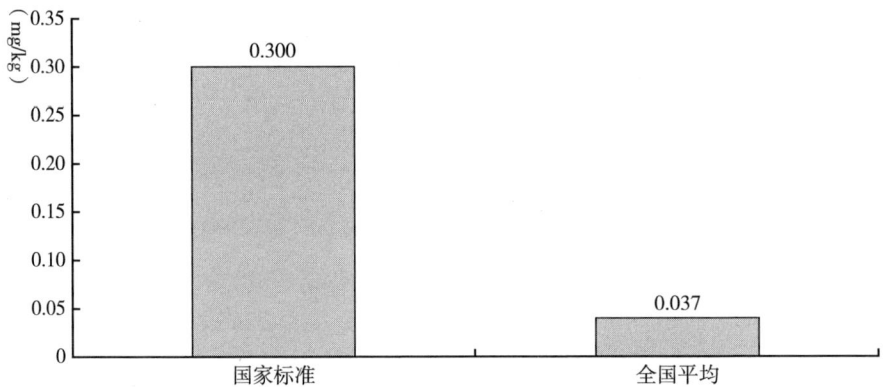

图9　2016年全国生鲜乳样品中铬含量

资料来源：农业部。

0.0029mg/kg，远低于国家标准（国家标准为≤0.01mg/kg）（见图10）。

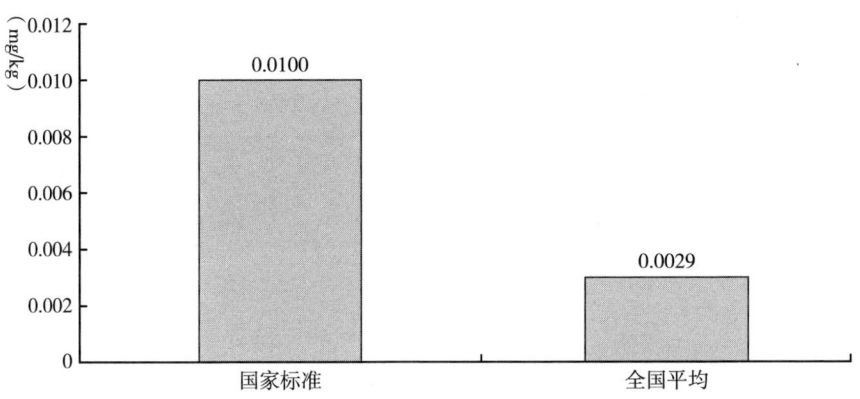

图10　2016年全国生鲜乳样品中汞含量

资料来源：农业部。

11.三聚氰胺

2008年，《食品中可能违法添加的非食用物质名单（第一批)》中,将三聚氰胺列入其中,要求生鲜乳及乳制品中不得添加三聚氰胺。2011年,国家规定生鲜乳中三聚氰胺的限量值为2.5mg/kg。其他国家和地区也均规定生鲜乳中三聚氰胺限量标准为≤2.5mg/kg。2016年,农业部检测11440批次生鲜乳,三聚氰胺检出最大值为0.04mg/kg,未超过国家限量标准,产品合格率100%(见图11)。

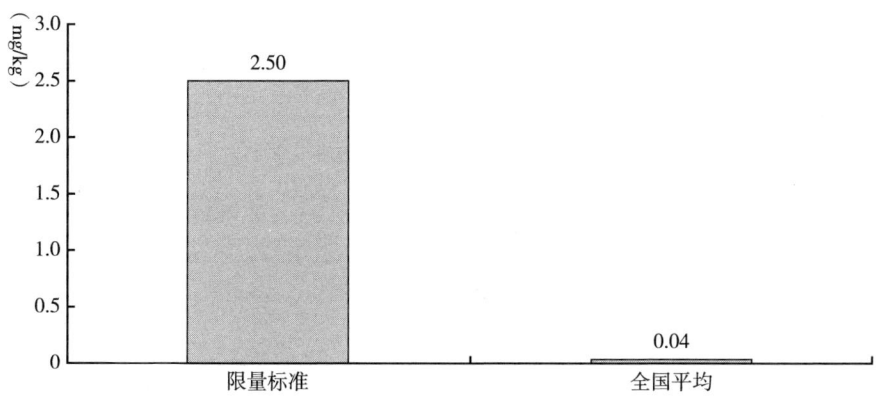

图11 2016年全国生鲜乳样品中三聚氰胺含量

资料来源:农业部。

12. 革皮水解物

2009年,《食品中可能违法添加的非食用物质名单(第二批)》将革皮水解物列入其中,要求在乳及乳制品中不得检出。2016年,农业部检测8370批次生鲜乳,检测合格率为100%。

(二)乳制品质量安全

2016年,国家食品安全监督抽检食品样品257449批次,其中249166批次合格,合格率为96.8%。抽检乳制品样品3318批次,其中，3303批次合格，合格率为99.5%，远高于食品抽检合格率。2016年，国家对婴幼儿配方乳粉监督抽检力度进一步加大。国家食品药品监督管理总局对所有婴幼儿配方乳粉生产企业进行全覆盖监督抽检，并坚持月月抽检、月月公布，共抽检婴幼儿配方乳粉2532批次，抽检合格率为98.7%（见表1）。

表1　2016年乳制品与食品抽检合格率比较

单位：%

抽样	食品	乳制品	婴幼儿配方奶粉
抽样批次	257449	3318	2532
合格批次	249166	3303	2500
合格比例	96.8	99.5	98.7

资料来源：国家食品药品监督管理总局。

（三）小结

2016年监测结果表明，我国乳品质量安全风险可控，整体状况良好。

第一，生鲜乳中乳蛋白和乳脂肪等营养指标达到较高水平。监测结果表明，2011~2016年，生鲜乳的乳蛋白和乳脂肪的平均水平高于国家标准，生鲜乳的质量安全水平大幅提升。

第二，生鲜乳中各项安全指标达到标准。菌落总数、黄曲霉素M1、体细胞数、杂质度、酸度、铅、铬、汞等监测平均值均符合我国限量标准，表明我国奶牛养殖环境和奶牛健康状况显著改善，奶源优质安全。

第三，生鲜乳中不存在人为添加三聚氰胺、革皮水解物等违禁添加物，生鲜乳收购、运输行为规范。自婴幼儿奶粉事件以来，生鲜乳质量安全监管不断强化，有效遏制了违禁添加等违法行为。

二 乳制品质量风险监测评估及防范

为了保证食品安全，目前许多发达国家都建立了食品安全风险监测制度。1970年，世界卫生组织（WHO）、联合国环境保护署（UNEP）、联合国粮农组织（FAO）联合发起了全球食品污染监测与评估计划，其主要目的是监测全球食品中主要污染物的污染水平及其变化趋势，以便了解其危害的严重性及其规律。1981年，我国加入了GEMS/Food组织，开始了零星数据的收集，直到2000年我国才开始建立食品污染物监测网和食源性疾病监测网，比较系统地监测污染物，且《食品安全法》对有关食品安全风险监测、评估和预警做了具体规定，体现了我国政府加强以食品安全风险监测、风险评估等科学技术手段为基础的食品安全监管的决心。

我国在食品安全风险评估方面比发达国家起步晚，基础薄弱，近年来我国成立了国家食品安全风险评估中心，农业领域也建立了国家农产品质量安全风险评估平台，针对重点产品开展风险监测、评估。我国的食品安全风险监测网络体系主要包括三方面：食源性疾病致病菌监测网络、食品中化学污染物及有害因素监测网络和食源性疾病监测网络。如食品污染物是导致食品安全问题的直接因素，多年的监测数据表明，农药残留及兽药残留、重金属污染、添加剂滥用等化学性污染所造成的急性（如中毒、死亡）、慢性（癌症、痴呆、心血管疾病等）疾病，不仅严重影响人类的生活质量，也给家庭和社会带来沉重的经济负担。近年来，苏丹红、丙烯酰胺、二噁英、氯丙醇、三聚氰胺等一系列食品安全事件，均与食品中化学污染物和有毒有害物质有关，更是引起了各国政府和公众对食品污染物的关注。

食品安全风险监测是通过系统和持续地收集食源性疾病、食品污染以及食品中有害因素的监测数据及相关信息，并进行综合分析和及时通报的活动。乳制品风险评估是对乳制品中生物性、化学性和物理性危害对人体健康可能造成的不良影响所进行的科学评估，包括危害识别、危害特征描述、暴露评估、风险特征描述4个关键环节，已经成为世界贸易组织和国际食品法典委员会制定相关标准和监管措施的重要技术参考。目前，对乳制品和婴幼儿配方食品的风险监测项目涉及违法添加物、农兽药残留、微生物、食品添加剂、重金属、防腐剂、内分泌激素、毒素、色素九大类，主要有苯甲酸、铝、氯霉素、青霉素、氨苄西林、氯唑西林、硫氰酸钠、壬基酚、多氯联苯、恩诺沙星、纽甜、阿斯巴甜、合成着色剂、地塞米松、氨基甲酸乙酯、纳他霉素、甜蜜素、安赛蜜、总汞、铬、亚硝酸盐、黄曲霉毒素M1、羟脯氨酸、黄体酮、雌二醇、雌三醇、氟氢可的松、氢化可的松、塑化剂、双酚A、蜡样芽孢杆菌、镉、镍等30多个监测项目。本文以药物残留和壬基酚为例，阐述我国乳制品质量风险监测现状及防范措施。

(一)药物残留风险分析与防范

1. 药物残留危害描述

自从抗生素被发明以来,社会各领域将其广泛用于对人和动物疾病的治疗,尤其在治疗奶牛乳房炎及其他疾病时,也有显著效果。但若不能严格按照国家动物含抗生素药物喂养办法,长期、不恰当给乳牛喂食抗生素的药物,抗生素会被乳牛吸收,经过新陈代谢,使抗生素残留在生乳中。据报道,在生乳中的金黄色葡萄球菌、致病性大肠杆菌耐药菌株高达70%。由于产生耐药性,抗生素的使用剂量越来越大。例如:青霉素G由60万IU剂量升高到了目前的80万IU,从而使乳制品中抗生素残留问题日益严重。长期饮用这类牛奶及其乳制品,长期吸收到这些残留的抗生素,尽管是小剂量的存在,但仍可能导致病原菌对现阶段常用抗生素产生抗药性从而使流行疾病产生抗药性,还可使寄生在人体中的正常菌群受到抗生素影响而减少,打破了体内菌群的平衡,造成菌群失调。此外,食品中低浓度的抗生素残留会压制或消除人体内的有益菌,使致病菌抗药性变强。

2. 兽药残留现状分析

第一,虽然我国在兽药残留标准体系建设、兽药残留方法检测方面已经取得了显著的成绩,但与发达国家相比,我国生乳中兽药残留的体系建设仍不完善。兽药残留产生的主要原因是奶牛养殖户不规范用药、乳品企业监测手段不足和监督管理不到位。

第二,由于乳制品制造链很长,从乳牛的育种、培养、牧场生产,到生奶运输、工厂原料把控、生产过程调控、产品检验,再到配送、销售，直到客户，一个环节出问题，都可能导致终端产品的质量出现问题。中国奶牛养殖和供给模式造成乳品企业无法对奶牛养殖户饲喂实现100%控制，更多是靠验收检测手段控制乳品质量安全，企业检测技术无法满足种类繁多的兽药项目。消除抗生素残留要探索供给模式改革，企业必须从源头控制奶牛兽药规范使用及休药。

第三，我国的食品质量安全法规、政策、技术标准和管理等还有待进一步完善，我国抗生素等兽用药、化肥残留技术标准、执行办法和法规以及实施和操作与国际标准还有一定差距，使得乳品抗生素残留问题无法得到很好解决，无法在市场上做到销售100%的"无抗奶"。

3. 兽药残留风险防范

食品安全与消费者的日常生活息息相关，乳品中抗生素残留问题无法很好地解决会影响乳品行业以及社会的发展。本文从个体奶农、乳品生产企业和政府部门三个角度阐述风险防范与控制，保证各方面的利益做到共赢。

第一，从监管角度，要做到对抗生素残留的有效控制，必须紧抓源头，对奶农进行重点的管理监督。同时，政府部门必须做好前期的食品安全宣传工作，提高奶农的安全意识，让奶农了解到抗生素控制的重要性，同时明白滥用抗生素带来的危害，只有使奶农支持政府工作，才能做到减少和避免抗生素的滥用。对可能直接牵扯奶农经济利益的，应该在一些政策上对奶农进行扶持或进行一定补助。如对不同地区抗生素进行分类、管理和记录；定期与兽医部门联合对奶农进行指导，预防奶牛流行疾病，推荐适合的兽药；通过长期走访,对奶厂状态和各方面进行了解;组织奶农学习,加强奶农食品安全卫生知识和法制观念;对不同的养殖区进行抗生素残留的评估,并出具防范方案。

第二,从奶农角度,应掌握必要的食品安全卫生知识、法律法规、科学有效的饲养方法以及对抗生素控制的正确方法。科学有效的饲养方法主要有以下内容:给每一个奶牛建立档案,标记出患病和用药的奶牛,将其从健康正常产奶的奶牛群中隔离出来,并记录所用药物的名称和剂量;将病牛或正服药的牛隔离喂养,只有经过检测合格后才能结束隔离;对产奶牛禁止用药,对于已经停药的牛,其产出的奶必须经抗生素残留检测合格后才能允许进行销售。

第三,对于乳品企业,不仅要承担起食品安全的主体责任,以服务社会为第一,利益为第二,还要对入厂的原料进行实时、有效的检测,控制生鲜乳原料中抗生素残留量,使其符合国家要求,同时应找出使用抗生素的奶农,能够监管自身乳品制作环节。

(二)壬基酚风险分析与防范

1. 壬基酚的危害分析

壬基酚(Nonyl Phenol,NP)是酚类环境激素的一类,目前NP被广泛地用于合成非离子表面活性剂和抗氧剂,壬基酚的食品用量在逐年增加。国内各类食品及食品包装材料中壬基酚暴露情况调查《壬基酚在食品中的污染现状及其生物毒性概述》中指出,蔬菜、水果、饮料、肉制品、水产品以及母乳中均有壬基酚暴露。意大利的一项调查中显示,该国妇女母乳中也有壬基酚暴露,且暴露量和鱼肉的食用量呈正相关。我国关于人体母乳中的壬基酚含量调查，中国台湾地区调查结果显示，在母乳中最高暴露量达到11.6μg/kg。国家食品药品监督管理总局组织专家对婴幼儿配方乳粉中壬基酚的风险进行了分析研判，设置了问题项目参考值600μg/kg。

NP广泛存在于自然界中，这也给人及生物体带来了相应的危害。NP因为具有强烈的亲脂性，在环境中很难降解，且毒性大、滞留时间较长，容易被水生生物摄取，进而通过食物链进入到人体中。人们在日常的生产和生活中，也可以通过皮肤、呼吸、消化道等途径接触从而影响肝、肾、脾、肺等多种器官的健康。有学者应用SPE-UPLC-MS研究人类尿液中的NP时发现，NP普遍存在于人类尿液中。NP对生物的干扰性有四个特征：①相对于成熟的胚胎，NP对发育和成长中的胚胎与幼体有显著的影响；②NP的内分泌干扰效应一半会出现在生物体的下一代身上；③对正处发育期的生物而言，NP的干扰效应决定着生物体的特征和未来的发展潜能；④NP明显的干扰效应可能要到生物体成年以后才会表现出来。

2. 行业监管现状分析

为了避免婴幼儿受到NP的危害，各国都对NP的应用限量制定了相应的法律法规。作为内分泌干扰物质的NP，不仅可以通过食物链进入人体，在体内不断积累，还会严重影响人体癌细胞生长以及生殖能力，现已被欧盟列为优先危害物质。欧洲、美国、日本等国家针对NP的生产使用标准提出了相应法律法规，以约束或禁止NP在洗涤剂制造等领域的使用。欧洲PARCOMRecommendation 92/8于1995年要求各签署国逐步淘汰NPEs在洗涤剂中的应用，到2000年要求全面禁止使用。美国国家环保局（EPA）推荐标准，在淡水中 NP 的含量不应高于 6.6μg/L，在咸水中不应高于 1.7μg/L。此外，丹麦、日本等国都相继对 NP 进行了风险评估。奥斯陆－巴黎公约（OSPAR）也已将 NP 列入优先控制污染物质名录。在 2015 年，国际纺织组织颁布的 *Oeko - Tex Standard 100* 中将 NP 的限量值由 2014 年的 250mg/kg 降至 100mg/kg。2011 年，《中国严格限制进出口的有毒化学品目录》发布，将 NP 列为禁止进出口物质。我国没有对 NP 使用的限制标准，更没有系统全面地对 NP 进行过风险评估，这方面的研究有待加强。

我国目前对壬基酚的检测仍缺乏统一的方法，壬基酚的分析检测方法主要有 3 种，即高效液相色谱法（HPLC）、气相色谱－质谱法（GC－MS）和液相色谱－串联质谱法（LC-MS-MS）。气相色谱－质谱法需要酰化、烷烃化、硅烷化等步骤，而高效液相色谱法操作简便、快捷。

3. 乳品中壬基酚残留污染途径

第一，包装材料迁移。食品包装是食品中壬基酚污染的重要来源，壬基酚作为增塑剂在食品包装工业中应用非常广泛，在食品包装材料、容器内壁涂料等方面有着非常重要的用途。一项调查表明，食品包装中壬基酚的含量为 0.03～287μg/g，且食品包装中的壬基酚含量与迁移至食品中的壬基酚含量呈正相关。婴幼儿配方乳粉包装多使用塑料、金属带内涂层等材料，由此可见，包装带来的壬基酚迁移污染不容小视。

第二，由农药残留以及利用被污染的水灌溉农作物所引起的壬基酚残留，残留在农作物中的污染物或者进入到水体的污染物又可通过食物链转入禽畜体内，通过代谢造成牛奶中环境激素残留。另外,婴幼儿配方奶粉生产使用各种原辅材料较多,其生产原料或包装都有可能造成壬基酚残留超标。

第三,生产用水污染。通过水源106项监测报告分析,生活饮用水中未有烷基酚类污染物残留检出,说明水源不是造成产品壬基酚检出的污染源。但是,输水管材的合成材料多为聚乙烯合成树脂、纤维树脂、橡胶、油溶性酚树脂、聚合碳酸酯、环氧树脂、聚氯乙烯等,壬基酚在和水长期接触的过程中会从管材中逐步溶出,相关的溶出实验结果表明,壬基酚单位面积最大溶出浓度为$240\mu g/m^2$,最低浓度则为$1\mu g/m^2$,从自来水配水管网中溶出的壬基酚也不可忽视。乳品生产用输水管线材质控制是降低产品中壬基酚污染的有效途径。

4. 预防壬基酚污染的控制措施

根据壬基酚的污染途径,应分别对不同的污染途径加以控制。

第一,包材控制。由于塑料材质的包材是壬基酚污染的主要源头,一旦使用含有壬基酚的包材,其污染残留量往往远高于上两种途径。为此,乳品用包装材料应采用不含壬基酚或壬基酚迁移为零的塑料包装材料,并对包装材料壬基酚含量和迁移量进行检测把关。

第二,原料控制。对生鲜乳的污染问题,应保证所有接触牛奶的容器不能含有壬基酚和壬基酚迁移到产品中,在奶牛及容器清洗中尽量避免使用洗涤剂等;对植物油等油脂类原料应进行批检,从源头上掐断壬基酚的污染源。

第三,生产过程控制。生产过程的污染主要来自直接接触物料的管道及设备,这一情况与塑化剂的污染相似。由于塑化剂污染问题前两年也较为突出，大部分企业已将管线全部更换为不锈钢材质。对软连接部分要在使用前进行检测验证，确认不含壬基酚、塑化剂等。

三 未来乳品行业质量安全控制

"十三五"时期是全面建成小康社会的决胜时期，也是我国乳业发展的重要战略机遇期。当前乳品质量安全状况虽总体稳定向好，但形势还不容乐观，乳品质量安全风险隐患仍存在于多个环节：奶牛养殖和生产加工整体水平有待提升，婴幼儿配方乳粉产品配方多、滥以及标签、广告虚假夸大宣传等问题依然存在，产业发展还需面对生产成本偏高、国际市场竞争等问题。

习近平总书记强调，全面建成小康社会，在保持经济增长的同时，更重要的是落实以人民为中心的发展思想，想群众之所想、急群众之所急、解群众之所困。食品安全监管是人民群众普遍关心的突出问题，要把乳品质量安全工作作为抓好我国食品质量安全工作和食品产业升级的突破口，以《全国奶业发展规划（2016～2020年）》为政策指引，进一步提升乳品质量安全水平，深入推进行业供给侧结构性改革，促进研发能力提升、标签标识规范、产品结构优化，提高市场集中度和核心竞争力，树立产品品牌和消费信心，促进行业健康有序发展，满足群众需求和有效供给，实现我国乳业现代化。

一是加快完善工作机制。继续推动修订出台食品安全法实施条例，细化乳制品监管规定，推动制修订乳制品生产许可、监督检查、食品安全追溯、标签标识、责任约谈等监管制度。细化对乳制品生产经营企业日常检查、飞行检查、生产体系检查等检查方式,完善食品安全监督检查体系。

二是加强生产经营全过程风险防控。督促企业树立"源头严防、过程严管、风险严控"的风险防控意识,科学构建全产业链风险防控机制,实现自建自控奶源基地或者稳定且定期审核评估原料供应商,实施原辅料进厂批批检验和进货查验,严格生产环境、生产设备运行状态和生产过程管理,对出厂产品全项目逐批检验,建立生产经营全过程追溯体系和产品跟踪评价规范。增加乳制品企业检查和抽检频次,对所有婴幼儿配方乳粉生产企业开展食品安全生产规范体系检查和抽检监测,依法公布监管信息,严惩违法犯罪行为,严防发生系统性、区域性食品安全风险。

三是切实解决群众最关心的重点问题。婴幼儿配方乳粉是乳业的代表,也是群众最关心的食品品种。进一步严格许可准入,实施婴幼儿配方乳粉产品配方注册,促进企业提高研发、生产和检验能力,科学制定配方,切实解决配方和品牌过多过滥、标签标识夸大宣传以及无依据的功能声称等消费者关注问题,进一步提高婴幼儿配方乳粉质量,让中国宝宝喝上安全优质的奶粉。

结　语

乳业的质量安全监管作为一项系统工程,需要全社会的共同努力。政府应与企业、行业等通力配合、齐心协力,全面落实企业主体责任,加大监管力度,发挥行业组织作用,构建社会共治体系,为提升乳品质量安全水平做出新的贡献。

B.14 后　记

《河北食品药品安全研究报告（2017）》（以下简称《报告》）在相关部门的大力支持和课题组成员的共同努力下出版了。《报告》客观展现了2016年度河北省食品药品安全状况以及部分领域的研究成果，字里行间凝聚着各级党委、政府对食药安全的关心和期待，渗透着全省食药人对食药安全事业的热情和付出，课题组不过是代笔人。

参与编写的人员有张新波、郝丽君、石马杰、郑俊杰、刘凌云、黄迪、韩绍雄、孟庆凯、唐丙元、赵然芬、杨君、刘晓如、吴凤云、于凤玲、张保起、高云凤、黄玉宾、姚剑、马金翠、魏占永、孙红、张梦凡、赵志强、张春旺、滑建坤、王睿、解保桥、耿立锋、赵少波、刘辉、孙福江、曹彦卫、任瑞、宋振洲、郁岩、赵占民、师文杰、万顺崇、朱金娈、陈茜、李晓龙、张昂、王丽霞、李挥、王利军、白鑫、柴艳兵、张耀广、李兴佳、张彦辉、苑卫、米志英等。

编写过程中，课题组得到了有关省直部门、行业协会和研究机构的积极协助。在此，向所有在编写工作中付出辛劳的各位领导、专家、同人表示由衷的感谢，特别向提供大量素材并提出宝贵修改意见建议的各部门相关处室、机构表示最诚挚的谢意。

食药安全事关百姓福祉和人民根本利益，责任重于泰山。课题组希望通过专业分析,向社会呈现真实的食品药品安全状况,将专业研究成果奉献给大家,以绵薄之力表达对食药安全事业的敬意。

精益求精、不断改进是课题组不变的宗旨,恳请社会各界对《报告》提出批评、建议,以此作为今后努力的方向,力争为读者呈送更好的作品。

社会科学文献出版社　　　　　　　　　　　**皮书系列**

❖ 皮书起源 ❖

"皮书"起源于十七、十八世纪的英国，主要指官方或社会组织正式发表的重要文件或报告，多以"白皮书"命名。在中国，"皮书"这一概念被社会广泛接受，并被成功运作、发展成为一种全新的出版形态，则源于中国社会科学院社会科学文献出版社。

❖ 皮书定义 ❖

皮书是对中国与世界发展状况和热点问题进行年度监测，以专业的角度、专家的视野和实证研究方法，针对某一领域或区域现状与发展态势展开分析和预测，具备原创性、实证性、专业性、连续性、前沿性、时效性等特点的公开出版物，由一系列权威研究报告组成。

❖ 皮书作者 ❖

皮书系列的作者以中国社会科学院、著名高校、地方社会科学院的研究人员为主，多为国内一流研究机构的权威专家学者，他们的看法和观点代表了学界对中国与世界的现实和未来最高水平的解读与分析。

❖ 皮书荣誉 ❖

皮书系列已成为社会科学文献出版社的著名图书品牌和中国社会科学院的知名学术品牌。2016年，皮书系列正式列入"十三五"国家重点出版规划项目；2012~2016年，重点皮书列入中国社会科学院承担的国家哲学社会科学创新工程项目；2017年，55种院外皮书使用"中国社会科学院创新工程学术出版项目"标识。

权威报告·热点资讯·特色资源

皮书数据库
ANNUAL REPORT(YEARBOOK) DATABASE

当代中国与世界发展高端智库平台

所获荣誉

- 2016年，入选"国家'十三五'电子出版物出版规划骨干工程"
- 2015年，荣获"搜索中国正能量 点赞2015""创新中国科技创新奖"
- 2013年，荣获"中国出版政府奖·网络出版物奖"提名奖
- 连续多年荣获中国数字出版博览会"数字出版·优秀品牌"奖

成为会员

通过网址www.pishu.com.cn或使用手机扫描二维码进入皮书数据库网站，进行手机号码验证或邮箱验证即可成为皮书数据库会员（建议通过手机号码快速验证注册）。

会员福利

- 使用手机号码首次注册会员可直接获得100元体验金，不需充值即可购买和查看数据库内容（仅限使用手机号码快速注册）。
- 已注册用户购书后可免费获赠100元皮书数据库充值卡。刮开充值卡涂层获取充值密码，登录并进入"会员中心"—"在线充值"—"充值卡充值"，充值成功后即可购买和查看数据库内容。

卡号：519587948685
密码：

数据库服务热线：400-008-6695
数据库服务QQ：2475522410
数据库服务邮箱：database@ssap.cn
图书销售热线：010-59367070/7028
图书服务QQ：1265056568
图书服务邮箱：duzhe@ssap.cn

子库介绍
Sub-Database Introduction

中国经济发展数据库

涵盖宏观经济、农业经济、工业经济、产业经济、财政金融、交通旅游、商业贸易、劳动经济、企业经济、房地产经济、城市经济、区域经济等领域，为用户实时了解经济运行态势、把握经济发展规律、洞察经济形势、做出经济决策提供参考和依据。

中国社会发展数据库

全面整合国内外有关中国社会发展的统计数据、深度分析报告、专家解读和热点资讯构建而成的专业学术数据库。涉及宗教、社会、人口、政治、外交、法律、文化、教育、体育、文学艺术、医药卫生、资源环境等多个领域。

中国行业发展数据库

以中国国民经济行业分类为依据，跟踪分析国民经济各行业市场运行状况和政策导向，提供行业发展最前沿的资讯，为用户投资、从业及各种经济决策提供理论基础和实践指导。内容涵盖农业，能源与矿产业，交通运输业，制造业，金融业，房地产业，租赁和商务服务业，科学研究，环境和公共设施管理，居民服务业，教育，卫生和社会保障，文化、体育和娱乐业等100余个行业。

中国区域发展数据库

对特定区域内的经济、社会、文化、法治、资源环境等领域的现状与发展情况进行分析和预测。涵盖中部、西部、东北、西北等地区，长三角、珠三角、黄三角、京津冀、环渤海、合肥经济圈、长株潭城市群、关中—天水经济区、海峡经济区等区域经济体和城市圈，北京、上海、浙江、河南、陕西等34个省份及中国台湾地区。

中国文化传媒数据库

包括文化事业、文化产业、宗教、群众文化、图书馆事业、博物馆事业、档案事业、语言文字、文学、历史地理、新闻传播、广播电视、出版事业、艺术、电影、娱乐等多个子库。

世界经济与国际关系数据库

以皮书系列中涉及世界经济与国际关系的研究成果为基础，全面整合国内外有关世界经济与国际关系的统计数据、深度分析报告、专家解读和热点资讯构建而成的专业学术数据库。包括世界经济、国际政治、世界文化与科技、全球性问题、国际组织与国际法、区域研究等多个子库。

法律声明

"皮书系列"（含蓝皮书、绿皮书、黄皮书）之品牌由社会科学文献出版社最早使用并持续至今，现已被中国图书市场所熟知。"皮书系列"的LOGO（ ）与"经济蓝皮书""社会蓝皮书"均已在中华人民共和国国家工商行政管理总局商标局登记注册。"皮书系列"图书的注册商标专用权及封面设计、版式设计的著作权均为社会科学文献出版社所有。未经社会科学文献出版社书面授权许可，任何使用与"皮书系列"图书注册商标、封面设计、版式设计相同或者近似的文字、图形或其组合的行为均系侵权行为。

经作者授权，本书的专有出版权及信息网络传播权为社会科学文献出版社享有。未经社会科学文献出版社书面授权许可，任何就本书内容的复制、发行或以数字形式进行网络传播的行为均系侵权行为。

社会科学文献出版社将通过法律途径追究上述侵权行为的法律责任，维护自身合法权益。

欢迎社会各界人士对侵犯社会科学文献出版社上述权利的侵权行为进行举报。电话：010-59367121，电子邮箱：fawubu@ssap.cn。

社会科学文献出版社